全国高职高专院校机电类专业规划教材

教育部高职高专自动化技术类专业教学指导委员会推荐教材

电气控制线路安装与维修

林 嵩 王 刚 主 编

章建军 朱 楠 副主编

DIANQI KONGZHI XIANLU ANZHUANG YU WEIXIU

中国铁道出版社

CHINA RAILWAY PUBLISHING HOUSE

内 容 简 介

　　本书为理论与实践一体化的实训教材，共设六个学习情境（包含 26 个子学习情境）。通过 26 个子学习情境的教学实施，可使学员在任务的实施过程中体验学习的快乐，学会自主学习，学会目标管理，学会分析生产机械控制线路的工作原理，学会常用生产机械控制线路的安装、调试与维护，学会按照生产工艺的需要设计与改造电力拖动控制线路，通过训练，提升学生学习的能力和与人交流、团队合作的社会能力。全书的相关知识中包含常用生产机械控制线路及其工作原理；构成常用生产机械控制线路的低压电器的结构、原理、型号、选用方法；常用生产机械控制线路的安装工艺、安装方法、调试方法、维修方法等核心知识点与核心技能点，基本能够满足学员自主学习的要求，是后续课程"PLC 应用技术"的基础实训课程。

　　本书适合作为高职高专电气自动化技术专业、机电一体化技术专业、数控维修技术专业、机械制造及自动化技术专业等相关专业的教材，也可供相关专业工程技术人员参考。

图书在版编目（CIP）数据

电气控制线路安装与维修/林嵩，王刚主编．—北京：中国铁道出版社，2012.8
教育部高职高专自动化技术类专业教学指导委员会推荐教材　全国高职高专院校机电类专业规划教材
ISBN 978-7-113-15043-3

Ⅰ．①电… Ⅱ．①林… ②王… Ⅲ．①电气控制—控制电路—安装—高等职业教育—教材②电气控制—控制电路—维修—高等职业教育—教材　Ⅳ．①TM571.2

中国版本图书馆 CIP 数据核字（2012）第 155058 号

书　　名：电气控制线路安装与维修	
作　　者：林 嵩 王 刚 主编	

策　　划：祁 云	读者热线：400-668-0820	
责任编辑：祁 云 鲍 闻		
封面设计：付 巍		
封面制作：刘 颖		
责任印制：李 佳		

出版发行：中国铁道出版社（100054，北京市西城区右安门西街 8 号）
网　　址：http://www.51eds.com
印　　刷：北京新魏印刷厂
版　　次：2012 年 8 月第 1 版　　2012 年 8 月第 1 次印刷
开　　本：787mm×1092mm　1/16　印张：17.5　字数：410 千
印　　数：1～3 000 册
书　　号：ISBN 978-7-113-15043-3
定　　价：34.00 元

出版说明

IMPRINT

随着我国高等职业教育改革的不断深入，我国高等职业教育的发展进入了一个新的阶段。教育部下发的《关于全面提高高等职业教育教学质量的若干意见》教高[2006]16号文件，旨在阐述社会发展对高素质技能型人才的需求，以及如何推进高职人才培养模式改革，提高人才培养质量。

教材的出版工作是整个高等职业院校教育教学工作中的重要组成部分，教材是课程内容和课程体系的载体，对课程改革和建设具有推动作用，所以提高课程教学水平和教学质量的关键在于出版高水平、高质量的教材。

出版面向高等职业教育的"以就业为导向，以能力为本位"的优质教材一直是中国铁道出版社的一项重要工作。我社本着"依靠专家、研究先行、服务为本、打造精品"的出版理念，于2007年成立了"中国铁道出版社高职机电类课程建设研究组"，并经过三年的充分调查研究，策划编写、出版了本系列教材。

本系列教材主要涵盖高职高专机电类的公共课、专业基础课，以及电气自动化专业、机电一体化专业、生产过程自动化专业、数控技术专业、模具设计与制造专业、数控设备应用与维护专业等六个专业的专业课。本系列教材作者包括高职高专自动化教指委委员、国家级教学名师、国家级和省级精品课负责人、知名专家教授、职教专家、一线骨干教师。他们针对相关专业的课程，结合多年教学中的实践经验，吸取了高等职业教育改革的最新成果，因此无论教学理念的导向、教学标准的开发、教学体系的确立、教材内容的筛选、教材结构的设计，还是教材素材的选择都极具特色和先进性。

本系列教材的特点归纳如下：

（1）围绕培养学生的职业技能这条主线设计教材的结构，理论联系实际，从应用的角度组织编写内容，突出实用性，并同时注意将新技术、新成果纳入教材。

（2）根据机电类课程的特点，对基本理论和方法的讲述力求简单、易于理解，以缓解繁多的知识内容与偏少的学时之间的矛盾。同时，增加了相关技术在实际生产、生活中的应用实例，从而激发学生的学习热情。

（3）将"问题引导式""案例式""任务驱动式""项目驱动式"等多种教学方法引入教材体例的设计中，融入启发式的教学方法，力求好教、好学、爱学。

（4）注重立体化教材的建设。本系列教材通过主教材、配套光盘、电子教案等教学资源的有机结合，来提高教学服务水平。

总之，本系列教材在策划出版过程中得到了教育部高职高专自动化技术类专业教学指导委员会以及广大专家的指导和帮助，在此表示深深的感谢。希望本系列丛书的出版能为我国高等职业院校教育改革起到良好的推动作用，欢迎使用本系列教材的老师和同学们提出宝贵的意见和建议。书中如有不妥之处，敬请批评指正。

中国铁道出版社

2010年8月

课程介绍

"电气控制线路安装与维修"课程是高职自动化技术类专业的一门重要实训课程,其教材是《PLC应用技术》(韩承江主编)的姊妹篇,是维修电工中级技能的必修模块。教材的相关知识中包含常用生产机械电气控制线路及其工作原理,构成常用生产机械电气控制线路的低压电器的结构、原理、型号、选用方法以及常用生产机械电气控制线路的安装工艺、安装方法、调试方法、维修方法等核心知识点与核心技能点。

编写背景

由于传统教材是学科体系下的知识本位的教材,它是从教师"教"的角度编写教材的,更多考虑的是教师"教"所需要的知识体系与逻辑结构,很少考虑学生"学"时应该建立的自主学习能力、自我评价能力和学习目标的管理能力及良好的学习习惯,致使教学"轻过程、重结果",往往是一卷定学习成效,忽视了每次课堂教学对学生学习成长所起到的积淀、历练作用,导致课堂教学就是教师的"独角戏",没有真正意义上形成"教"与"学"的双边互融。失去了课堂教学的意义,为此,教材编写团队为学生构架了以职业核心能力与专业技能培养为目标的能力本位的《电气控制线路安装与维修》新型教材,本教材以【任务目标】→【任务描述】→【任务实施】→【任务评价】→【相关知识】→【思考练习】六段式的任务驱动型的教材编写体例贯穿每一个学习任务,并以德国先进的职业技术教育教学方法——行动导向教学法统领每一个学习任务,使教师与学生各有所为,各取所需,有效地提高了课堂教学的利用率,促进学员学习的方法能力和与人交流、团队合作的社会能力及专业技能的全面提升,促进学生的可持续发展。此外,为了验证本教材在教学实践中的使用成效,本教材的校本稿在浙江工业职业技术学院电气工程学院、机电工程学院进行了3年的试验,实践证明了教材的可行性与人才培养中所起的积极作用。

教材特色

本书的编写贯彻了以下原则:

第一,以26个典型的工作任务为教学载体,以行动导向教学方法贯穿教材的始终,在实现对学生的专业能力培养的同时,突出学生方法能力与社会能力的培养,促进学生职业行为能力的提升。

第二,坚持"双证融通"的编写原则,达成课程标准与职业标准的融通,在教学项目的设置上与职业技能鉴定国家题库《维修电工——国家职业资格四级(中级)操作技能考试手册》中对电力拖动控制技术的要求相融通,在培养学生的专业核心技能的同时,有效达成维修电工(中级)职业资格对应的应知应会的训练要求。

第三,坚持"理实一体化"的编写原则,将电气控制技术的核心知识点有机融入到16个典型的工作任务中,并且以小组合作学习的方式在完成任务的过程中达成核心知识点与核心技能点的独立学习,培养自主学习能力,实现理论与实践的统一,目标与能力的统一。

第四,坚持创新能力培养的原则,按照教学规律和认知规律,合理编排教材内容。所有的训练任务都不提供参考答案或相似案例,力求解题答案的多样化、创新性,由个人或学习小组独立或共同完成 PLC 的编程训练、系统安装及综合调试。

第五，坚持"工学结合、校企合作"原则，注重高职教材与课程建设紧密结合，学校与行业企业紧密结合开发教材，突出教材的先进性，较多地编入新技术、新设备、新材料、新工艺的内容，缩短学校教育与企业需要的距离，更好地满足企业用人的需要。

第六，突出课程教学评价体系的构建，将专业能力、方法能力、社会能力融入评价要素进行训练与检测，构建职业核心能力、专业技能及职业素养相结合的评价标准，融入人力资源和社会保障部职业技能鉴定中心的职业核心能力评价体系，坚持"以生为本"，关注学生的可持续发展。

教学指南：

教材的编写从"教"与"学"的双边需要出发，将教材设计成即是教师的"教"材，也是学生的"学"材。

1. 给教师的建议

由于培养目标与教学方法的创新，传统的"满堂灌""一言堂"的以教师为主的课堂教学已经不能在此适用，教师的作用要从传统的"授"转变为"导"，包括"引导""指导""辅导""提示""组织""主持""把握任务实施的进程节奏""及时开展教学评价""按需施教"等，教师成为教学活动的策划者、组织者、发起者、促进者。为此，教师在实施教学任务时，要坚持学员自主学习为主，集中授课为辅的原则，比如说学与教的课时比例为 7∶3，甚至比例更大，课堂时间内更多看到的是学习个体的自主学习与团队学习的身影，其中引导学生进行课余学习是自主学习成败的关键。

教学评价环节是任务实施过程中目标管理的关键环节，教师要充分发挥评价体系作用及评价的意义，充分发挥评价的达标作用与导向作用，并且要积极采取教师评价和学生评价相结合、过程评价与结果评价相结合、课内评价和课外评价相结合、素养评价与专业技能评价相结合、专业能力评价与职业核心能力评价相结合的多元化课堂教学质量评价体系，使学生自评、互评成为习惯，真正意义上实现学员的综合职业能力训练。教学评价环节是否能够起效的关键是坚持一套标准、坚持持续的评价、坚持严格的评价、坚持调动学员的学习积极性。

由于本教材为一体化的实训教材，考虑到实训教学的连贯性，建议排课采取课程周集中授课的方式，并以四周连排（每周 30 学时）完成本课程训练目标。未采用课程周方式进行实训教学的学校可以采用四节连排方式授课。本教材的教学任务及课时分配表如下：

序　号	教 学 任 务		课时分配	教学方法
1	学习情境一	绘制与识读三相异步电动机控制电路图	4★	行动导向教学方法
2	学习情境二	安装与维修三相鼠笼式异步电动机的基本控制线路	/	
3	子学习情境一	安装与维修三相异步电动机点动控制线路	1	
4	子学习情境二	安装与维修三相异步电动机正转控制线路	6★	
5	子学习情境三	安装与维修三相异步电动机正反转控制线路	6★	
6	子学习情境四	安装与维修三相异步电动机位置控制及自动往返控制线路	1	
7	子学习情境五	安装与维修三相异步电动机多地控制线路	1	
8	子学习情境六	安装与维修三相异步电动机顺序控制线路	1	

序　号	教 学 任 务		课时分配	教学方法
9	子学习情境七	安装与维修三相异步电动机降压起动控制线路	6★	
10	子学习情境八	安装与维修三相异步电动机调速控制线路	6★	
11	子学习情境九	安装与维修三相异步电动机制动控制线路	6★	
12	学习情境三	安装与维修三相绕线式异步电动机控制线路	/	
13	子学习情境一	安装与维修三相绕线式异步电动机启动控制线路	2	
14	子学习情境二	安装与维修三相绕线式异步电动机调速控制线路	12★	
15	子学习情境三	安装与维修三相绕线式异步电动机制动控制线路	2	
16	学习情境四	电气控制线路的设计	/	
17	子学习情境一	生产机械电气控制线路的设计	2★	行动导向教学方法
18	子学习情境二	复杂电气控制线路的设计及预算	2★	
19	学习情境五	安装与维修直流电动机控制线路	/	
20	子学习情境一	安装与维修直流电动机串电阻启动控制线路	1	
21	子学习情境二	安装与维修直流电动机正反转控制线路	6★	
22	子学习情境三	安装与维修直流电动机制动控制线路	1	
23	子学习情境四	安装与维修直流电动机调速控制线路	1	
24	学习情境六	安装调试与维修常用生产机械的电气控制线路	/	
25	子学习情境一	CA6140 型普通车床控制线路及其检修	1	
26	子学习情境二	M7130 型平面磨床电气控制线路及其检修	12★	
27	子学习情境三	M1432A 万能外圆磨床电气控制线路及其检修	2	
28	子学习情境四	Z3040B 型摇臂钻床电气控制线路及其检修	2	
29	子学习情境五	X62W 万能铣床电气控制线路及其检修	12★	
30	子学习情境六	T68 卧式镗床电气控制线路及其检修	12★	
31	子学习情境七	20/5T 桥式起重机电气控制线路及其检修	12★	

注：

表中打"★"号的为理实一体化学习情境；不打"★"号的教学安排时间（1~2 节）为纯理论学习时间，各校可以根据设备情况选择适合理实一体化教学的学习情境。

2. 给学员的建议

学生是学习的主体，主动学习、独立学习、自主学习是建立学习能力与方法能力的基本法宝，与人交流、合作学习是拥有社会能力的秘密武器，坚持进行活动导向训练是拥有专业技能的唯一途径。应做的事情一定要做，如复习、预习、填表格、填空、画图、分析、阅读、设计、安装、调试、排故等，训练得越多收获就越多；每遇到限时的学习任务时，一定要有计划，做到咨询、计划、决策、实施、检查、评价六不误，并管理好时间；无助的时候，一定要看到小组团队的力量，依靠团队的力量。慢慢地你会发现，良好的学习习惯的养成会让你终身受益！而好习惯的养成贵在坚持！

　　本书由林嵩、王刚任主编，章建军、朱楠任副主编。其中林嵩负责编写学习情境一；王刚负责编写学习情境二与学习情境四；章建军负责编写学习情境六；朱楠负责编写学习情境三与学习情境五；由林嵩负责最后的统稿工作。感谢国家职业核心能力推广中心浙江分中心主任叶昌元在本书中融入职业核心能力训练环节和行动导向教学方法的指导；感谢浙江天煌科技实业有限公司毛樟雄、绍兴水处理发展有限公司杨立峰等工程技术人员的大力支持。

　　由于编者水平有限，书中若有不当之处，敬请指正。

编　者
2012 年 6 月

CONTENTS

目 录

学习情境一

绘制与识读三相异步电动机控制电路图

电路图是根据生产机械运动形式和电力拖动的特点对电气控制系统的要求，是采用国家统一规定的电气图形符号和文字符号，按照电气设备和电器的工作顺序，详细表示电路、设备或成套装置的全部基本组成和连接关系，而不考虑其实际位置的一种简图。电路图能充分表达电气设备和电器的用途、作用和工作原理，是电气线路安装、调试和维修的理论依据。

通过本学习情境的训练，可以使学习对象建立电路图的基本认识和绘制电路图的基本方法，逐步建立识读电路图、接线图、布置图的基本能力，从而为简单乃至复杂的生产机械电气线路安装、调试、维修奠定基础。

任务目标

（1）熟悉可以用以绘制控制电路图的相关软件，并能熟练运用其中一种绘图软件进行电路图的绘制。

（2）建立阅读电气线路图、接线图、布置图的基础知识。

（3）提高网络资源搜索能力和网络资源应用能力。

（4）提高图书馆资源搜索能力和图书馆资源应用能力。

（5）提高自我学习、信息处理、数字应用等方法能力及与人交流、与人合作、解决问题等社会能力；自查 6S 执行力。

任务描述

专业能力训练环节一　电气控制线路图的抄绘

依照提供的生产设备的电气控制线路图，采用各自选定的绘图软件进行电路图的抄绘。抄绘电路图的要求如下：

（1）请从图 1-1～图 1-4 中选择要抄绘的电路。

（2）绘制好的图纸以 A4 横向默认的纸张打印，横向上下边距各为 1.00 cm，左右边距各为 2.50 cm，并采用 Word 的格式。

（3）绘制的图纸要求比例美观，标注准确，电气符号与图线表示正确，图幅与 A4 纸张相匹配，交稿统一采用图 1-5 所示的格式。

（4）图 1-1～图 1-4 这 4 张图纸的绘制难度分别按照难度系数 1～4 排列，从 1～4 逐渐递升难度系数，所占比重分别是 85%、90%、95%、100%。由学员自己决定绘制哪张图纸。

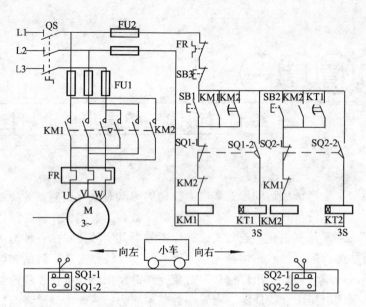

图 1-1　小车自动往返控制电路（难度系数 1）

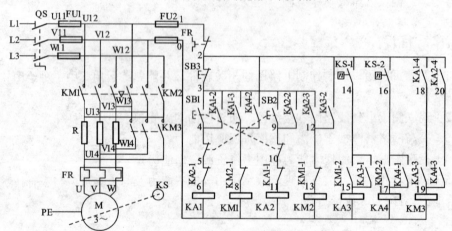

图 1-2　双向启动双向反接制动控制电路图（难度系数 2）

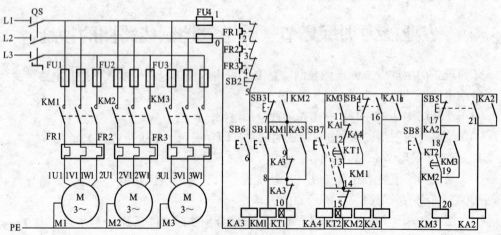

图 1-3　3 台电动机顺序控制电路（难度系数 3）

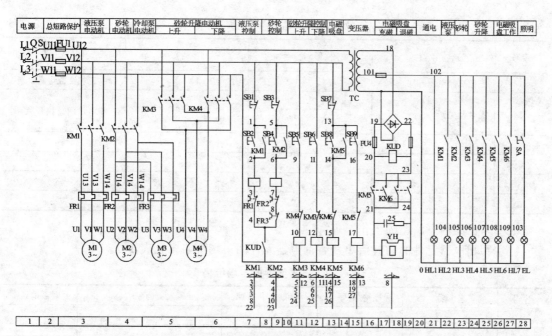

电源	总短路保护	液压泵电动机	砂轮电动机	冷却泵电动机	砂轮升降电动机		液压泵控制	砂轮控制	砂轮升降控制		电磁吸盘	变压器	电磁吸盘		通电	液压泵	砂轮	砂轮升降	电磁吸盘工作	照明
					上升	下降			上升	下降			充磁	退磁						

图 1-4 M1720 平面磨床电路图（难度系数 4）

（5）绘制本书中所列的其他简易图纸占分比重为 65%。

（6）绘图工时：布置任务后的 1 周内。

（7）配分：本技能训练满分 100 分,比重为 50%。

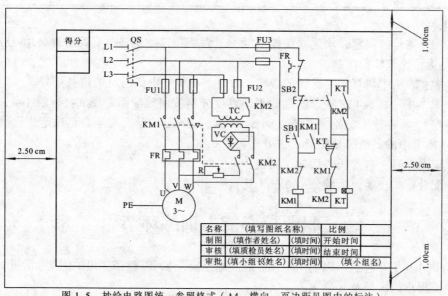

图 1-5 抄绘电路图统一参照格式（A4、横向、页边距见图中的标注）

专业能力训练环节二　电气控制线路图的识读

对绘制的电路图进行识读，识图要求如下：

（1）写出绘制图纸的图形符号与文字符号，并将结果填入表 1-1。

表 1-1   图形符号与文字符号对照表（以图 1-1 为例）

序号	名　称	图 形 符 号	文 字 符 号	作　用
1	三相交流电源相序		L1、L2、L3	提供三相交流电源
2	组合开关		QS	三相电源的总控开关
3				
4				
5				
6				

（2）写出绘制电路图的工作原理。

（3）写出电器元件的购置清单及咨询电器元件的市场价格，见表 1-2。

表 1-2   电器元件的市场价格表

序号	名　称	规格/型号	单价	品牌	厂家或商家名称	联系电话
1						
2						
3						
4						
5						
6						

注意：

① 此表单价的制定必须建立在规格/型号、品牌的基础上，没有确定规格/型号及其相应的品牌是无法比较性价比的。

② 能在表格中填写所用导线的规格、数量、单价等电气材料的信息更好。

③ 图 1-1～图 1-4 这 4 张图纸的识图难度分别按照难度系数图 1-1、图 1-4、图 1-2、图 1-3 排列，所占比重分别是 70%、80%、90%、100%。由学习对象自己决定识读哪张图纸。也可自选本书中的其他简易图纸，占分比重为 60%。

④ 识图学时：布置任务后的 1 周内。

⑤ 配分：本技能训练满分 100 分，比重为 30%。

职业核心能力训练环节

（1）以小组为单位总结以上两个任务的实施经验，并回答教师提出的问题。汇报要求如下：

① 汇报小组成员及其分工。

② 汇报的格式要求。

a. 汇报用 PPT 的第一页结构见示意图 1-6。

b. 汇报用 PPT 的第二页提纲的结构见示意图 1-7。

③ 汇报限时：每小组 5 min，每小组点评限时 1 min。

（2）配分：本核心能力训练满分 100 分，比重 20%。

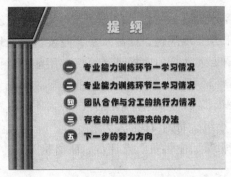

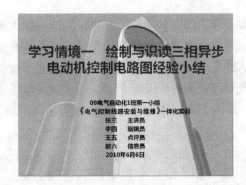

图 1-6　汇报用 PPT 格式第一页结构　　　　图 1-7　汇报用 PPT 的第二页提纲

 **任务实施**

一、训练目的

详见【任务目标】。

二、训练器材

计算机、网络、图书馆、绘图软件（如 Visio 2003、Visio 2007、AutoCAD 2004、AutoCAD 2006、Proter、Caxa 电子图板等）、打印机、A4 白色打印纸、白板、磁铁。

三、训练步骤

1. 构思任务实施计划

1）制订小组任务实施计划

① 任务实施前的信息咨询（仔细阅读【任务描述】中的三个能力训练环节的要求）。

② 小组成员的确立（随机组合或由实训指导教师安排）。

③ 任务实施计划的制订（任务实施的进度安排）。

④ 任务的分解和相关责任人的落实。

⑤ 任务实施的质量监控负责人的确立（负责进行小组自我评价）。

⑥ 任务实施的保障工作（如小组会议、自我激励、按计划自检和计划修订、自检措施）。

2）制订个人任务实施计划

按照自身能力成长的需要，确立自身应该掌握的知识与技能，并根据达成任务的时间要求合理安排好任务实施的计划，做到心中有数。

2. 能力训练

按照个人制订的任务实施计划与小组的任务实施计划进行能力训练。

3. 绘制线路图

独立寻找并确定绘图软件，在规定的时间按照绘图标准抄绘好电气控制线路图，完成专业能力训练环节一的能力训练。要求小组成员每人独立绘制一张线路图。

4. 完成作业

独立思考并填写好专业能力训练环节二的电子作业或课余训练手册。

5. 经验总结、交流

以小组为单位，按照职业核心能力的训练要求，采用 PPT 或 Word 的展示形式简要写出本学习情境的经验总结，并在经验交流课上进行经验交流。

经验交流课开设的目的是分享经验，分享成果，发现问题，提高水平，完善自我，增强团队意识，提高团队协作能力与写作水平，提高语言表达能力，提高计算机应用能力，促进自我学习能力的提升等。

经验交流应该表述的基本内容为：

① 小组成员的组成。建议成立 6~12 个学习小组，每组 4~8 人为宜。

② 各成员的身份，如按照分工不同划分为编辑员、主讲员、点评员、联络员等。

③ 介绍小组对本学习情境的实施计划。

④ 经验总结报告主题及内涵。

⑤ 小组共性经验，包含共性优点，共性缺点。

⑥ 小组个性经验，包含个性优点，个性缺点。

⑦ 存在的问题。

⑧ 解决问题的途径、思路或方法。

⑨ 给同学的建议。

⑩ 回答问题。请按照书中所列的各类表格一一填写相关信息。

⑪ 小组自我评价。

6. 介绍心得

小组推举"主讲员"上台向全班同学介绍本小组任务实施后的心得，限时 5 min（以后的学习情境中小组成员轮流当"主讲员"）。

7. 点评

其他小组推举的"点评员"对已经表述的"主讲员"进行点评，限时 1 min（以后的学习情境中小组成员轮换当"点评员"）。

8. 教师评价

教师对三个环节的能力训练情况进行分别评价和综合评价。

 任务评价

（1）电气控制线路图的绘制学习效果评价标准见表 1-3。

表 1-3 评价标准

序号	主要内容	考核要求	评分标准	配分	扣分	得分
1	绘图的规范性	（1）电气原理图中的各电气元件的图形符号、文字符号必须符合最新的国家标准 （2）符合电路图绘制的相关原则	（1）图形符号、文字符号不符合国家标准，每个扣5分 （2）电源电路绘制不规范，扣5分 （3）主电路绘制不规范，扣5分 （4）辅助电路（控制线路）绘制不规范每处扣5分 （5）同类电气元件没有有效区分，每个扣5分 （6）电路每个接点的字母或数字编号不符合规范，每处扣5分	70		

序号	主要内容	考核要求	评分标准	配分	扣分	得分
2	绘图的图幅	符合要求的图幅	（1）制图信息表达不全面，每处扣3分 （2）图纸大小设置不符合要求，扣5分 （3）没有设置绘图的制图员、审核员组员）、审批员（组长）等信息每个扣2分 （4）绘制对象在图幅中的比例、位置不和谐，扣 3分	30		
3	安全文明生产		违反安全文明生产规程　扣5~40分	倒扣		
备注	除了定额时间外，各项内容的最高分不应超过配分数		合计	100		
4	绘制图纸的难度系数		按照四个等级逐级按照 85%~100%的比例配分			
一周内完成	开始日期		结束日期		考评员签字	年 月 日

（2）电气控制线路的识读评价标准见表1-4。

表1-4　评价标准

项目内容	配分	评分标准	得分
识读电路图的难易度	20	（1）电路图中电气元件表达数在 20 个以内的得分 70% （2)电路图中电气元件表达数在 20~30 个之间得分 80% （3)电路图中电气元件表达数在 30~40 个之间得分 90% （4）电路图中电气元件表达数在 40 个以上得分 95%	
识读电路图的程度	40	（1）解剖电路元件信息达 30%得分 30% （2）解剖电路元件信息达 40%得分 40% （3）解剖电路元件信息达 50%得分 50% （4）解剖电路元件信息达 60%得分 60% （5）解剖电路元件信息达 70%得分 70% （6）解剖电路元件信息达 80%得分 80%	
识读电路图的正确率	40	（1）解剖电路元件信息的正确率达 40%以下得分 30% （2）解剖电路元件信息的正确率达 40%~60%得分 50% （3）解剖电路元件信息的正确率达 60%以上得分 80%	
安全文明生产	倒扣	违反安全文明生产扣 10~30 分	
定额时间	一周内	开始日期 　　　结束日期	实际时间
备注	（1）不允许超时绘制图纸，超时递交作业的成绩为所得成绩的50% （2）除定额工外，各项内容的最高扣分不得超过配分数		成绩

（3）职业核心能力评价表见表1-5。

表1-5　核心能力评价表

评价组别 \ 项目	与人交流能力（10%）	与人合作能力（20%）	数字应用能力（10%）	自我学习能力（20%）	信息处理能力（10%）	解决问题的能力（20%）	革新创新能力（10%）	总评
第一组								
第二组								

注意：

① 职业核心能力分七个评价项目，表 1-5 中各项目的配分仅供参考，可根据实际情况有侧重地进行配分。

② 核心能力评价表（见表 1-5）在使用过程中建议参照表 1-6～表 1-9 进行，以便对多元评价进行分数折算。

表 1-6 "电气控制线路安装与维修"课程学员职业核心能力评价表（学生用）

学习情境一 绘制与识读三相异步电动机电气控制线路图 核心能力评价标准

评价小组：_____；点评员签名：_____；评价时间：_____；

得分 ＼ 项目 ＼ 组别	与人交流能力配分 20分	与人合作能力配分 20分	数字应用能力配分 10分	自我学习能力配分 20分	信息处理能力配分 10分	解决问题能力配分 10分	革新创新能力配分 10分	总评（$\sum$）
第一组	此处填写主讲人姓名							
第二组								
第三组								
第四组								
第五组								
第六组								

注：此表分发给各学习小组，由小组推荐一名点评员负责对各小组的汇报结果进行评价。

表 1-7 "电气控制线路安装与维修"课程学员职业核心能力总评表（学生用，占30%）

学习情境一 绘制与识读三相异步电动机电气控制线路图 核心能力评价标准

统计与结算小组：_____；组长签名：_____；统计与结算时间：_____；

得分 ＼ 项目 ＼ 组别	第一组对各组的评价结果	第二组对各组的评价结果	第三组对各组的评价结果	第四组对各组的评价结果	第五组对各组的评价结果	第六组对各组的评价结果	总评（$\frac{1}{n}\sum$）
第一组总评							
第二组总评							
第三组总评							
第四组总评							
第五组总评							
第六组总评							

注：此表由各小组轮流进行统计，由组长负责审核，统计结果交给任课教师。

表 1-8 "电气控制线路安装与维修"课程学员职业核心能力评价表（教师用，占70%）

学习情境一 绘制与识读三相异步电动机电气控制线路图 核心能力评价标准

评价教师签名：_____；评价时间：_____；

得分 ＼ 项目 ＼ 组别	与人交流能力配分 20分	与人合作能力配分 20分	数字应用能力配分 10分	自我学习能力配分 20分	信息处理能力配分 10分	解决问题能力配分 10分	革新创新能力配分 10分	点评员姓名	合计得分
第一组	此处填写主讲人姓名								

得分＼项目 组别	与人交流能力配分 20分	与人合作能力配分 20分	数字应用能力配分 10分	自我学习能力配分 20分	信息处理能力配分 10分	解决问题能力配分 10分	革新创新能力配分 10分	点评员姓名	合计得分
第二组									
第三组									
第四组									
第五组									
第六组									

注：此表由 1 或 2 位任课教师填写，通常一体化教学要求配备 2 名教师。表格填写完毕后交给统计分数的小组进行各小组的职业核心能力总分统计。

表 1-9　"电气控制线路安装与维修"课程学员职业核心能力综合评价表

学习情境一　绘制于识读三相异步电动机控制线路图　核心能力评价标准

统计与结算小组：＿＿＿＿＿＿；组长签名：＿＿＿＿＿＿；统计与结算时间：＿＿＿＿＿＿；

得分＼对象 组别	学生评价　占30%		教师评价　70%					总评
	各组总评	30%	×××老师	50%	×××老师	50%	小计	总评
第一组总评								
第二组总评								
第三组总评								
第四组总评								
第五组总评								
第六组总评								

注：此表由各小组轮流进行统计，由组长负责审核，统计结果交给任课教师。

（4）个人单项任务总分评定见表 1-10。

表 1-10　个人单项任务总评成绩表

专业能力成绩配分				职业核心能力成绩配分		监控内容				单项任务总评成绩
绘制电气控制线路图的能力		电气控制线路图的识读能力				修旧利废 ①	违纪情况 ②	6S执行力 ③	时间节点 ④	
（成绩来自表1-3）	50%	（成绩来自表1-4）	30%	（成绩来自表1-5）	20%					

注：

① "修旧利废"为激励分，加分范围为 1～5 分；

② "违纪情况"为倒扣分，扣分范围为 1～5 分；

③ "6S 执行力"为倒扣分，扣分范围为 1～5 分；

④ "时间节点"为倒扣分，不能按时完成实训任务，不能按时提交笔试作业，不能按时汇报的小组酌情扣分 3～9 分，小组中有一人没完成，同组的其他成员与该生的"时间节点"扣分值相同。

相关知识

一、电器线路图的种类与特点

电气线路图简称电气图，它是用各种电气符号、图线来表示电气系统中各种电气装置、电气设备和电气元件之间的相互关系或连接关系，阐述线路图的工作原理，描述电气产品的构成和功能，指导各种电气设备电气线路的安装接线、运行、维护和管理的工程语言。

电气线路图主要由各种单元电路组成，各单元电路又由各种元器件或零部件根据不同功能的需要组合而成。因此，要做到会看图和看懂图，首先要掌握看电气线路图的基本知识，也就是要充分了解电气线路图的构成、种类、特点及在工程中的作用，认识电气线路图的图形符号、文字符号及其含义，了解绘制电气线路图的一些规定及看图的基本方法与步骤，为看懂整张电气线路图打下基础。

电气线路图分为局部电路和系统电路。局部电路又叫单元电路或部分电路。电气线路图的种类较多，常见分类见表 1-11。

表 1-11　电气线路图的分类和特点

电气线路图的种类	各类电气线路图的特点	示例
概略图	又称系统图或框图，是指表示系统、分系统、装置、部件、设备和软件中各项目之间主要关系和连接的简图，通常采用单线表示法绘制而成 主要用于表明系统的规模、整体方案、组成情况及主要特性等	见图 1-8
电路图	根据国家或有关部门制定的标准，采用国家统一的电气图形符号和文字符号，按照电气设备和电器的工作顺序，详细表示电路、设备或成套装置的全部基本组成和连接关系，而不考虑电器设备或电器元件的实际位置的一种简图 电路图能充分表达电气设备和电器的用途、作用和工作原理，是电气线路安装、调试和维修的理论依据	见图 1-9 及 1-11
布置图	根据电器元件在控制板上的实际位置，采用简化的外形符号（如正方形、矩形、圆形等）而绘制的一种简图。它不表示各电器的具体结构、作用、接线情况以及工作原理 主要用于电器元件的布置和安装。图中各电器的文字符号必须与电路图和接线图的标注一致	见图 1-10 中的壁龛配电盘
接线图	根据电气设备和电器元件的实际位置和安装情况绘制，只用来表示电气设备和电器元件的位置、配线方式和接线方式，而不明显表示电气动作原理 主要用于安装接线、线路的检查维修和故障处理 接线图有时又包含布置图	见图 1-10 及图 1-12

除了图 1-8、图 1-9、图 1-10 介绍的三种图外，在电子技术应用上也有相应种类，图 1-11 为音乐循环变色灯控制器电路图，图 1-12 为音乐循环变色灯控制器印制电路接线图。

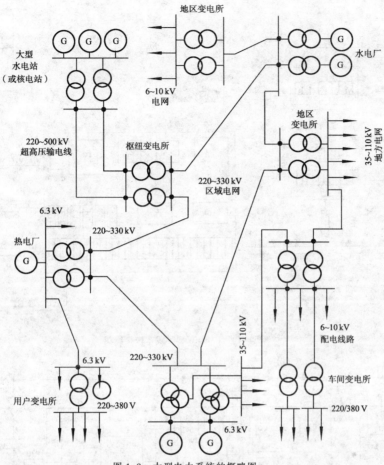

图 1-8　大型电力系统的概略图

电源保护	电源开关	主轴电动机	短路保护	冷却泵电动机	刀架快速移动电动机	控制电源变压及保护	断电保护	主轴电动机控制	刀架快速移动	冷却泵控制	信号灯	照明

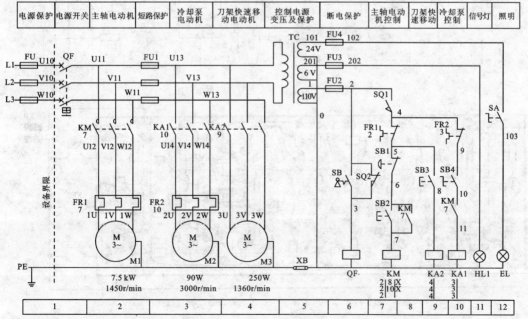

1	2	3	4	5	6	7	8	9	10	11	12

图 1-9　CA6140 型卧式车床电路图

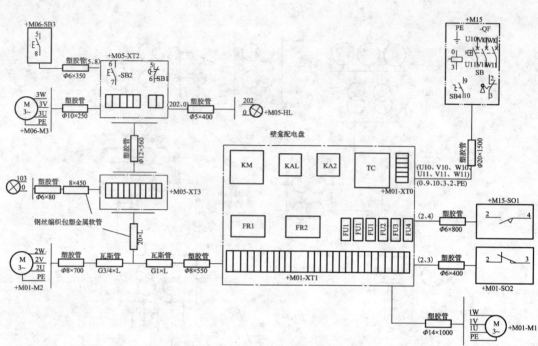

图 1-10　CA6140 型卧式车床接线图

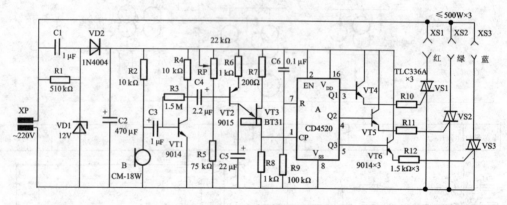

图 1-11　音乐循环变色灯控制器电路图

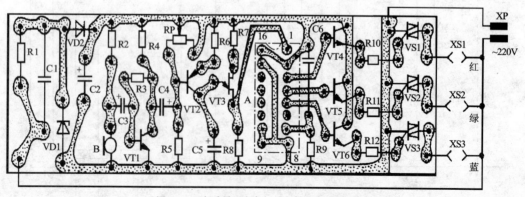

图 1-12　音乐循环变色灯控制器印制电路接线图

二、绘制、识读电路图时应该遵循的原则

（1）电路图一般分为电源电路、主电路、辅助电路、三部分绘制。

① 电源电路画成水平线，三相交流电源相序 L1、L2、L3 自上而下依次画出，中性线 N 和保护地线 PE 依次画在相线之下。直流电源的"+"端画在上边，"−"端在下边画出。电源开关要水平画出。

② 主电路是指受电的动力装置及控制、保护电器的支路等，它是由主熔断器、接触器的主触点、热继电器的热元件及电动机等组成。主电路通过的电流是电动机的工作电流，电流较大。主电路图要画在电路图的左侧并垂直电源电路。

③ 辅助电路一般包括控制主电路工作状态的控制电路、显示主电路工作状态的指示电路、提供机床设备局部照明的照明电路等。它是由主令电器的触点、接触器线圈及辅助触点、继电器线圈及触点、指示灯和照明灯组成。辅助电路通过的电流都较小，一般不超过 5A。画辅助电路时，辅助电路要跨接在两相电源之间，一般按照控制电路指示电路和照明电路的顺序依次垂直画在主电路的右侧，且电路中与下边电源线相连的耗能元件（如接触器和继电器的线圈、指示灯、照明灯等）要画在电路图的下方，而电器的触点要画在耗能元件与上边电源之间。为读图方便，一般应按照自左向右、自上而下排列来表示操作顺序。

（2）电路图中，各电器的触点位置都按电路未通电或电器未受外力作用时常态位置画出。分析原理时，应从触点的常态位置出发。

（3）电路图中，不画各电器元件实际的外形图，而采用国家统一规定的电气图形符号画出。

（4）电路图中，同一电器的各元件不按它们的实际位置画在一起，而是按其在线路中所起的作用分画在不同的电路中，但它们的动作却是相互关联的，因此，必须标注相同的文字符号。若图中相同的电器较多时，需要在电器文字符号后面加注不同的数字，以示区别，如 KM1、KM2 等。

（5）画电路图时，应尽可能减少线条和避免线条交叉。

（6）电路图采用电路编号法，即对电路中的各个接点用字母或数字编号。

① 主电路在电源开关的出线端按相序依次编号为 U11、V11、W11。然后按从上至下、从左至右的顺序，每经过一个电器后，编号要递增，如 U12、V12、W12；U13、V13、W13……。单台三相交流电动机（或设备）的三根引出线按相序依次编号为 U、V、W。对于多台电动机引出线的编号，为了不致引起误解与混淆，可在字母前用不同的数字加以区别，如 1U、1V、1W；2U、2V、2W……

② 辅助电路编号按"等电位"原则从上至下、从左至右的顺序用数字依次编号，每经过一个电器元件后，编号要依次递增。控制电路编号的起始数字必须是 1，其他辅助电路编号的起始递增 100。如照明电路编号从 101 开始；指示电路编号从 201 开始等。

三、绘制、识读接线图时应该遵循的原则

（1）接线图中一般示出如下内容：电气设备和电器元件的相对位置、文字符号、端子号、导线号、导线类型、导线截面积、屏蔽和导线绞合等。

（2）所有的电气设备和电器元件都按其所在的实际位置绘制在图纸上，且同一电器的各元件根据其实际结构，使用与电路图相同的图形符号画在一起，并用点画线框上，其文字符

号以及接线端子的编号应与电路图中的标注一致，以便对照检查接线。

（3）接线图中的导线有单根导线、导线组（或线扎）、电缆等之分，可用连接线和中断线来表示。凡导线走向相同的可以合并，用线束来表示，到达接线端子板或电器元件的连接点时再分别画出。在用线束来表示导线组、电缆等时可用加粗的线条表示，在不引起误解的情况下也可采用部分加粗。另外，导线及管子的型号、根数和规格应标注清楚。

四、电气线路图常用电气符号

电气符号包括文字符号、图形符号、项目代号和回路标号等，它们相互关联、互为补充，以图形和文字的形式从不同角度为电气线路图提供各种信息。图形符号和文字符号是电气线路图这种"工程语言"的"词汇"或"单词"，是构成电气线路图的基本单元。图形符号和文字符号有统一的国家标准，我国在 1990 年以前采用国家科委 1964 年颁发的《电气系统图图形符号》的国家标准（即 GB312～314—1964）和《电工设备文字符号编制通则》（即 GB315-1964）的规定。国家规定自 1990 年 1 月 1 日起，电气线路图中的文字符号和图形符号必须符合新的国家标准，即国家标准局颁布的 GB/T 4728.1～4728.13—2005～2008《电气简图用图形符号》。

文字符号是表示电气设备、装置、元件的名称、功能、状态和特征的字符代码。

$$
\text{文字符号的构成}
\begin{cases}
（1）基本文字符号 \begin{cases} ① 单字母符号 \\ ② 双字母符号 \end{cases} \\
\quad 基本文字符号用以表示电气设备、装置和元件名称 \\
（2）辅助文字符号：辅助文字符号用于设备的功能、状态和特征 \\
（3）数字代码 \begin{cases} ① 单独使用 \\ ② 与字母符号组合使用 \end{cases}
\end{cases}
$$

五、电气线路图绘制的常用软件及介绍

伴随着计算机技术的快速发展，出现了许多专业绘图工具和辅助设计工具，如微软公司的 Microsoft Office Visio 2003 与 Microsoft Office Visio 2007、美国 Autodesk 公司的 AutoCAD、美国 Protel Technology 公司推出的 Protel 99 SE 和 Protel DXP、北京数码大方科技有限公司的 CAXA 电子图板等，这些软件都能高效、清晰地绘制电气线路图，由于受篇幅所限，这里只介绍 Visio 2003 的安装及创建新工程的方法。

1. Visio 2003 软件的安装导向

（1）打开复制在计算机硬盘中的 Visio 2003 软件包，如图 1-13 所示。进入 Visio 2003 文件夹，可以看到 VISPRO 安装文件，如图 1-14 所示。

（2）双击 VISPRO 安装文件，弹出"产品密钥"对话框，如图 1-15 所示，输入密钥后（见图 1-16）单击"下一步"按钮，弹出"用户信息"对话框，如图 1-17 所示，此对话框内的信息可以不填写，继续

图 1-13 下载或找到 Visio 2003 软件包

单击"下一步"按钮，显示"最终用户许可协议"对话框，如图 1-18 所示，选中"我接受《许可协议》中的条款"复选框并单击"下一步"按钮，显示 Visio 2003 软件安装路径的提示信息，通常安装路径选择 C 盘，如图 1-19 所示。

（3）单击图 1-19 所示的"下一步"按钮进入自动安装导向，如图 1-20 所示。Visio 2003

安装完毕后显示图 1-21 所示的对话框。

图 1-14　安装文件夹

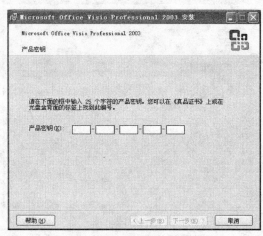

图 1-15　"产品密钥"对话框

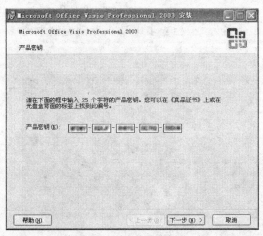

图 1-16　填入产品密钥

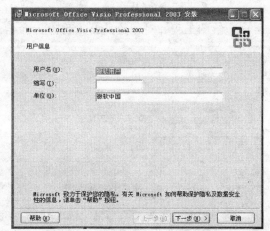

图 1-17　"用户信息"对话框

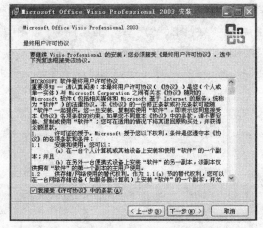

图 1-18　"最终用户许可协议"对话框

图 1-19　"安装类型"对话框

图 1-20　显示安装进度

图 1-21　安装完成

2. 绘图工程的建立

（1）在桌面上右击，选择"新建→"Microsoft Visio 绘图"命令，如图 1-22 所示，即可创建绘图工程并对创建的新工程进行命名，如命名为"三相异步电动机点动控制电路图"，如图 1-23 所示。

图 1-22

图 1-23　创建绘图工程

（2）双击图 1-23 所示的"三相异步电动机点动控制电路图 Visio 绘图文件，即可进入 Visio 绘图界面，如图 1-24 所示。中央白色方格区域为绘图区，绘图时通常缩放到 200%，便于进行细节绘图。绘制电气线路图时通常还要在菜单栏"视图（V）"→"工具栏（T）"中进行工具的选择，通常要选择"常用"、"格式"、"绘图"，如图 1-25 所示。

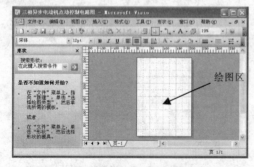

图 1-24　Visio 绘图界面

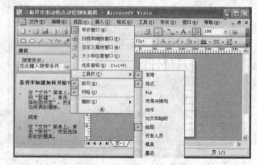

图 1-25　选择工具栏

（3）选择"文件"→"形状（E）"→"电气工程"→"开关和继电器"命令，即可进入开关和继电器元件符号库，可以根据需要取出元件符号库的符号进行电气原理图的绘制，如

图 1-26 所示。也可根据需要自己绘制元件库，图 1-27 为绘制出的接触器的辅助动合（常开）触点与辅助动断（常闭）触点及主触点的电气图形符号。具体电路图的绘制过程在此不作介绍，请同学们自行练习。

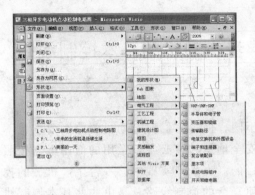

图 1-26　用元件符号库绘制电路图

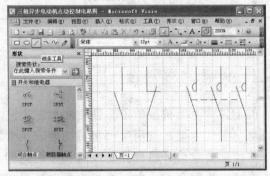

图 1-27　利用线条工具手工绘制电气元件符号及电路图

1. 电气线路图有哪些种类？分别有哪些特点？
2. 绘制、识读电路图时应该遵循哪些原则？

学习情境二

安装与维修三相鼠笼式异步电动机的基本控制线路

　　由于各种生产机械的工作性质和加工工艺不同，使得它们对电动机的控制要求也不尽相同。要使电动机按照生产机械的要求正常安全地运转，必须以常用的低压电器按照一定的控制要求设计组成控制线路，才能达到目的。在生产实践中，一台生产机械的控制线路可以比较简单，也可能相当复杂，但任何复杂的控制线路总是由一些基本控制线路有机组合起来的。

　　电动机常见的基本控制线路有以下九种：

电动机的九种基本控制线路
$$\begin{cases} 点动控制线路 \\ 连续控制线路 \\ 正反转控制线路 \\ 位置控制及自动往返控制线路 \\ 顺序控制线路 \\ 多地控制线路 \\ 降压启动控制线路 \\ 调速控制线路 \\ 制动控制线路 \end{cases}$$

子学习情境一　安装与维修三相异步电动机点动控制线路

 任务目标

　　（1）学会正确识别、选用、安装和使用点动控制线路所使用的常用低压电器，熟悉它们的功能、基本结构、工作原理及型号含义，熟知它们的图形符号与文字符号。

　　（2）掌握三相异步电动机点动控制线路的工作原理，学会正确安装与维修三相异步电动机点动控制线路的方法。

　　（3）了解点动控制线路运行故障的种类和现象，能应用电阻检测法进行线路板模拟故障的排除。

　　（4）提高自我学习、信息处理、数字应用等方法能力及与人交流、与人合作、解决问题等社会能力；自查 6S 执行力。

专业能力训练环节一　点动控制线路的安装

依照图 2-1 三相异步电动机的点动控制线路图进行配线板上的电气控制线路安装。安装要求如下：

（1）按点动控制线路电路图进行正确的安装。

（2）元器件在配线板上布局要合理，器件安装要正确紧固，采用单股导线明线配线，要求配线横平竖直、接点规范紧固美观。

（3）正确使用电工工具和仪表。

（4）按钮无须固定在配线板上，电源和电动机配线、按钮接线要通过端子排进出配线板，进出接线桩的导线采用接线端子且要有端子标号。

（5）学员进入实训场地要穿戴好劳保用品并进行安全文明操作。

（6）工时：180 min，本工时包含试车时间。

（7）配分：本技能训练满分 100 分，比重 50%。

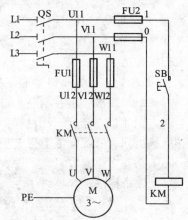

图 2-1　三相异步电动机的点动控制线路图

专业能力训练环节二　点动控制线路电气故障的排除

学员之间在通电试车成功的点动控制线路配线板上相互设置 1～2 处的模拟电气故障，然后交叉进行故障排除训练。排故要求如下：

（1）在配线板上人为设置 1～2 处模拟导线接触不良、压绝缘层、接头氧化等形成的隐蔽的断路故障。

（2）故障可以设置在控制电路中也可以设置在主电路中。

（3）由于每个学员完成 "专业能力训练环节一" 的进度会有所不同，已完成试车且成功的学员即可进行交叉设置故障及排除故障的 "专业能力训练环节二" 的训练。

（4）故障设置时尽量避免设置短路故障，要根据点动控制线路实际工作状况设置故障，可以根据挑战难易程度的不同逐步设置接错线或者器件触点短路的故障。

（5）当故障排除完毕，进行通电试车检测及其验证时，务必穿戴好劳保用品并严格按照安全用电操作规程通电试车，且要有合格的监护人员监护通电试车的整个过程。

（6）注意不要停留在 "用肉眼寻找故障" 的低级排故水平上，而应该用掌握的线路工作原理根据故障现象来分析故障范围并使用常用电工仪表检测与判断故障点的准确位置。

（7）工时：每个故障限时 10 min，故障设置完毕后约时进行。

（8）配分：本技能训练满分 100 分，比重 30%。

职业核心能力训练环节

以小组为单位，用经验报告的形式简要叙述专业能力训练环节一、二的训练经验，并回答指导教师提出的问题，要求如下：

（1）汇报小组成员及其分工参见图 1-6。

（2）汇报的格式与内容要求。

① PPT 的第一页结构参见示意图 1-6。

② PPT 的第二页提纲的结构参见图 1-7。

③ PPT 的底板图案不限，以字体与图片醒目、主题突出，字体颜色与背景颜色对比适当，视觉舒服为准。

④ 汇报内容由各小组参照汇报提纲自拟。

（3）汇报要求：声音洪亮、口齿清楚、语句通顺、体态自然、视觉交流、精神饱满。

（4）职业核心能力训练目标：通过职业核心能力的训练提升各小组成员与人交流、与人合作、解决问题等社会能力以及提高自我学习、信息处理、数字应用等方法能力。

（5）企业文化素养目标：自查 6S 执行力。

（6）评价标准：参见表 1-5。

（7）工时：每小组主讲员汇报用时 5 min，每小组点评员点评用时 1~2 min，教师点评用时 15 min 以上，包含学生学习过程中共性问题的讲解时间。

（8）配分：本核心能力训练满分 100 分，比重 20%。

（9）回答问题：

已知图 2-1 的三相异步电动机 M 的型号为 Y-802-2，规格为 1.1 kW、380 V、2.4 A、Y 接法、1 440 r/min，请查询图 2-1 所示控制线路所需的元器件及其市场价格，并填入表 2-1 中。

表 2-1 元件明细表（购置计划表或元器件借用表）

单价（金额）   单位： 元

代号	名 称	型号	规 格	单位	数量	单价	金额	用途	备注
M	三相异步电动机	Y-802-2	1.1 kW、380 V、2.4 A、Y 接法、1 440 r/min	台	1				
QS									
FU1									
FU2									
KM									
SB									
XT1									
XT2									
	主电路导线		YHZ $3 \times 1.5\,mm^2 + 1 \times 1.5\,mm^2$						
	控制电路导线								
	电动机引线								
	电源引线								
	电源引线插头								

代号	名　称	型号	规　格	单位	数量	单价	金额	用途	备注
	按钮线								
	接地线								
	自攻螺钉								
	编码套管								
	U形接线鼻								
	配线板		金属网孔板或木质配电板						
合计金额									

注：价格可依据市场调查或咨询淘宝网。

一、训练目的

（1）熟练掌握采用单股铜芯或铝芯导线进行点动控制线路明线电气布线的施工工艺。

（2）正确、快速地安装三相异步电动机点动控制线路，并能一次通电试车成功。

（3）熟练进行点动控制线路模拟电气故障的设置及排除。并掌握采用电阻检测法进行电气故障检修的方法和步骤。

二、训练器材

验电笔、尖嘴钳、斜口钳、剥线钳、螺钉旋具、万用表、钳形电流表、配线板、一套低压电器（见表 2-1）、连接导线、三相异步电动机及四芯电缆（YHZ $3 \times 1.5 \ mm^2 + 1 \times 1.5 \ mm^2$）、三相四线电源插头。

三、预习内容

（1）交流接触器的结构和工作原理。

（2）熟悉组合开关、熔断器、按钮的结构。

（3）完成表 2-1 元件明细表的填写。

（4）点动控制线路工作原理的识读与分析。

（5）常见的单股铜（铝）芯线、多股铜芯线的规格和型号的了解。

四、训练步骤

专业能力训练环节一　参考训练步骤

（1）指导教师首先对专业能力训练环节一、二及核心能力训练环节的训练要求作个概述，提前将专业能力训练环节一的任务书（即【任务描述】的内容）及可能影响教学进程的因素与学员进行描述，让学员有足够的时间进行相关知识的预习准备，在学习内容上有大致的方向与目标。

（2）学员根据课前预习【相关知识】检查下发到每个工位的电器元件，根据表 2-1，重点检查拿到的电器元件的名称、规格、数量是否符合要求，外观有无损伤，配件（如螺钉、垫片等）是否齐全完好。若有问题及时向仓库保管员说明或更换，以免承担不必要的赔偿责任。

（3）电器元件检查及常用电工工具检查与准备无误后，参照图 2-1、图 2-2 及电气安装布局图进行元器件的板面安装与接线，安装要求见【任务描述】的"专业能力训练环节一"。

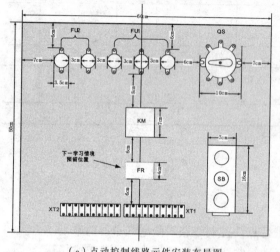

（a）点动控制线路元件安装布局图

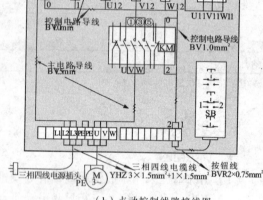

（b）点动控制线路接线图

图 2-2　三相异步电动机点动控制线路元件安装布局和接线图

（4）电气控制线路安装完毕采用万用表电阻检测法进行控制线路安装效果自检，自检方法参见【相关知识】。自检内容主要是自检安装线路的正确性及安装工艺的好坏，其中安装线路的正确性主要是指检查安装线路的功能是否与电路原理一致，是否出现开路、短路、接触不良或接错线等问题。

（5）自检完毕待修复故障后进行电气控制线路的通电试车，进行通电试车环节的学员要注意以下几点：

① 自检无误后，安装好螺旋式熔断器内的熔丝（一般控制电路短路保护的熔丝规格为 3~5 A，主电路的三只熔丝规格取决于电动机或其他负载的额定电流，一般选取电动机额定电流的 1.5~2.5 倍；电机空载启动时，熔丝的规格可直接选取电动机额定电流所对应的熔丝规格），并用万用表电阻×1挡测量安装上的熔丝是否接通了熔断器的进出接线桩头，直到熔断器的进出接线桩头可靠连通。

② 独立进行电气控制线路板外围电路的连接。如连接电源线、连接负载线及电动机，并注意正确的连接顺序，接线顺序遵循先接负载线，再接电源线的原则。

③ 连接好电气控制线路试车板的外围电路后，按照正确的通电试车步骤，并在指导教师的监护下进行通电试车。

④ 通电试车步骤如下：

插上三相四线电源插头→合上电源开关 QS→按下启动按钮 SB，线路通电后注意观察各低压电器及电动机的工作状况，如出现异常情况，应立即切断电源，并仔细记录故障现象，以作为故障分析的依据，并及时回到工位进行故障修复，待故障排除后再次通电试车，直到试车成功为止。

本电路正常的试车现象为：按下启动按钮 SB，电动机得电启动并运转，松开启动按钮 SB，电动机断电并惯性停止，电动机的工作现象可归结为 8 个字，即"按按动动、不按不动"。

⑤ 断电步骤如下：

松开启动按钮 SB→电动机断电并惯性停止→切断电源开关 QS→拔下三相四线电源插头→

断电步骤结束。

⑥ 在指导教师的监护下，独立进行电气控制线路板外围电路的拆线。拆线顺序遵循先拆电源线，再拆负载线的原则。

切记！不能在没有切断电动机电源或其他负载电源的情况下插拔三相四线电源插头，也不能在没有断电的情况下拆除电源线与负载线。

⑦ 拆线完毕，通电试车全部结束，将自己完成的电气控制线路配线板放回自己的工位。

（6）试车成功后按照正确的断电顺序与拆线顺序进行配线板外围线路的拆除，按照 6S 标准整理好自己的实训工位，待指导教师对"专业能力训练环节一"的实训效果进行评价后，简要小结本环节的训练经验并填入表 2-2，进入"专业能力训练环节二"的能力训练。（回到工位后注意不要拆除控制电路）。

（7）指导教师对本专业能力训练实施情况的进行总体评价。

表 2-2　专业能力训练环节一（经验小结）

例：1. 识读图纸与阅读【相关知识】后，能正确配置与填写元件明细表，电路安装前能正确核对元器件的品名、规格、数量是否符合要求，避免盲目安装。
2. 电器元件安装必须合理牢固，以方便布线与走线工艺编排。
3. 装接线路时应先接控制线路，后接主线路，以便走线及工艺编排。
4. 通电试车前要先用万用表自检，以确保线路通电试车一次成功。
5. 了解电磁式继电器、接触器线圈的直流电阻值及电路工作原理是自检的关键。

专业能力训练环节二　参考训练步骤

（1）完成 "专业能力训练环节一"训练内容的学员按【任务描述】中"专业能力训练环节二"故障设置与排除的要求相互进行电气故障的设置和排除。应按照交叉设置故障和排除故障的原则进行，故障设置情况可分两种：

① 在同组或不同组学员的配线板上设置 1～2 处的模拟电气故障点，回到自己工位的配线板上进行电气故障排除训练。

② 在自己的配线板上设置 1～2 处的模拟电气故障点，与同组或不同组学员交叉进行电气排故训练。

（2）相互约定排故的开始时间与结束时间，当约定时间结束时双方停止排故训练，按相应的评价标准自觉检测自身的故障排除能力。

（3）当采用通电试车的形式用以检查故障排除效果时，一定要注意相互间的安全监护。不明确应该监护的相关信息时，严禁进行学员间监护形式的通电试车，而应在指导教师的监护下进行通电试车。

故障检修过程中应该注意以下步骤的训练，并认真填写表 2-3。

① 对已经设置故障的点动控制线路进行通电试车，观察并记录通电试车时，各电器元件及电动机的动作情况是否符合正常的工作要求，对不正常的现象进行记录。

② 根据点动控制线路工作原理和故障现象分析造成以上故障现象的可能原因。

③ 通过问、看、听、摸，结合点动控制线路的工作原理分析确定最小故障范围。

④ 按照分析的最小故障范围用电阻检测法或电压测量法进行故障检测，确认最终的故障点。

⑤ 记录故障线号，并进行故障点的修复。

⑥ 通电试车校验。

表 2-3　故障检修登记表

故障号	故障现象	可能的原因	故障范围分析		故障点线号	是否修复	是否试车确认
			初诊	确诊			
1	例：不能启动						
2	例：控制电路熔体熔断						
3	例：主电路熔体熔断						

（4）学员之间按照【任务评价】中的电气控制线路的故障检修评价标准进行互评。

（5）"专业能力训练环节二"结束后，简要小结本环节的训练情况并填入表 2-4 中，然后进入"核心能力训练环节"的训练。

（6）训练注意事项：

① 检修前应掌握点动控制线路的工作原理，熟悉电路结构和安装接线布局。

② 检修时应注意测量步骤，检修思路和方法要正确，不能随意带电测量和更换接线。

③ 带电检修时，必须有教师在现场监护，故障修复应断电后进行。

④ 检修时严禁扩大故障范围，损坏元器件和设备。

⑤ 故障检修训练环节必须在定额时间内完成。

（7）故障排除完毕，根据自身训练情况进行小结。

表 2-4　专业能力训练环节二（经验小结）

例：1. 故障设置方面：故障设置要力求与实际工作状态吻合，按钮接触不良、热继电器误动作等可作为首选。

　　2. 故障排除思路方面：通过问、看、听、摸仔细了解故障现象结合线路工作原理分析和判断故障点位置。点动控制线路多为断线故障。

　　3. 故障排除方法方面：结合分析判断，运用电阻分段测量法进行测量和确认故障点。

　　4. 安全通电试车方面：整个故障排除过程中应该严格按照电工安全操作规程进行检查和测试，并具备监护人和相应的技术措施。

职业核心能力训练环节　参考训练步骤

职业核心能力的训练步骤与训练要求同任务一。

（1）以小组为单位，简要叙述专业能力训练环节一、二的训练情况，以报告的形式向全体学员汇报（以 PPT 形式汇报），相互交流。目的是展示成果，分享经验，发现问题，提高水平，完善自我，增强团队意识，提高协作能力与写作水平，提高语言表达能力，提高计算机应用能力等。汇报用的 PPT 要求按照学习情境一图 1-6 和图 1-7 的 PPT 格式制作。

（2）小组推举的"主讲员"上台向全体学员介绍本小组任务实施后的心得体会，限时 5 min（在以后的学习情境中各小组成员应轮流担任"主讲员"）。

（3）其他小组推举的"点评员"对"主讲员"的表述进行点评，限时 2 min（在今后的学习情境中各小组成员应轮流担任"点评员"）。

（4）最后，指导教师对各小组三个环节的能力训练情况进行综合评价。

 任务评价

一、专业能力训练环节一的评价标准（见表2-5）

表2-5　专业能力训练环节一的评价标准

序号	项目内容	考 核 要 求	评 分 标 准	配分	扣分	得分
1	元件选用及安装	（1）按要求正确使用工具和仪表，熟练选用并安装电气元器件 （2）元器件在控制板上布置要合理，安装要准确、紧固 （3）按钮盒不固定在控制板上	（1）按要求选用元器件，开关、接触器、熔断器选择错误，每只扣2分，其他元器件选择错误，每只扣1分 （2）元器件布置不整齐、不匀称、不合理，每只扣3分 （3）元器件安装不牢固，每只扣4分 （4）安装元器件时漏装木螺钉，每只扣1分 （5）损坏元器件，每只扣5～15分	15		
2	电气布线	（1）接线要求美观、紧固、无毛刺，明线敷 （2）电源和电动机配线、按钮接线要接到端子排上，进出接线端子的导线要有端子标号，引出端要用别径端子	（1）电动机运行正常，如不按图接线，每处扣5分 （2）布线不规范，不美观，主电路、控制电路每根扣1分 （3）接点松动、露铜过长、反圈、压绝缘层，标记号不清楚、遗漏或误标，引出端无别径端子每处扣1分 （4）损伤导线绝缘或线芯，每根扣1分	35		
3	通电试验	在保证人身和设备安全的前提下，通电试验一次成功	（1）主、控电路配错熔体，每个扣3分 （2）一次试车不成功扣30分 　　二次试车不成功扣40分 　　三次试车不成功扣50分	50		
4	安全文明生产及6S执行力		（1）违反安全文明生产规程扣5～40分 （2）乱线敷设，加扣不安全分10分 （3）6S执行力不到位，酌情扣5～10分	倒扣		
备注	（1）每超时5 min扣5分 （2）除定额时间外，各项扣分不应超过配分			100		

定额时间：180 min	开始时间：	结束时间：	考评员签字：	年　月　日

注：该表由指导教师根据学员个人完成专业能力训练环节一电气控制线路的安装情况单独评价。

二、专业能力训练环节二评价标准（见表2-6）

表2-6　专业能力训练环节二的评价标准

序号	项目内容	考核要求	评分标准	配分	扣分	得分
1	故障设置	故障设置合理符合生产实际	（1）重复故障设置，每处扣5分 （2）故障设置不可恢复，每处扣10分	20		
2	故障分析	根据故障现象和检测数据正确标注最小故障范围	（1）无法根据试车或测量情况叙述故障现象，每个扣5～10分 （2）无法标注最小故障范围，每个扣5分	30		

序号	项目内容	考核要求	评分标准	配分	扣分	得分
3	故障排除	按照正确的方法和步骤进行故障排除,恢复控制线路功能。故障排除后保持控制线路板面整洁	(1)停电不验电扣5分 (2)测量仪表和工具使用不正确每次扣5分 (3)检测故障方法和步骤不正确每次扣5分 (4)无法查出故障,每个故障扣20分 (5)查出故障但无法排除,每个故障扣10分 (6)损坏元器件,每个扣20分 (7)扩大故障范围或产生新故障,每个扣20分	50		
4	安全文明生产及6S执行力		(1)违反安全文明生产规程,未清理场地工位酌情扣10~40分 (2)6S执行力不到位,酌情扣5~10分	倒扣		
备注		(1)不允许超时检修故障,但在修复故障时每超时1 min扣2分 (2)除定额时间外,各项扣分不应超过配分		100		

定额时间:30 min	开始时间:	结束时间:	点评员签字:	年 月 日

注:可采用教师评价或学员间的互评。

三、职业核心能力训练环节评价表(见表2-7)

表2-7 职业核心能力评价表

项目 评价 组别	与人交流能力10%	与人合作能力20%	数字应用能力10%	自我学习能力20%	信息处理能力10%	解决问题的能力20%	革新创新能力10%	总评
第一组								
第二组								

注:

① 职业核心能力分七大评价项目,表2-7中各项目的配分仅供参考,指导教师可根据实际情况有侧重地进行重新配分。

② 职业核心能力评价表2-7在使用过程中可参照学习情境一中表1-6~表1-9进行。

四、个人单项任务总分评价表(见表2-8)

表2-8 个人单项任务总评成绩表

专业能力成绩配分				职业核心能力成绩配分		监控内容				单项任务总评成绩Σ
电气控制线路安装能力		电气控制线路的故障排除能力				修旧利废①	违纪情况②	6S执行力③	时间节点④	
(成绩来自表2-1-5)	50%	(成绩来自表2-1-6)	30%	(成绩来自于表1-9)	20%					

注:

① "修旧利废"为激励分,加分范围为1~5分;

② "违纪情况"为倒扣分,扣分范围为1~5分;

③ "6S执行力"为倒扣分,扣分范围为1~5分;

④ "时间节点"为倒扣分,不能按时完成实训任务,不能按时提交笔试作业,不能按时汇报的小组酌情扣分3~9分,小组中有一人没完成,同组的其他成员与该生的"时间节点"扣分值相同。

该表由学员本人根据完成子学习情境的情况统计自评。

相关知识

一、低压电器

低压电器通常是指工作在交流额定电压 1 200 V 及以下、直流额定电压 1 500 V 及以下的电器。它们是电气控制系统的基本组成元件，电气控制系统的优劣与所用低压电器的质量和正确使用直接相关。尽管随着电子技术、自控技术和计算机技术的迅猛发展，一些电器元件可能被电子线路所取代，但由于电器元件本身也朝着新的领域扩展（表现在提高器件的性能，扩展器件的应用，新型器件的开发，实现机、电、仪一体化等），且有些电器元件有其特殊性，故不可能完全被取代。所以电气技术人员必须熟悉常用低压电器的工作原理、结构、型号、规格和用途，并能正确选择、使用与维护。

（一）低压电器的分类

1. 按其用途或所控制的对象不同分类

低压电器的种类繁多，按其用途或所控制的对象不同可分为：

1）低压配电电器

这类电器包括刀开关、转换开关、熔断器和自动开关。主要用于低压配电系统中，要求在系统发生故障的情况下动作准确、工作可靠。

2）低压控制电器

包括接触器、继电器、启动器、控制器、主令电器、电阻器和电磁铁等。主要用于电力拖动系统中，要求寿命长、体积小、重量轻、工作可靠。

2. 按低压电器的动作方式不同分类

1）自动切换电器

依靠电器本身参数变化或外来信号（如电、磁、光、热等）而自动完成接通、分断或使电机启动、反向运行以及停止等动作。如接触器、继电器等。

2）非自动切换电器

依靠外力（如人工）直接操作来进行切换等动作。如按钮、刀开关等。

3. 按电器的执行机能不同分类

按电器的执行机能不同还可分为有触点电器和无触点电器。

（二）低压电器的常用术语及其含义

低压电器的常用术语及其含义见表 2-9。

表 2-9　低压电器的常用术语及其含义

常 用 术 语	含　　义
通断时间	从电流开始在开关电器的一极流过的瞬间起，到所有极的电弧最终熄灭的瞬间为止的时间间隔
燃弧时间	电路分断过程中，从触电断开（或熔体熔断）出现电弧的瞬间开始，至电弧完全熄灭为止的时间间隔
分断能力	开关电器在规定的时间内，能在给定的电压下分断的预期电流值
接通能力	开关电器在规定的条件下，能在给定的电压下接通的预期电流值
通断能力	开关电器在规定的条件下，能在给定的电压下接通和分断的预期电流值
短路接通能力	在规定的条件下，包括开关电器的出线端短路在内的接通能力

常 用 术 语	含　义
短路分断能力	在规定的条件下，包括开关电器的出线端短路在内的分断能力
操作频率	开关电器在每小时内可能实现的最高循环操作次数
通电持续率	开关电器的有载时间和工作周期之比，常以百分数表示
通电寿命	在规定的工作条件下，机械开关电器部需要修理或更换负载的循环操作次数

控制线路图中所列的所有电器元件都是按照使用场合和被控对象（负载）的功率大小及其他相关要素进行选择的；即主电路中所列元件如：QS、FU1、KM、FR 及主电路导线等均按照电动机 M 的铭牌数据之一额定电流的大小进行选择；而 FU2、KT、KA、SB 及控制电路导线等则按照控制电路的电压等级、辅助触点的类型、需要的数量或者按照市场提供的低压电器的标称型号规格进行选用。

（三）常用低压电器的介绍

1. 熔断器

熔断器广泛用于低压电网中作为短路保护器件。当通过熔断器的电流超过规定值时，熔断器熔体很快熔化而将电路切断。其特点是体积小、动作快、简单经济，并具有限制短路电流的作用。

1）常见熔断器类型

熔断器的种类很多，按电压等级可分为高压熔断器和低压熔断器两种；按结构可分为开启式和封闭式，封闭式熔断器又可分为有填料管式、无填料管式和有填料螺旋式等；按用途可分为一般工业用熔断器和保护半导体器件用的快速熔断器。常见熔断器类型及符号如图 2-3 所示。

跌落式熔断器　　插入式熔断器　　螺旋式熔断器　　有填料管式熔断器

图 2-3　常见熔断器类型及符号

2）熔断器型号及含义

常见熔断器型号含义如下：

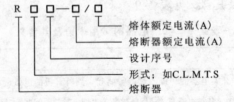

　　　　熔体额定电流（A）
　　　　熔断器额定电流（A）
　　　　设计序号
　　　　形式：如C.L.M.T.S
　　　　熔断器

3）熔断器的选用

熔断器和熔体只有经过正确的选择、规范的安装才能起到应有的保护作用。

① 熔断器类型的选择。根据使用环境和负载性质选择适当类型的熔断器。用于较小容量的照明线路，可选用 RC 系列插入式熔断器；在开关柜或者配电屏中可选用 RM 系列无填料封闭管式熔断器；对于短路电流相当大或者有易燃易爆气体的地方，应选用 RT 系列有填

料封闭管式熔断器；在机床电气控制线路中，多选用 RL 系列螺旋式熔断器；用于半导体功率元件或者晶闸管保护时，则应选用 RS 系列快速熔断器。

② 熔体额定电流的选择。当熔断器用于纯电阻性负载（如照明、电炉等）电流较平稳、无冲击电流的场合进行短路保护时，熔体的额定电流 I_{RN} 应等于或稍大于负载的额定电流 I_{LN}。

当熔断器用于电动机回路的短路保护时，要避免发生电动机在启动过程中因为启动电流过大而使熔体烧断。通常在电动机不经常启动或启动时间不长的场合，熔体的额定电流 I_{RN} 应大于或者等于 1.5～2.5 倍的电动机额定电流 I_N，即

$$I_{RN} \geq （1.5～2.5）I_N$$

对于频繁启动或者启动时间较长的电动机，上式的系数应增加到 3～3.5。

对多台电动机进行短路保护时，熔体额定电流 I_{RN} 应大于或者等于其中最大容量电动机的额定电流 I_{Nmax} 的 1.5～2.5 倍再加上其余电动机额定电流的总和 $\sum I_N$，即

$$I_{RN} \geq （1.5～2.5）I_{Nmax} + \sum I_N$$

快速熔断器主要用于半导体装置的内部短路保护，当半导体元件损坏时，短路电流将熔体迅速烧断，将故障电路与其他完好支路隔离，防止故障扩大。快速熔断器用于电子整流元件的短路保护时，熔体额定电流 I_{RN} 应大于或等于 1.57 倍的被保护整流元件额定电流 I_N，即

$$I_{RN} \geq 1.57 I_N$$

根据负载情况选出熔体的额定电流 I_{RN} 后，熔断器的分断能力还应大于电路中可能出现的最大短路电流。熔断器的额定电压必须等于或者大于线路的额定电压。

例如：RL 螺旋式熔断器的常用规格见表 2-10。

根据经验公式：被保护三相异步电动机的额定电流

$$I_N = 电动机的额定功率千瓦数 \times 2（A）$$

选择图 2-1 所示电路中 FU1、FU2 的型号和规格。其中，用于控制线路短路保护的 FU2 的熔体因继电器、接触器线圈的阻抗较大，容量较小，电流较小，可直接选择 2～6 A 的熔体。

表 2-10　RL 系列螺旋式熔断器常用规格

型号	额定电压/V	额定电流/A	熔体额定电流/A
RL1	500	15	2, 4, 6, 10, 15
		60	15, 20, 30, 35, 40, 50, 60
		100	60, 80, 100
		200	100, 125, 150, 200
RL2	500	25	2, 4, 6, 10, 15, 20, 25
		60	25, 35, 50, 60
		100	80, 100

4）熔断器的安装操作规则

① 熔断器应完整无缺，安装时应保证熔体和夹头以及夹头和夹座接触良好，额定电压、额定电流值及标志朝外。

② 熔断器的进出线接线桩应垂直布置，螺旋式熔断器电源进线应接在瓷底座的下接线桩上，负载侧出线应接在螺纹壳的上接线桩上。这样在更换熔体时，旋出螺帽后螺纹壳上不带电，可以保证操作者的安全。

③ 熔断器要安装合格的熔体，不能用多根小规格熔体并联代替一根大规格熔体。

④ 安装熔断器时，上下各级熔体应相互配合，做到下一级熔体规格小于上一级熔体规格。

⑤ 安装熔丝时，熔丝应在螺栓上顺时针方向缠绕，压紧力度恰当，同时注意不得损伤熔体，以免减小熔体的截面积，工作时产生局部发热而产生误动作。

⑥ 更换熔体或熔管时，必须切断电源。尤其不允许带负荷操作。

⑦ 若熔断器兼做隔离器件使用时，应安装在控制开关的电源进线端；若仅作短路保护用，应装在控制开关的出线端。

5）RL 系列螺旋式熔断器常见故障和处理方法

RL 系列螺旋式熔断器常见故障和处理方法见表 2-11。

表 2-11　RL 系列螺旋式熔断器常见故障和处理方法

故障现象	故障原因	排除方法
熔体熔断	短路故障或过载运行而正常熔断	安装新熔体前，先要找出熔体熔断的原因，未确定熔断原因前，不要更换熔体运行
	熔体使用时间过久，熔体氧化，温升高以致误断	更换新熔体，检查熔体额定值是否与被保护设备匹配
	熔体安装时有机械损伤，使其截面积变小而在运行时引起误断	更换新熔体时，要检查熔体有否机械损伤，熔管是否有裂纹
熔断器与配电线路同时烧毁或连接导线、接线桩烧毁	谐波产生，当谐波电流进入配电装置，回路中电流激增烧毁	清除谐波电流产生原因
	导线截面积偏小，温升过高烧毁	增大导线截面积
	接线端与导线连接螺栓未旋紧产生弧光放电烧毁	导线防氧化处理，并按要求旋紧螺栓
熔断器接触件温升过高	熔断器运行时间过长，表面氧化或粉尘多使温升过高	清除氧化与粉尘或者更换全套熔断器
	熔体未旋紧接触不良，温升高	检查并旋紧熔体

2. 低压开关

低压开关主要作隔离、转换及接通和分断电路用。多数用做机床电路的电源开关和局部照明电路的控制开关，有时也用来直接控制小容量电动机的启动、停止和正反转。低压开关一般为非自动电器，常用的类型有刀开关、组合开关和低压断路器。

常见低压开关类型及符号如图 2-4 所示。

图 2-4　常见低压开关类型及符号

1）HK、HH 系列负荷开关的选用和安装规则

HK 系列开启式负荷开关的结构简单，价格便宜，常在一般的照明电路和功率小于 5.5 kW 的电动机控制线路中被采用。但这种开关没有专门的灭弧装置，其刀式动触点和静触点（夹座）易被电弧灼伤引起接触不良，因此不宜在频繁操作的电路中使用。而 HH 系列封闭式负荷开关由于采用了储能分合闸方式，使触点的分合闸速度与手柄操作速度无关，有利于迅速熄灭电弧，且其具有简易的灭弧装置，故操作频率有了一定的提高。另外，HH 系列负荷开关还采用分合闸联锁装置，保证开关在合闸状态下开关外盖不能开启，而当外盖开启时又不能合闸，确保了操作者的安全。

HK 系列开关型号及含义如下：

① HK、HH 系列负荷开关的选用：

a. 用于照明和电热负载时，选用额定电压 220 V 或 250 V，额定电流不小于电路所有负载额定电流之和的开关。

b. 用于控制电动机直接启动和停止时，选用额定电压 380 V 或 500 V 的开关，额定电流不小于电动机额定电流的 3 倍的三极开关。

② HK、HH 系列负荷的安装操作规则：

a. 必须垂直安装在控制屏或开关板上，安装高度一般离地不低于 1.3 m，且合闸状态时手柄应朝上，不允许倒装或平装，以防止发生误合闸事故。

b. 开关的金属外壳必须可靠接地。

c. 接线时，应将电源进线接在静接线桩上，负载侧引线接在刀型触点一侧的接线桩上。

d. HK 系列开启式负荷开关在分合闸操作时，应动作迅速，使电弧尽快熄灭，且操作者要站立于开关侧面，不准面对开关，以免因意外故障电流使开关爆炸伤人。

2）HZ 系列组合开关的选用和安装操作规则

HZ 系列组合开关的型号及含义如下：

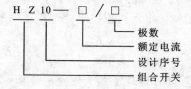

① HZ 系列组合开关的选用：

组合开关应根据电源种类、电源等级、所需触点数、接线方式和负载容量进行选用。可以用于直接控制异步电动机的启动和正、方转，开关的额定电流一般取电动机额定电流的（1.5～2.5）倍，且所控制的电动机功率不宜超过 5.5 kW。若用于照明、电热电路或者电气控制系统的电源开关时，组合开关的额定电流应等于或大于被控制电路中各负载电流的总和。

HZ10 及 HZ5 系列组合开关常用规格见表 2-12。

表 2-12　HZ10 及 HZ5 系列组合开关常用规格

型　号	额定电流/A	可控制电动机的最大容量和额定电流		说　明
HZ10-10	6（单极）	3 kW	7 A	属于国标产品（建议使用）
	10			
HZ10-25	25	5.5 kW	12 A	
HZ10-60	60			
HZ10-100	100			
HZ5-10	10	1.7 kW		HZ1～HZ5 系列为非国标产品
HZ5-20	20	4 kW		
HZ5-40	40	7.5 kW		
HZ5-60	60	10 kW		

② HZ 系列组合开关的安装操作规则：

a. HZ 系列组合开关应安装在控制箱（或壳体）内，操作手柄最好处于控制箱正面或侧面。若须安装于箱内操作，开关最好安装在箱内右上方，其上方不再安装其他电器。

b. 开关的金属外壳必须可靠接地。

c. 组合开关的通断能力较低，不能用于频繁操作电动机启动和正反转，且必须等电动机完全停转以后才能反向启动以免反接电流过大影响其寿命和操作者安全。

3）DZ 系列塑壳断路器（自动空气开关）的选用和安装操作规则

DZ 系列塑壳断路器的型号及含义如下：

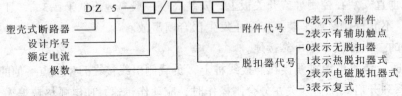

① DZ 系列塑壳低压断路器的选用：

a. 低压断路器的额定电压和电流应不小于线路的正常工作电压和计算负荷电流。

b. 热脱扣器的整定电流应略小于或等于所控制电动机的额定电流。

c. 电磁脱扣器的瞬时脱扣整定电流应大于负载正常工作时可能出现的峰值电流。用于控制电动机的断路器，其瞬时脱扣整定电流可以按下式选取：

$$I_z \geqslant K I_{ST}$$

式中，K 为安全系数，可取 1.5～1.7；I_{ST} 为电动机启动电流。

d. 断路器的极限通断能力应不小于电路最大短路电流。

② DZ 系列塑壳低压断路器的安装和操作规则：

a. 低压断路器应垂直于配电板安装，电源引线应接到上端，负载线接到下端。

b. 低压断路器用作电源总开关或者电动机的控制开关时，在其进线侧必须加装刀型开关或者熔断器，以形成明显的断开点。

c. 使用过程中若遇分断短路电流，应及时检查触点系统，并不得随意变动各脱扣器的动作值。

3. 交流接触器

接触器是一种自动的电磁式开关，适用于远距离频繁地接通或断开交直流主电路及大容量控制电路。其主要控制对象是电动机，也可用于控制其他负载，如电热设备，电焊机以及电容器组等。它不仅能实现远距离自动操作和欠电压释放保护功能，而且具有控制容量大、工作可靠、操作频率高、使用寿命长等优点，在电力拖动系统中得到广泛应用。接触器按主触点通过的电流种类不同，可分为交流接触器和直流接触器。

交流接触器常见类型及符号如图 2-5 所示。

图 2-5　交流接触器常见类型及符号

CJ 系列交流接触器的型号及含义如下：

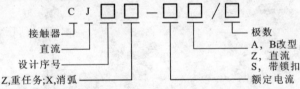

交流接触器的选用及安装操作规则：

1）交流接触器的选用

电力拖动系统中，交流接触器可按下列方法选用：

① 选择主触点的额定电压大于或等于控制线路的额定电压。

② 选择主触点的额定电流应等于或稍大于电动机的额定电流。若接触器使用在频繁启动、制动及正反转的场合，应将接触器主触点的额定电流降低一个等级使用。

③ 当控制线路简单，使用电器较少时，为节省变压器，可直接选用 380 V 或 220 V 的线圈电压，线路复杂且考虑安全时，可采用 36 V 或 110 V 电压的线圈。

④ 接触器的触点数量、类型应满足控制线路的要求。

CJ10 系列交流接触器的常见规格如表 2-13 所示。

表 2-13　CJ10 系列交流接触器的常见规格

型号	主触点		线圈电压/V	可控制电动机最大功率/kW	
	额定电流/A	额定电压/V		220V	380V
CJ10-10	10			2.2	4
CJ10-20	20	380	36、110、127、220、380	5.5	10
CJ10-40	40			11	20
CJ10-60	60			17	30

2）交流接触器的安装和操作规则

① 检查接触器铭牌数据是否符合实际使用要求。

② 检查接触器外观，应无机械损伤；用手推动可动部分时，应动作灵活，无卡阻现象；灭弧罩应完整无缺。

③ 测量接触器的线圈电阻和绝缘电阻。

④ 交流接触器一般应安装在垂直面上，接触器上的散热孔应上下布置，接触器之间应留有适当的空间以利于散热。

⑤ 安装使用时，注意不要把零件和杂物落入接触器内部，并拧紧固定孔。

4. 按钮

按钮是主令电器的一种，常用的主令电器还有位置开关、万能转换开关和主令控制器。主令电器是用做接通或者断开控制电器，以发出指令或者作程序控制的开关电器。按钮的触点允许通过的电流较小，一般不超过 5 A，因此一般情况下它不直接控制主电路的通断，而是在控制电路中发出指令或者信号去控制接触器、继电器等电器，再由它们去控制主电路的通断、功能转换或者电气联锁。

按钮的常见类型及符号如图 2-6 所示。

图 2-6　按钮的常见类型及符号

LA 系列按钮的型号及含义如下：

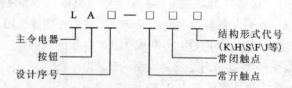

按钮的选用及安装操作规则如下所示。

1）按钮的选用

① 根据使用场合和具体用途选择按钮的种类。

② 根据工作状态指示和工作情况要求选择按钮的颜色，急停按钮选用红色。

③ 根据控制回路的需要数量选择按钮的数量，如单联、双联和三联等。

2）按钮的安装和操作规则

① 按钮安装在面板时，应整齐、排列合理，如根据电动机的启动先后顺序，从上到下或者从左到右排列。

② 按钮的安装应牢固，按钮的金属外壳应可靠接地。

5. 接线端子排

电气控制配接线中,凡控制屏内设备与屏外设备相连接时,都要通过一些专门的接线端子,这些接线端子组合起来,便称为端子排。端子排的作用就是将屏内设备和屏外设备的线路相连接,起到信号(电流电压)传输的作用。有了端子排,使得接线美观,维护方便,在远距离线之间的连接时主要是牢靠,施工和维护方便。

接线端子排的常见类型如图 2-7 所示。

JD 系列接线端子排的型号及含义如下所示。

接线端子有很多生产商,每家的型号都不一样。所以很难在这里说得清楚、具体。一般在选用之前要了解想要什么样子的端子排,按端子的功能分为普通端子、保险端子、试验端子、接地端子、双层端子、双层导通端子、三

图 2-7 接线端子排的常见类型

层端子等。按电流分类,分为普通端子(小电流端子)、大电流端子(100 A 以上或 25 mm^2 线以上)。按外形分类,可分为导轨式端子(比如 JH1、JH2、JH5、JH9、JHY1 等)、固定式端子(比如 TB、TC、X3、X5、H 系列、JQH8-12、JQH8-12B、JQH8-12C)等。下面以 JD0 系列接线端子为例说明其型号含义。

$$J \quad D \quad 0 \quad - \quad 10 \quad 20$$

接线端子 —— 20节
设计序号 —— 10A

接线端子排的选用及安装操作规则如下所示。

1. 接线端子排的选用

(1)根据装置控制回路接线的需要选配接线端子数量和功能。

(2)按正常工作条件选用接线端子排的额定电压不低于装置的额定电压,其额定电流不低于所在回路的额定电流。

(3)根据实际使用环境选用接线端子排可以连接的导线数和最大截面积,通常接线端子排可连接导线的最大截面积可以降 2 个级别使用。

2. 接线端子排安装和操作规则

(1)接线端子排安装在面板时,应整齐、排列合理,布置于控制板或控制柜边缘。

(2)接线端子排的安装应牢固,其金属外壳部分应可靠接地。

二、电工材料——铜芯、铝芯塑料导线

铜芯、铝芯绝缘导线是每个学习情境经常要用到的电工材料,现简单介绍如下:

(1)导线的常见类型如图 2-8 所示。

图 2-8 导线的常见类型

（2）常见导线的型号及含义。多股铜芯塑料软导线又称铜芯聚氯乙烯软线，简称软电线，型号为BVR，其含义如下：

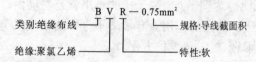

铜芯塑料软导线的标称截面积范围：0.5～185mm²。

（3）导线的安全载流量及选用规则。铜芯塑料软导线长期允许工作温度不超过65℃，安装环境温度不低于–15℃。可以应用在交流500V直流1 000V及以下电气装置、电工仪表、电信设施、电力及照明线路的电气接线中，明敷、暗敷均可以采用。铜芯塑料软导线的线芯由多股细铜丝胶合而成，线质较柔软，常常用于电力拖动控制线路、继电控制线路、小容量电机的连接以及空间较小的低压电器和照明配电用具的电气连线。

① 导线的安全载流量选择。单根RV、RVV型电线在空气中敷设时的安全载流量（环境温度为25℃）见表2-14。

表2-14 RV、RVV型电线在空气中敷设时的安全载流量表（环境温度为25℃）

标称截面积/mm²	长期连续负荷允许载流量/A			
	一 芯		二 芯	
	铜 芯	铝 芯	铜 芯	铝 芯
0.3	9	—	7	—
0.4	11	—	8.5	—
0.5	12.5	—	9.5	—
0.75	16	—	12.5	—
1.0	19	—	15	—
1.5	24	—	19	—
2.5	32	25	26	20
4	42	34	36	26
6	55	43	47	33
10	75	59	65	51

② 导线选用的一般规则：

a. 看用途。是专用线还是通用线，是户外还是户内，是固定还是移动用，确定类型。

b. 看环境。依据温度、湿度、散热条件而选线芯的长期允许工作温度。按受外力的情况，选择户外线的机械强度。看有无腐蚀气、液体、油污的浸渍等选择耐化学性能。按振动大小、弯曲状况选择柔软性。按是否要防电磁干扰选择是否用屏蔽线。

c. 看额定工作电压（直流或交流）选导线的电压等级，依据负载的电流值选择导线的截面积。还应注意输电导线不宜过长。线路总电压降不超过5%。

d. 看经济指标。不能单纯要求各方面技术性能均优而使价格偏高。在满足使用要求的前提下尽可能选择价格低的产品。提倡选用铝芯线。既价廉又节省铜资源。

三、点动控制线路工作原理

先合上电源开关 QS。

(1) 启动：按下SB —— KM线圈得电 —— KM主触点闭合 —— 电动机M全压启动运行(按钮SB不松开)，该控制即点动控制。

(2) 停止：松开SB —— KM线圈失电 —— KM主触点分断 —— 电动机M断电惯性旋转至停止

四、点动控制线路自检方法

（1）线路安装完毕后，首先检查主电路的接线，通常采取结合原理图逐一检查接线的正确性及接点的安装质量，以及接触器主触点的分合状况有无异常现象的办法进行目测检查。

（2）控制线路的自检通常采用万用表电阻挡自检法。将万用表转换开关打到电阻 $R \times 10$ 或者 $R \times 100$ 挡并进行欧姆调零，首先测量同型号未安装使用和接线的接触器线圈电阻并记录其电阻值，目的是在后面的万用表自检过程中能根据万用表显示的电阻值结合控制线路图进行正确的分析和判断。然后用万用表电阻挡测量控制回路熔断器下接线桩的电阻值，正常情况下电阻值应该为无穷大，再按下启动按钮 SB（按住不放），此时万用表显示的电阻值应该为接触器线圈的电阻值，并且该阻值只会比接触器线圈的电阻值略大，因为线路中还串联了按钮及其他接点的接触电阻。由于该控制线路比较简单，如若出现其他异常情况，则读者可根据自己所掌握的电气方面的相关知识自行分析做出判断，这里不再展开分析。

五、明线配线工艺

板前明线配线的工艺要求如下：

（1）布线通道尽可能少，并行导线按主、控电路分类集中，单层密排，紧贴安装面布线。

（2）同一平面的导线应高低一致或前后一致，不能交叉。非交叉不可时，该导线应在接线端子引出时，就水平架空跨越，并且必须合理布线。

（3）布线应横平竖直，分布均匀，变换走向时应垂直。

（4）布线时，严禁损伤导线绝缘和线芯。

（5）布线顺序一般以接触器为中心，由里向外，由高到低，先控制电路后主电路进行，以不妨碍后续布线为原则。

（6）在每根剥去绝缘层导线的两端套上编码套管。所有从一个接线桩到另一个接线桩的导线必须连续，中间不得有接头。

（7）导线与接线端子或接线桩连接时，不得压绝缘层、露铜过长，接线羊眼圈不得反圈。

（8）同一电器元件、同一回路的不同接点的导线间距离应保持一致。

（9）一个电器元件接线端子上的连接导线不得多于 2 根。

六、电气故障检修的一般方法之一

设备管理中尽管对电气设备采取了日常维护保养工作，降低了电气故障的发生率，但绝不可能完全杜绝电气故障的发生。因此，维修电工不但要掌握电气设备的日常维护保养，同时还要学会正确的检修方法。下面介绍电气故障发生后的一般分析和检修方法。

1. 检修前的故障调查

当工业机械发生电气故障后，切记盲目随便动手检修。在检修前，应先通过问、看、听、摸来了解故障前后的操作情况和故障发生后出现的异常现象，以便根据故障现象判断出故障发生的部位，进而准确地排除故障。

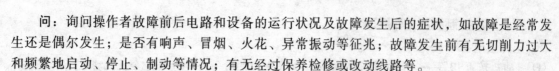

问：询问操作者故障前后电路和设备的运行状况及故障发生后的症状，如故障是经常发生还是偶尔发生；是否有响声、冒烟、火花、异常振动等征兆；故障发生前有无切削力过大和频繁地启动、停止、制动等情况；有无经过保养检修或改动线路等。

看：察看故障发生前是否有明显的外观征兆，如各种信号；有指示装置的熔断器的情况；保护电器脱扣动作；接线脱落；触点烧蚀或熔焊；线圈过热烧毁等。

听：在线路还能运行和不扩大故障范围、不损坏设备的前提下，可通电试车，细听电动机、接触器和继电器等电器的声音是否正常。

摸：在刚切断电源后，尽快触摸检查电动机、变压器、电磁线圈及熔断器等，看是否有过热现象。

2. 用逻辑分析法确定并缩小故障范围

简单的电器控制线路检修时，可对每个电器组件、每根导线逐一进行检查，一般能很快找到故障点。但对复杂的线路而言，往往有上百个组件，成千条连线，若采取逐一检查的方法，不仅需要消耗大量的时间，而且也容易漏查。在这种情况下，若根据电路图，采用逻辑分析法，对故障现象作具体分析，确定可疑范围，提高维修的针对性，就可以收到快而准的效果。分析电路时，通常先从主电路入手，了解工业机械各运动部件和机构采用了几台电动机拖动，与每台电动机相关的电器组件有哪些，采用了何种控制，然后根据电动机主电路所用电器组件的文字符号、图区号及控制要求，找到相应的控制电路。在此基础上，结合故障现象和线路工作原理，进行认真分析排查，即可迅速判定故障发生的可能范围。

当故障的可疑范围较大时，不必按部就班地逐级进行检查，这时可在故障范围内的中间环节进行检查，来判断故障究竟是发生在哪一部分，从而缩小故障范围，以提高检修速度。

3. 对故障范围进行外观检查

在确定了故障发生的可能范围后，可对范围内的电器组件及连接导线进行外观检查，例如：熔断器的熔断；导线接头松动或脱落；接触器和继电器的触点脱落或接触不良，线圈烧坏使表层绝缘纸烧焦变色，烧化的绝缘清漆流出；弹簧脱落或断裂；电气开关的动作机构受阻失灵等，都能明显地表明故障点所在。

4. 用试验法进一步缩小故障范围

经外观检查未发现故障点时，可根据故障现象，结合电路图分析故障原因，在不扩大故障范围、不损伤电气和机械设备的前提下，进行直接通电试验，或除去负载（从控制箱接线端子板卸下）通电试验，以分清故障可能是在电气部分还是在机械等其他部分；是在电动机上还是在控制设备上；是在主电路上还是在控制电路上。一般情况下先检查控制电路，具体做法是：操作某一只按钮或开关时，线路中有关的接触器、继电器将按规定的动作顺序进行工作。若依次动作至某一电器组件时，发现动作不符合要求，即说明该电器组件或其相关电路有问题。再在此电路中进行逐项分析和检查，一般便可发现故障。待控制电路的故障排除恢复正常后，再接通主电路，检查控制电路对主电路的控制效果，观察主电路的工作情况有无异常等。

在通电试验时，必须注意人身和设备安全。要遵守安全操作规程，不得随意触动带电部分，要尽可能切断电动机主电路电源，只在控制电路带电的情况下进行检查；如需要电动机运转，则应使电动机在空载下运行，以避免工业机械的运动部分发生误动作和碰撞；要暂时隔断有故障的主电路，以免故障扩大，并预先充分估计到局部线路动作后可能发生的不良后果。

5．用测量法确定故障点

测量法是维修电工工作中用来确定故障点的一种行之有效的检查方法。常用的测试工具和仪表有校验灯、测电笔、万用表、钳形电流表、兆欧表等，主要通过对电路进行带电或断电时的有关参数（如电压、电阻、电流等）的测量，来判断电器组件的好坏、设备的绝缘情况以及线路的通断情况。随着科学技术的发展，测量手段也在不断更新。例如，在晶闸管-电动机自动调速系统中，利用示波器来观察晶闸管整流装置的输出波形、触发电路的脉冲波形，就能很快判断系统的故障所在。

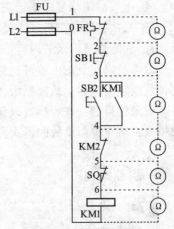

图 2-9　电阻分段测量法

在用测量法检查故障点时，一定要保证各种测量工具和仪表完好，使用方法正确，还要注意防止感应电、回路电以及其他并联支路的影响，以免产生误判断。

6．一种常用的电气故障测量排除方法

（1）电阻分段测量法（见图 2-9）。测量检查时，首先切断电源，然后把万用表的转换开关置于倍率适当的电阻挡，并逐段测量如图所示相邻点号 1～2、2～3、3～4（测量时由一人按下 SB2）、4～5、5～6、6～0 之间的电阻。如果测得某两点间电阻值很大（∞），即说明该两点间接触不良或导线断路，见表 2-15。

表 2-15　电阻分段测量法查找故障点

故障现象	测量点	电阻值	故障点
按下 SB2，KM1 不吸合	1～2	∞	FR 常闭触点接触不良或误动作
	1～3	∞	SB1 常闭触点接触不良
	3～4	∞	SB2 常开触点接触不良
	4～5	∞	KM2 常闭触点接触不良
	5～6	∞	SQ 常闭触点接触不良
	6～0	∞	KM1 线圈断路

（2）电阻分段测量法的优点是安全，缺点是测量电阻值不正确时，易造成判断错误，为此应注意以下几点：

① 用电阻测量法检查故障时，一定要先切断电源。

② 所测量电路若与其他电路并联，必须将该电路与其他电路断开，否则所测电阻值不正确。

③ 测量高电阻电器组件时，要将万用表的电阻挡转换到适当挡位。

7．故障修复及注意事项

当找出点动控制线路电气设备的故障点后，就要着手进行修复、试运转、记录等，然后交付使用，但必须注意如下事项：

① 在找出故障点和修复故障时，应注意不能把找出的故障点作为寻找故障的终点，还必须进一步分析查明产生故障的根本原因。例如：在处理点动控制线路启动时熔体熔断故障时，不能轻率地更换熔体了事，而应查找熔体熔断的深层次原因，到底是熔体配置不合理，还是电动机故障导致启动电流异常的原因，要结合相关仪器仪表进行启动环节的检测，以免再次启动烧毁熔体。

② 找出故障点后，一定要针对不同故障情况和部位采取正确的修复方法，不要轻易采用更换电器组件和补线等方法，更不允许轻易改动线路或更换规格不同的电器组件，以防止产生人为故障。

③ 在故障点的修理工作中，一般情况下应尽量做到复原。但是，有时为了尽快恢复工业机械的正常运行，根据实际情况也允许采取一些适当的应急措施，但绝不可凑合行事。

④ 电气故障修复完毕，需要通电试运行时，应和操作者配合，避免出现新的故障。

⑤ 每次排除故障后，应及时总结经验，并做好维修记录。

8. 故障检修记录的内容

故障检修记录的内容可包括：工业机械的型号、名称、编号、故障发生日期、故障现象、部位、损坏的电器、故障原因、修复措施及修复后的运行情况等。

记录的目的：作为档案以备日后维修时参考，并通过对历次故障的分析，采取相应的有效措施，防止类似事故的再次发生或对电气设备本身的设计提出改进意见等。

思考练习

1. 什么是点动控制？

2. 点动控制线路电器元件安装前应如何进行质量检验？

3. 简述电动机基本控制线路的安装工艺。

子学习情境二　安装与维修三相异步电动机正转控制线路

任务目标

（1）学会正确识别、选用、安装和使用正转控制线路常用的低压电器（主要是热继电器），熟悉它们的功能、基本结构、工作原理及型号含义，熟知它们的图形符号与文字符号。

（2）熟悉三相异步电动机正转控制线路的工作原理，掌握正确安装与检修三相异步电动机正转控制线路。

（3）了解正转控制线路运行故障的种类和现象，能应用电压检测法进行线路板板上模拟故障的排除。

（4）提高自我学习、信息处理、数字应用等方法能力及与人交流、与人合作、解决问题等社会能力；自查 6S 执行力。

任务描述

专业能力训练环节一　连续（正转）控制线路的安装

依照图 2-10 进行配线板上的电气线路安装。安装要求同子学习情境一。

（1）工时：150 min，本工时包含试车时间。

（2）配分：本技能训练满分 100 分，比重 50%。

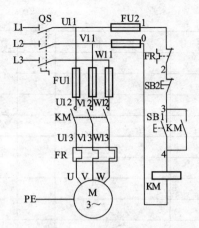

图 2-10 三相异步电动机的连续（正转）控制线路图

专业能力训练环节二 连续（正转）控制线路电气故障的排除

学员之间在通电试车成功的正转控制线路配线板上相互设置 2～3 处的模拟电气故障，然后交叉进行故障排除训练。故障设置与排故要求同子学习情境一。

（1）检修工时：每个故障限时 10 min。

（2）配分：本技能训练满分 100 分，比重 30%。

职业核心能力训练环节

以小组为单位总结以上两个任务的实施经验，并回答教师提出的问题。经验汇报要求与学习情境一的职业核心能力训练环节相同。

（1）汇报限时：每小组 5 min（各小组点评 2 min）。

（2）配分：本核心能力训练满分 100 分，比重 20%。

（3）回答问题：

如：已知图 2-10 所示的三相异步电动机的型号为 Y132S-4，规格为 5.5 kW、380 V、11.6 A、△接法、1 440 r/min，请选择控制线路所需的元器件并填入表 2-16 中，简要回答选择的依据。

表 2-16 元件明细表（购置计划表或元器件借用表）

单价（金额）单位：元

代 号	名 称	型 号	规 格	单位	数量	单价	金额	用途	备注
M	三相异步电动机	Y132S-4	5.5 kW、380 V、11.6 A、△接法、1 440 r/min	台	1				
QS									
FU1									
FU2	.								

代　号	名　　称	型　号	规　　格	单位	数量	单价	金额	用途	备注
KM									
FR									
SB1、SB2									
XT1									
XT2									
	主电路导线								
	控制电路导线								
	电动机引线								
	电源引线								
	电源引线插头								
	按钮线								
	接地线								
	自攻螺钉								
	编码套管								
	配线板		金属网孔板或木质配电板						
合计金额									

任务实施

一、训练目的

参照学习情境二的子学习情境二中的【任务目标】。

二、训练器材

两挡按钮、热继电器，其他同子学习情境一。

三、预习内容

（1）预习热继电器的工作原理，学会选择热继电器。

（2）复习学习情境一的相关知识，填写表 2-16，并能咨询相应元件的价格。

（3）预习图 2-10 所示电路的工作原理。

四、训练步骤

专业能力训练环节一　参考训练步骤

专业能力训练环节一的参考训练步骤可以参照学习情境二子学习情境一，各项检查到位后参照图 2-11 所示进行元器件的安装并接线，安装要求见【任务描述】"专业能力训练环节一"。

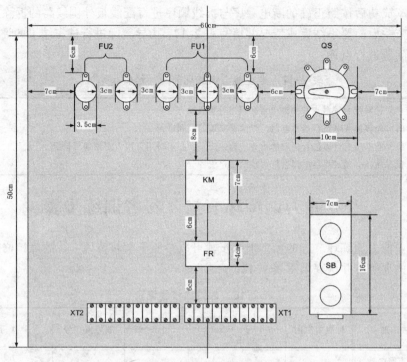

（a）连续（正转）控制线路元件安装布局图

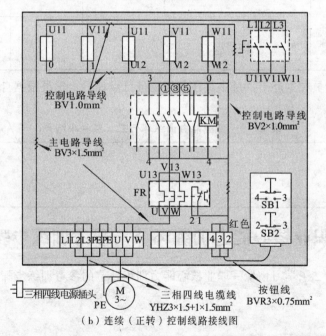

（b）连续（正转）控制线路接线图

图 2-11　三相异步电动机连续（正转）控制线路元件安装布局和接线图

进行通电试车环节的学员要注意以下几点：

（1）插上电源插头→合上电源开关 QS→按下启动按钮后，注意观察各低压电器及电动机的工作状况，如出现异常情况，应立即切断电源，并仔细记录故障现象，以作为故障分析的依据，并及时回到工位进行故障排除训练，待故障排除后再次通电试车，直到试车成功为止。

（2）试车成功后按照正确的断电顺序与拆线顺序进行配线板外围线路的拆除，完成专业能力训练环节一后简要小结完成情况并填写表2-17，指导教师进行试车结果的评价，并对本环节存在的问题进行点评。

表2-17 专业能力训练环节一（经验小结）

> 例：（1）安装前对接触器自锁触点和热继电器必须进行重点检查
> （2）安装时应先接控制电路后接主电路，以确保安装的顺利进行
> （3）通电试车前必须对熔体进行仔细的检查校验与旋紧，必要时用万用表测量通断情况
> （4）通电试车前还必须对热继电器进行正确的整定值校验

专业能力训练环节二 参考训练步骤

（1）专业能力训练环节二的参考训练步骤可以参照子学习情境一，故障检修过程应该注意规定环节的训练，并认真填写表2-18。

表2-18 故障检修登记表

故障号	故障现象	可能的原因	故障范围分析		故障点线号	是否修复	是否试车确认
			初诊	确诊			
1	不能启动						
2	不能自锁						
3	启动工作后一段时间自行停车						

（2）教师对学员在本环节训练中存在的问题进行点评后，学员根据自身训练情况进行小结并填写表2-19。

表2-19 专业能力训练环节二（经验小结）

职业核心能力训练环节 参考训练步骤

参照学习情境二子学习情境一职业核心能力训练环节的参考训练步骤。

任务评价

（1）电气控制线路明线安装的评价标准同学习情境二子学习情境一中的表2-5。
（2）电气控制线路的故障检修评价标准同学习情境二子学习情境一中的表2-6。
（3）职业核心能力评价表同学习情境二子学习情境一中的表2-7。
（4）个人单项任务总分评定表同学习情境二子学习情境一中的表2-8。

相关知识

一、热继电器相关知识

本学习情境中使用的常用低压电器与学习情境一相同的这里不再介绍，可以参照学习情境一自行复习。热继电器是我们新接触的低压电器，下面加以介绍。

热继电器是一种利用流过其热元件的电流所产生的热效应而反时限动作的继电器。主要用于电动机的过载保护、断相保护、三相电流不平衡工况下运行的保护及其他电气设备发热状态的控制与保护。

常见热继电器类型结构及符号如图 2-12 所示。

图 2-12　热继电器类型结构及符号

1. 型号及含义

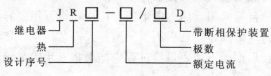

2. 热继电器的选择

JR 系列热继电器的选择参照表 2-20，依据以下三点选用：

（1）选择热继电器和热元件的额定电流略大于电动机的额定电流。

（2）一般情况下热继电器热元件的整定电流为电动机额定电流的 95%～105%。

（3）根据电动机定子绕组的连接方式选择热继电器的结构形式，即定子绕组做 Y 形连接的电动机选用普通三相结构的热继电器，而作 △ 连接的电动机应选用三相结构带断相保护装置的热继电器。

表 2-20　JR 系列热继电器的主要技术数据

型号	额定电流/A	额定电压/V	相数
JR16（JR0） （有断相保护）	20	380	3
	60		
	150		
JR15 (无断相保护)	10	380	2
	40		
	100		
	150		
JR14	20	380	3
	150		

3. 安装操作规则

（1）热继电器必须按照产品说明书中规定的方式安装。安装处的环境温度应与电动机所处环境温度基本相同。与其他电器安装在一起时，应注意将热继电器安装在其他电器的下方，以免误动作。

（2）热继电器安装是应清除接线桩表面油污，以免使用时发热误动作。

（3）热继电器进出线链接导线应按规定选用，不宜过细或者过粗，以免误动作或者不动作。

二、线路工作原理

1. 正转控制线路的工作原理

先合上电源开关 QS。

2. 线路自检方法

（1）正转控制线路安装完毕后，首先检查主电路的接线，通常采用结合原理图逐一检查接线的正确性及接点的安装质量，以及接触器主触点的分合状况有无异常现象。

（2）正转控制线路的自检采用万用表电阻挡自检法。将万用表转换开关打到电阻 $R \times 10$ 挡或者 $R \times 100$ 挡并进行欧姆调零，然后测量同型号未安装使用和接线的接触器线圈电阻并记录其电阻值，目的是在后面的万用表自检过程中能根据万用表显示的电阻值结合控制线路图进行正确的分析和判断。

① 启动功能的检查：将万用表两表笔测量控制回路熔断器下接线桩的电阻值，正常情况下电阻值应该为无穷大，再按下启动按钮 SB1（按住不放），此时万用表显示的电阻值应该为接触器线圈的电阻值，表明控制线路能在按下启动按钮的情况下启动，并且该显示阻值只会比记录的电阻值略大，因为线路中还串联有按钮及其他接点的接触电阻。

② 自锁功能的检查：和第一步测量时有所不同，用螺丝刀或者其他工具小心按下接触器的整个触点架，注意不要损伤器件，模拟接触器线圈得电以后的触点系统吸合，此时观察万用表显示的阻值应与检查启动时的显示阻值相近，说明控制线路启动后接触器能自锁。

③ 停止功能的检查：读者可自行分析。

由于该控制线路比较简单，如若出现其他异常情况，读者可根据自己所掌握的电气方面的相关知识自行分析做出判断，这里不再展开分析。

三、电气故障检修的一般方法

电气故障检修的一般方法和步骤同子学习情境一。

另外再介绍一种常用的电气故障检修方法：

1. 电压分段测量法

如图 2-13 所示，首先把万用表的转换开关置于交流电压 500 V 的挡位上，然后按如下方法进行测量。

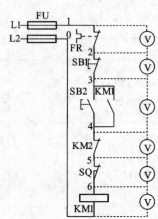

图 2-13　电压分段测量

先用万用表测量如图所示 0～1 两点间的电压，若为 380 V，则说明电源电压正常。然后一人按下启动按钮 SB2，若接触器 KM1 不吸合，则说明电路有故障。这时另一人可用万用表的红、黑两根表棒逐段测量相邻两点 1～2、2～3、3～4、4～5、5～6、6～0 之间的电压，根据其测量结果即可找出故障点，见表 2-21。

表 2-21　电压分段测量法所测电压值及故障点

故障现象	测试状态	1～2	2～3	3～4	4～5	5～6	6～0	故　障　点
按下 SB2 时，KM1 不吸合	按下 SB2 不放	380 V	0	0	0	0	0	FR 常闭触点接触不良
		0	380 V	0	0	0	0	SB1 触点接触不良
		0	0	380 V	0	0	0	SB2 触点接触不良
		0	0	0	380 V	0	0	KM2 常闭触点接触不良
		0	0	0	0	380 V	0	SQ 触点接触不良
		0	0	0	0	0	380 V	KM1 线圈断路

2. 故障修复及注意事项

当找出电气设备的故障点后，就要着手进行修复试运转、记录等，然后交付使用，但必须注意如下事项：

（1）在找出故障点和修复故障时，应注意不能把找出的故障点作为寻找故障的终点，还必须进一步分析查明产生故障的根本原因。例如：在处理正转控制线路因过载烧毁的事故时，决不能认为将烧毁的电动重新修复或换上一台同型号的新电动机就成了，而应进一步查明电动机过载的原因，到底是因负载过重，还是电动机选择不当、功率过小所致。因为两者都将导致电动机过载，所以在处理故障时应在找出故障原因并排除之后进行。

（2）找出故障点后，一定要针对不同故障情况和部位相应采取正确的修复方法，不要轻易采用更换电器组件和补线等方法，更不允许轻易改动线路或更换规格不同的电器组件，以防止产生人为故障。

（3）在故障点的修理工作中，一般情况下应尽量做到复原。但是，有时为了尽快恢复工业机械的正常运行，根据实际情况也允许采取一些适当的应急措施，但绝不可凑合行事。

（4）电气故障修复完毕，需要通电试运行时，应和操作者配合，避免出现新的故障。

（5）每次排除故障后，应及时总结经验，并做好维修记录。

3. 故障检修记录的内容

工业机械的型号、名称、编号、故障发生日期、故障现象、部位、损坏的电器、故障原因、修复措施及修复后的运行情况等。

记录的目的：作为档案以备日后维修时参考，并通过对历次故障的分析，采取相应的有效措施，防止类似事故的再次发生或对电气设备本身的设计提出改进意见等。

四、相关控制线路介绍

图 2-14（a）与图 2-14（b）是将点动功能与连续功能混合进行控制的两种电路图，常应用于机床设备的电气控制线路中，其原理请自行分析。

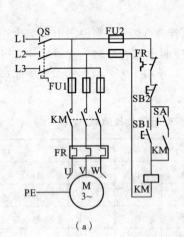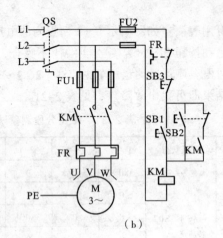

（a）　　　　　　　　（b）

图 2-14　点动与连续混合控制线路

 **思考练习**

1. 什么叫自锁控制？什么叫欠压保护？

2. 什么叫过载保护？为什么对电动机要采取过载保护？

3. 在电动机的控制电路中，短路保护和过载保护各有说明电器来实现？它们能否相互代替使用？为什么？

子学习情境三　安装与维修三相异步电动机正反转控制线路

任务目标

（1）学会正确识别、选用、安装和使用正反转控制线路常用的低压电器，熟悉它们的功能、基本结构、工作原理及型号含义，熟知它们的图形符号与文字符号。

（2）熟悉三相异步电动机双重联锁正反转控制线路的工作原理，掌握正确安装与检修三相异步电动机正反转控制线路。

（3）了解电气控制线路运行故障的种类和现象，能应用短接法进行线路板板上模拟故障的排除。

（4）提高自我学习、信息处理、数字应用等方法能力及与人交流、与人合作、解决问题等社会能力；自查 6S 执行力。

任务描述

专业能力训练环节一　双重联锁正反转控制线路的安装

依照图 2-15 三相异步电动机的双重联锁正反转控制线路图进行配线板上的电气线路安装，安装要求同子学习情境一。

（1）工时：150 min，本工时包含试车时间。

（2）配分：本技能训练满分 100 分，比重 50%。

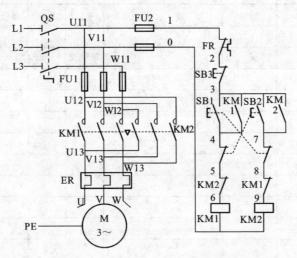

图 2-15 三相异步电动机的双重联锁正反转控制线路图

专业能力训练环节二 双重联锁正反转控制线路电气故障的排除

学员之间在通电试车成功的正转控制线路配线板上相互设置 2～3 处的模拟电气故障，然后交叉进行故障排除训练。故障设置与排故要求同子学习情境一。

（1）检修工时：每个故障限时 10 min。

（2）配分：本技能训练满分 100 分，比重 30%。

职业核心能力训练环节

以小组为单位总结以上两个任务的实施经验，并回答教师提出的问题。经验汇报要求与学习情境一的职业核心能力训练环节相同。

（1）汇报限时：每小组 5 min（各小组点评 2 min）。

（2）配分：本核心能力训练满分 100 分，比重 20%。

（3）回答问题：

例如：已知图 2-15 所示的三相异步电动机 M 的型号为 Y132M-4 规格为 7.5 kW、380 V、14.6 A、△接法、1 440 r/min，请选择控制线路所需的元器件填入表 2-22 中，并简要回答选择的依据。

表 2-22　元件明细表（购置计划表或元器件借用表）

单价（金额）单位：元

代号	名称	型号	规　格	单位	数量	单价	金额	用途	备注
M	三相异步电动机	Y132S-4	7.5 kW、380 V、14.6 A、△接法、1 440 r/min	台	1				

代号	名 称	型号	规 格	单位	数量	单价	金额	用途	备注
QS									
FU1									
FU2									
KM1、KM2									
FR									
SB1~SB3									
XT1									
XT2									
	主电路导线								
	控制电路导线								
	电动机引线								
	电源引线								
	电源引线插头								
	按钮线								
	接地线								
	自攻螺钉								
	编码套管								
	配线板		金属网孔板或木质配电板						
合计金额									

任务实施

一、训练目的

参照学习情境二子学习情境三【任务目标】。

二、训练器材

交流接触器 2 只，三挡按钮 1 只，其他器材同学习情境二子学习情境一。

三、预习内容

（1）预习图 2-16 和图 2-17 所示电路的工作原理。

（2）复习之前学习情境的相关知识，完成表 2-22 的全面填写工作，并能咨询相应元件的价格。

四、训练步骤

专业能力训练环节一　参考训练步骤

专业能力训练环节一的参考训练步骤可以参照子学习情境一，各项检查到位后参照图 2-16 和图 2-17 所示的三相异步电动机双重联锁正反转控制线路元件安装布局和接线图进行元器件的安装并接线。

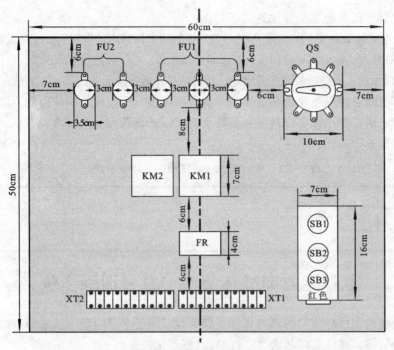

图 2-16 三相异步电动机双重联锁正转控制线路元件安装布局图

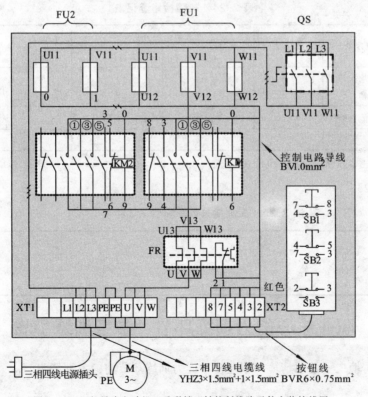

图 2-17 三相异步电动机双重联锁正转控制线路元件安装接线图

进行通电试车环节的学员要注意以下几点：

（1）插上电源插头→合上电源开关 QS→按下正转或者反转启动按钮后，注意观察各低压电器及电动机的工作状况，如出现异常情况，**应立即切断电源**，并仔细记录故障现象，以作为故障分析的依据，并及时回到工位进行故障排除训练，待故障排除后再次通电试车，直到试车成功为止。

（2）试车成功后按照正确的断电顺序与拆线顺序进行配线板外围线路的拆除，完成专业能力训练环节一后简要小结完成情况并填写表 2-23，指导教师进行试车结果的评价，并对本环节存在的问题进行点评。

表 2-23　专业能力训练环节一（经验小结）

专业能力训练环节二　参考训练步骤

（1）专业能力训练环节二的参考训练步骤可以参照子学习情境一，故障检修过程应该注意规定环节的训练，并认真填写表 2-24 故障检修登记表。

表 2-24　故障检修登记表

故障号	故障现象	可能的原因	故障范围分析		故障点线号	是否修复	是否试车确认
			初诊	确诊			
1	正反转均不能自锁						
2	单向不能自锁						
3							

（2）教师对学员在本环节训练中存在的问题进行点评后，学员根据自身训练情况进行小结并填写表 2-25。

表 2-25　专业能力训练环节二（经验小结）

职业核心能力训练环节　参考训练步骤

参照学习情境二子学习情境一职业核心能力训练环节的参考训练步骤。

 **任务评价**

（1）电气控制线路明线安装的评价标准同学习情境一中的表 2-5。

（2）电气控制线路的故障检修评价标准同学习情境二子学习情境一中的表2-6。

（3）职业核心能力评价表同学习情境二子学习情境一中的表2-7。

（4）个人单项任务总分评定表同学习情境一中的表2-8。

 **相关知识**

一、三相异步电动机正反转工作原理

1. 三相异步电动机的旋转原理

图 2-18 为三相异步电动机的工作原理示意图，下面来回顾一下三相异步电动机的工作原理。

三相异步电动机的定子铁心线槽嵌放着三相对称绕组 U_1—U_2、V_1—V_2、W_1—W_2。转子是一个闭合的多相绕组笼形电机。图 2-18 为异步电动机的工作原理图，图中定、转子上的小圆圈表示定子绕组和转子导体。当定子绕组接至三相交流电源时，流入定子绕组的三相对称电流在电机的气隙内产生一个以同步转速 n_1 旋转的磁场。转子导体嵌放在转子铁心槽内，两端被导电环短接。当旋转磁场以顺时针方向旋转时，转子导体切割磁力线产生感应电动势，其方向由右手定则来判别，如图 2-18 所示。转子上半部导体中的电动势方向都是穿出纸面，用 "⊙" 表示，下半部导体中的电动势方向都是进入纸面，用 "⊗" 表示。在转子回路闭合的情况下，转子导体中就有电流流过。如不考虑转子绕组电感，那么电流的方向与电动势的方向相同。

转子载流导体在旋转磁场中将受到电磁力 f_{em} 的作用，导体所受到电磁力的方向可用左手定则来判断。如图 2-18 所示，转子上各导条都受到顺时针方向的力，这些力对转子形成了一个顺时针的电磁转矩 T_{em}，在电磁转矩 T_{em} 的作用下转子以顺时针方向旋转，其转速为 n，与旋转磁场方向相同。

2. 三相异步电动机的正反转工作原理

由上分析可知，转子导体所受的电磁转矩的方向与旋转磁场的转速方向一致，而旋转磁场的转向是由电源相序决定的，如果三相电源 L_1、L_2、L_3 分别与电动机三相定子绕组 U、V、W 连接为正序的电源相序，电动机正转，则三相电源 L_1、L_2、L_3 分别与电动机三相定子绕组 U、W、V（W、V、U 或 V、U、W）连接为反序的电源相序，电机反转。反转接法如图 2-19 所示。

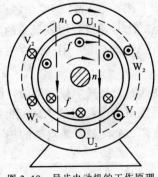

图 2-18　异步电动机的工作原理

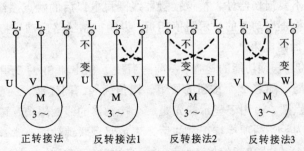

正转接法　　　反转接法1　　　反转接法2　　　反转接法3

图 2-19　电动机正反转接线示意图

二、双重联锁正反转控制线路线路工作原理

1. 双重联锁正反转控制线路的工作原理

如图 2-16 所示，先合上电源开关 QS。

（1）正转启动运转：

（2）反转控制：

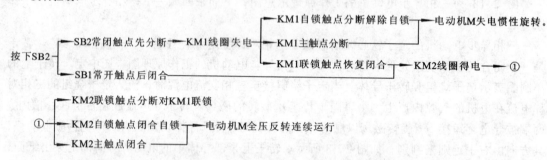

若要停止，按下SB3，整个控制电路失电，主触点分断，电动机失电。

2. 线路自检方法

（1）控制线路安装完毕后，首先检查主电路的接线，通常采用结合原理图逐一检查接线的正确性及接点的安装质量，以及接触器主触点的分合状况有无异常现象。

（2）控制线路的自检采用万用表电阻挡自检法。将万用表转换开关打到电阻 $R \times 10$ 或者 $R \times 100$ 挡并进行欧姆调零，然后测量同型号未安装使用和接线的接触器线圈电阻并记录其电阻值，目的是在后面的万用表自检过程中能根据万用表显示的电阻值结合控制线路图进行正确的分析和判断。

① 启动功能的检查：将万用表两表笔测量控制回路熔断器下接线桩的电阻值，正常情况下电阻值应该为无穷大，再按下启动按钮 SB1（按住不放），此时万用表显示的电阻值应该为正转回路接触器 KM1 线圈的电阻值，用该方法检查反转回路 KM2 的阻值，表明控制线路能在按下启动按钮的情况下启动，并且该两项显示阻值只会比记录的电阻值略大，因为线路中还串联了按钮及其他接触电阻。

② 自锁功能的检查：我们用螺钉旋具或者其他工具小心按下接触器 KM1 的整个触点架，注意不要损伤器件，模拟接触器线圈得电以后的触点系统吸合，此时观察万用表显示的阻值应与检查启动时的显示阻值相近，说明控制线路启动后接触器 KM1 能自锁。用同样方法检查 KM2 回路电阻。

③ 联锁功能的检查：一前一后按下 SB1 和 SB2，万用表显示的先是一个接触器的线圈阻值，随后随着 2 个按钮的按下，阻值为 ∞，同样地，一前一后按下两个接触器 KM1 和 KM2 的触点架，万用表显示的先是一个接触器的线圈阻值，随后随着 2 个接触器触点架的按下，阻值为 ∞。两项检查正常的话，表示双重联锁功能正常。

④ 停止功能的检查：读者可自行分析。

三、电气故障检修的一般方法之三

电气故障检修的一般方法和步骤同子学习情境一。

另外介绍一种常用的电气故障检修方法：

1. 短接法

电气设备的常见故障有断路故障，如导线断路、虚线、虚焊、触点接触不良、熔断器熔断等。对这类故障，除用电压法和电阻法检查外，还有一种更为简便可靠的方法，就是短接法。检查时，用一根绝缘良好的导线，将所怀疑的断路部位短接，若短接到某处电路接通，则说明该处断路。如图 2-20 所示。

1）局部短接法

检查前，先用万用表测量如图 2-20（a）所示 1～0 两点间的电压，若电压正常，可一人按下启动按钮 SB2 不放，然后另一人用一根绝缘良好的导线，分别短接标号相邻的两点 1～2、2～3、3～4、4～5、5～6（注意不要短接 6～0 两点，否则造成短路），当短接到某两点时，接触器 KM1 吸合，即说明断路故障就在该两点之间，见表 2-26。

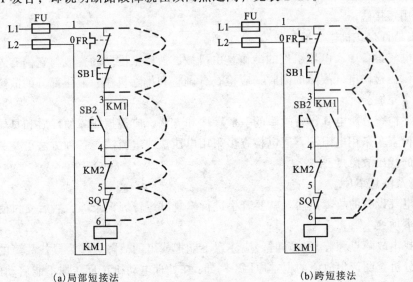

（a）局部短接法　　　　　　　　（b）跨短接法

图 2-20　短接法测量

表 2-26　局部短接法

故障现象	短接点标号	KM1 动作	故障点
按下 SB2，KM1 不吸合	1～2	KM1 吸合	FR 常闭触点接触不良或误动作
	2～3	KM1 吸合	SB1 常闭触点接触不良
	3～4	KM1 吸合	SB2 常开触点接触不良
	4～5	KM1 吸合	KM2 常闭触点接触不良
	5～6	KM1 吸合	SQ 常闭触点接触不良

2）跨短接法

跨短接法是指一次短接两个或多个触点来检查故障的方法。如图 2-20（b）所示。

当热继电器的常闭触点和 SB1 的常闭触点同时接触不良时，若用局部短接法短接，如图 2-20（a）所示中的 1~2 两点，按下 SB2，KM1 仍不能吸合，则可能造成判断错误；而用跨短接法将 1~6 两点短接，如果 KM1 吸合，则说明 1~6 这段电路上有断路故障；然后再用局部短接法逐段找出故障点。

跨短接法的另一个作用是可把故障点缩小到一个较小的范围。例如，第一次先短接 3~6 两点，KM1 不吸合，再短接 1~3 两点，KM1 吸合，说明故障在 1~3 范围内。可见，如果长短接法和局部短接法能结合使用，很快就可找出故障点。

2. 使用短接法检查故障时的注意事项：

（1）用短接法检测时，是用手拿绝缘导线带电操作的，所以一定要注意安全，避免触电事故。

（2）短接法只适用于压降极小的导线及触点之类的断路故障。对于压降较大的电器，如电阻、线圈、绕组等断路故障，不能采用短接法，否则会出现短路故障。

（3）对于工业机械的某些要害部位，必须保证电气设备或机械部件不会出现事故的情况下，才能使用短接法。

3. 检查是否存在机械、液压故障

在许多电气设备中，电器组件的动作是由机械、液压来推动的，或与它们有着密切的联动关系，所以在检修电气故障的同时，应检查、调整和排除机械、液压部分的故障，或与机械维修工配合完成。

以上所述检查分析电气设备故障的一般顺序和方法，应根据故障的性质和具体情况灵活选用，断电检查多采用电阻法，通电检查多采用电压法或电流法。各种方法可交叉使用，以便迅速有效的找出故障点。

4. 修复及注意事项

当找出电气设备的故障点后，就要着手进行修复试运转、记录等，然后交付使用，但必须注意如下事项：

（1）在找出故障点和修复故障时，应注意不能把找出的故障点作为寻找故障的终点，还必须进一步分析查明产生故障的根本原因。例如：在处理电动机正反转均不能启动的故障时，若考虑到设置的是人为故障，有可能出现 4、7 号自锁线调换的特殊故障，应了解其故障产生的原理，有针对性的排除故障。

（2）找出故障点后，一定要针对不同故障情况和部位相应采取正确的修复方法，不要轻易采用更换电气组件和补线等方法，更不允许轻易改动线路或更换规格不同的电气组件，以防止产生人为故障。

（3）在故障点的修理工作中，一般情况下应尽量做到复原。但是，有时为了尽快恢复工业机械的正常运行，根据实际情况也允许采取一些适当的应急措施，但绝不可凑合行事。

（4）电气故障修复完毕，需要通电试运行时，应和操作者配合，避免出现新的故障。

（5）每次排除故障后，应及时总结经验，并做好维修记录。

记录的内容可包括：

工业机械的型号、名称、编号、故障发生日期、故障现象、部位、损坏的电器、故障原因、修复措施及修复后的运行情况等。

记录的目的：作为档案以备日后维修时参考，并通过对历次故障的分析，采取相应的有效措施，防止类似事故的再次发生或对电气设备本身的设计提出改进意见等。

四、相关控制线路介绍

图 2-21（a）为接触器联锁的正反转控制线路，该图的特点是能有效防止主电路相间大短路，但是操作不方便，即在正转的情况下，要实现反转操作，必先按停止按钮后，才能按反转按钮，实现电动机的反转。

图 2-21（b）为双重联锁的正反转控制线路。该图的特点是操作方便，但不能有效防止主电路发生相间大短路，生产中不建议使用。

不难发现，双重联锁的正反转控制线路的优点是即可防止主电路短路，线路操作又方便。

本学习情境介绍的正反转控制线路均用于运动部件能向正反两个方向运动的生产机械。如机床工作台的前进与后退、万能铣床主轴的正转与反转、起重机的上升与下降等，这些生产机械要求电动机能实现正反转控制。

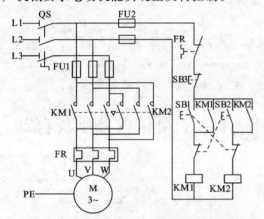
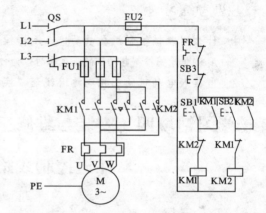

（a）接触器联锁的正反转控制线路　　　　　　（b）双重联锁的正反转控制线路

图 2-21　按钮联锁正反转与接触器联锁正反转控制线路

五、双重联锁正反转控制线路安装工艺

双重联锁正反转控制线路安装工艺如表 2-27 所示。

表 2-27　三相异步电动机双重联锁正反转控制线路安装工艺

项目名称：双重联锁正反转控制线路安装		定额工时/h	备　注
大　类	分　项　目		
安装前的准备	（1）熟悉和审查技术文件或图纸	1	
	（2）准备好安装工具、测量用具及仪表		
	（3）器材及耗材领用保管		
	（4）器件的安装前检查		
控制回路的安装	（1）控制柜或板的安装准备	1.5	电、钳配合
	（2）器件安装		
	（3）控制线路布线		
	（4）控制线路通电调试		
	（5）控制线路绑扎		

续表

项目名称：双重联锁正反转控制线路安装		定额工时/h	备 注
大 类	分 项 目		
主电路的安装	（1）电机安装调整	1	电、钳配合
	（2）主电路布线		
	（3）检查并绑扎		
线路功能空载通电联机整定调试	（1）熔体的检查调整	0.5	
	（2）热继电器的检查调整		
设备额定工况调试并进行各参数校验	额定工况通电试车联机统调	0.5	
合计工时：			

思考练习

1. 什么叫联锁控制？在电动机正反转控制线路中为什么不允许有联锁控制？

2. 用倒顺开关控制电动机的正反转时，为什么不允许手柄从"顺"位置直接扳到"倒"的位置？

3. 当接入电动机的三相电源进线全部换接后，电动机如何转？请用实践证明。

子学习情境四　安装与维修三相异步电动机位置控制及自动往返控制线路

任务目标

（1）学会正确识别、选用、安装、使用行程开关，熟悉它的功能、基本结构、工作原理及型号含义，熟知它们的图形符号与文字符号。

（2）熟悉工作台自动往返控制线路的构成和工作原理，学会正确安装与检修工作台自动往返控制线路，并能一次通电成功。

（3）提高电气控制线路运行故障的分析能力，能熟练应用电阻法进行装接线板上的模拟故障的排除。

（4）提高自我学习、信息处理、数字应用等方法能力及与人交流、与人合作、解决问题等社会能力；自查 6S 执行力。

任务描述

专业能力训练环节一　工作台自动往返控制线路的安装

依照图 2-22 所示的工作台自动往返控制线路进行配线板上的电气线路安装,安装要求同子学习情境一。

（1）工时：180 min，本工时包含试车时间。

（2）配分：本技能训练满分 100 分，比重 50%。

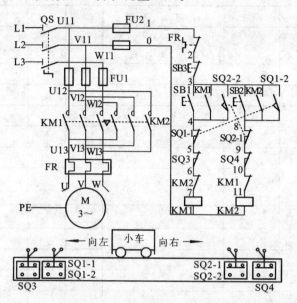

图 2-22　工作台自动往返控制线路

专业能力训练环节二　工作台自动往返控制线路电气故障的排除

学员之间在通电试车成功的正转控制线路配线板上相互设置 2～3 处的模拟电气故障，然后交叉进行故障排除训练。故障设置与排故要求同子学习情境一。

（1）检修工时：每个故障限时 10 min。

（2）配分：本技能训练满分 100 分，比重 30%。

职业核心能力训练环节

以小组为单位总结以上两个任务的实施经验，并回答教师提出的问题。经验汇报要求与学习情境一的职业核心能力训练环节相同。

（1）汇报限时：每小组 5 min，各小组点评 2 min。

（2）配分：本核心能力训练满分 100 分，比重 20%。

（3）回答问题：

已知图 2-22 所示的三相异步电动机 M 的型号为 Y-90S-2，规格为 1.5 kW、380 V、3.3 A、△接法、2 880 r/min，请选择控制线路所需的元器件填入表 2-28 中，并简要回答选择的依据。

表 2-28　元件明细表（购置计划表或元器件借用表）

单价（金额）单位：元

代号	名　称	型号	规　格	单位	数量	单价	金额	用途	备注
M	三相异步电动机	Y-90S-2	1.5 kW、380 V、3.3 A、△接法、2 880 r/min	台	1				
QS									
FU1									
FU2									
KM1、KM2									
FR									
SB1、SB2、SB3									
SQ1、SQ2									
SQ3、SQ4									
XT1									
XT2									
	主电路导线								
	控制电路导线								
	电动机引线								
	电源引线								
	电源引线插头								
	按钮线								
	接地线								
	自攻螺钉								
	编码套管								
	配线板		金属网孔板或木质配电板						
合计金额									

任务实施

一、训练目的

参照学习情境二子学习情境四【任务目标】。

二、训练器材

行程开关 4 只，其他器材同学习情境二子学习情境三。

三、预习内容

（1）预习图 2-22 所示电路的工作原理。

（2）复习之前学习情境的相关知识，完成表 2-28 的全面填写工作，并能咨询相应元件的价格。

四、训练步骤

专业能力训练环节一 参考训练步骤

专业能力训练环节一的参考训练步骤可以参照子学习情境一，各项检查到位后参照图 2-23 工作台自动往返控制线路元件安装布局和接线图进行元器件的安装并接线。

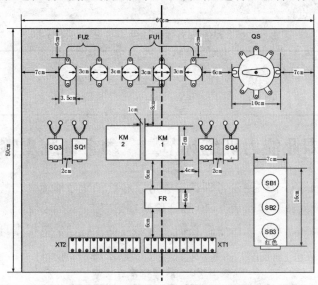

（a）自动往返控制线路元件安装布局图

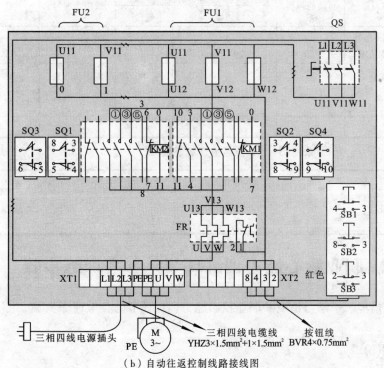

（b）自动往返控制线路接线图

图 2-23 三相异步电动机工作台自动往返控制线路元件安装布局和接线图

进行通电试车环节的学员要注意以下几点：

（1）插上电源插头→合上电源开关 QS→按下正转或反转启动按钮后，注意观察各低压电器及电动机的工作状况，如出现异常情况，应立即切断电源，并仔细记录故障现象，以作为故障分析的依据，并及时回到工位进行故障排除训练，待故障排除后再次通电试车，直到试车成功为止。

（2）试车成功后按照正确的断电顺序与拆线顺序进行配线板外围线路的拆除，完成专业能力训练环节一后简要小结完成情况并填写表 2-29，指导教师进行试车结果的评价，并对本环节存在的问题进行点评。

表 2-29　专业能力训练环节一（经验小结）

专业能力训练环节二　参考训练步骤

（1）专业能力训练环节二的参考训练步骤可以参照子学习情境一，故障检修过程应该注意规定环节的训练，并认真填写表 2-30 故障检修登记表。

（2）教师对学员在本环节训练中存在的问题进行点评后，学员根据自身训练情况进行小结并填写表 2-31。

表 2-30　故障检修登记表

故障号	故障现象	可能的原因	故障范围分析		故障点线号	是否修复	是否试车确认
			初诊	确诊			
1	工作台冲出行程范围						
2	不能往返，到某一终端后自行停止						
3							

表 2-31　专业能力训练环节二（经验小结）

职业核心能力训练环节　参考训练步骤

参照学习情境二子学习情境一职业核心能力训练环节的参考训练步骤。

任务评价

（1）电气控制线路明线安装的评价标准同学习情境一中的表 2-5。

（2）电气控制线路的故障检修评价标准同学习情境二子学习情境一中的表2-6。

（3）职业核心能力评价表同学习情境二子学习情境一中的表2-7。

（4）个人单项任务总分评定表同学习情境一中的表2-8。

一、行程开关的相关知识

行程开关又称限位开关，是一种利用生产机械某些运动部件的碰撞来发出控制指令的主令电器。主要用于控制生产机械的运动方向、速度、行程大小或行程位置，是一种自动控制电器。行程开关的作用原理与按钮相同，区别在于它不是靠手指的按压使其触点动作，而是利用生产机械运动部件的碰撞使其触点动作，从而将机械信号转变为电信号，使运动机械按一定的位置或行程实现自动停止、反向运动、变速运动或自动往返运动。

1. 结构及工作原理

常用的生产机械中常用的行程开关有LX19和JLXK1等系列，各系列行程开关的基本结构大体相同，都是由操作机构、触点系统和外壳组成，如图2-24所示。以某行程开关元件为基础，装置不同的操作机构，就可得到各种不同形式的形成开关，常见的形成开关有旋转式（滚轮式）和按钮式（直动式）。JLXK1系列行程开关的外形如图2-25所示。

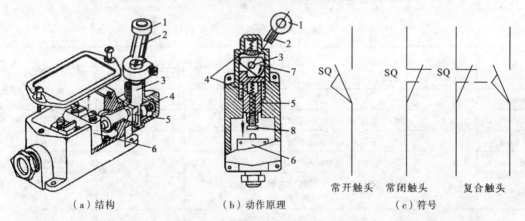

（a）结构　　　　（b）动作原理　　　　（c）符号

1—滚轮；2—杠杆；3—转轴；4—复位弹簧；5—撞块；6—微动开关；7—凸轮；8—调节螺钉

图2-24　JLXK1-111型行程开关的结构和动作原理

（a）单轮旋转式　　（b）双轮旋转式　　（c）按钮式

图2-25　JLXK1系列行程开关的外形图

JLXK1系列行程个开关的动作原理如图2-24（b）所示，当运动部件的挡铁碰压行程开关的滚轮1时，杠杆2连同转轴3一起转动，使凸轮7推动撞块5，当撞块被压到一定位置时，推动微动开关6快速动作，使其常闭触点断开，常开触点闭合。

行程开关的触点类型有一常开一常闭、一常开二常闭、二常开二常闭等形式。动作方式可分为瞬动、蠕动和交叉从动式三种。动作后的复位方式有自动复位和非自动复位两种。

2. 型号及含义

LX19 系列和 JLXK1 系列行程开关的型号及含义如下：

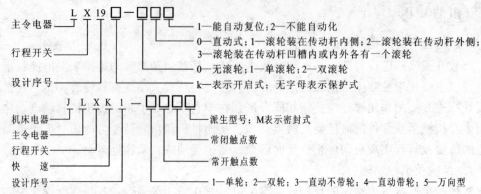

3. 选用

行程开关的主要技术数据有型号、额定电压与触点的额定电流及触点的对数等。行程开关主要根据动作要求、安装位置及触点数量选择。

LX19 和 JLXK1 系列行程开关的主要数据见表 2-32。

表 2-32　LX19 和 JLXK1 系列行程开关的技术数据

型号	额定电压额定电流	结构特点	触点对数		工作行程	超行程	触点转换时间
			常开	常闭			
LX19		元件	1	1	3 mm	1 mm	
LX19-111		单轮，滚轮装在传动杆内侧，能自动复位	1	1	约 30°	约 15°	
LX19-121		单轮，滚轮装在传动杆外侧，能自动复位	1	1	约 30°	约 15°	
LX19-131		单轮，滚轮装在传动杆凹槽内，能自动复位	1	1	约 30°	约 15°	
LX19-212	380 V 5 A	双轮，滚轮装在 U 形传动杆内侧，不能自动复位	1	1	约 30°	约 15°	≤0.04 s
LX19-222		双轮，滚轮装在 U 形传动杆外侧，不能自动复位	1	1	约 30°	约 15°	
LX19-232		双轮，滚轮装在 U 形传动杆内外侧各一个，不能自动复位	1	1	约 30°	约 15°	
LX19-001		无滚轮，仅有径向传动杆，能自动复位	1		< 4 mm	3 mm	
JLXK1-111		单轮防护式	1	1	12°～15°	≤30°	
JLXK1-211	380 V 5 A	双轮防护式	1	1	约 45°	≤45°	≤0.04 s
JLXK1-311		直动防护式	1	1	1～3 mm	2～4 mm	
JLXK1-411		直动滚轮防护式	1	1	1～3 mm	2～4 mm	

4. 安装与使用

（1）行程开关安装时，安装位置要准确，安装要牢固；滚轮的方向不能装反，挡铁与其碰撞的位置应符合控制线路的要求，并确保可靠与挡铁碰撞。

（2）行程开关在使用中，要定期检查和保养，除去油垢及粉尘，清理触点，经常检查其动作是否灵活，可靠，及时排除故障。防止因行程开关触点不良或接线松脱产生误动作而导致设备和人身安全事故。

5. 常见故障和处理方法

行程开关的常见故障及处理方法见表 2-33。

表 2-33　行程开关的常见故障及处理方法

故 障 现 象	可 能 的 原 因	处 理 方 法
挡铁碰撞行程开关后，触点不动作	（1）安装位置不正确 （2）触点接触不良或接线松脱 （3）触点弹簧失效	（1）调整安装位置 （2）清刷触点或紧固接线 （3）更换弹簧
杠杆已经偏转或无外界机械力作用，但触点不复位	（1）复位弹簧失效 （2）内部撞块卡阻 （3）调节螺钉太长，顶住开关按钮	（1）更换弹簧 （2）清理内部杂物 （3）检查调节螺钉

二、线路工作原理

1. 自动往返控制线路的工作原理

先合上电源开关 QS。

（1）小车自动往复运动过程：

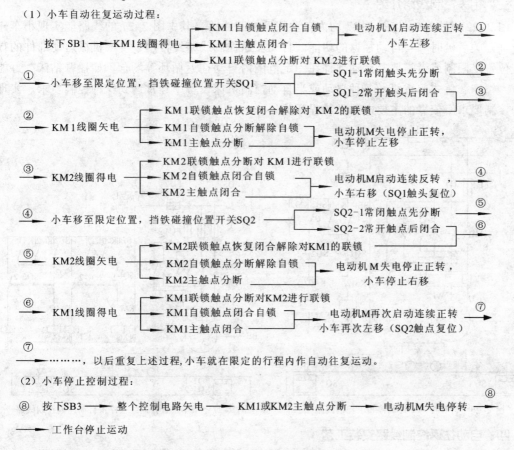

（1）小车自动往复运动过程：

按下 SB1 —— KM1线圈得电 —— KM1自锁触点闭合自锁 —— 电动机 M 启动连续正转 ①
　　KM1主触点闭合　小车左移
　　KM1联锁触点分断对 KM2进行联锁

① 小车移至限定位置，挡铁碰撞位置开关SQ1 —— SQ1-1常闭触头先分断 ②
　　SQ1-2常开触头后闭合 ③

② KM1线圈失电 —— KM1联锁触点恢复闭合解除对 KM2的联锁
　　KM1自锁触点分断解除自锁　电动机M失电停止正转，
　　KM1主触点分断　小车停止左移

③ KM2线圈得电 —— KM2联锁触点分断对 KM1进行联锁
　　KM2自锁触点闭合自锁　电动机M启动连续反转，④
　　KM2主触点闭合　小车右移（SQ1触头复位）

④ 小车移至限定位置，挡铁碰撞位置开关SQ2 —— SQ2-1常闭触点先分断 ⑤
　　SQ2-2常开触点后闭合 ⑥

⑤ KM2线圈失电 —— KM2联锁触点恢复闭合解除对KM1的联锁
　　KM2自锁触点分断解除自锁　电动机M失电停止正转，
　　KM2主触点分断　小车停止右移

⑥ KM1线圈得电 —— KM1联锁触点分断对KM2进行联锁
　　KM1自锁触点闭合自锁　电动机M再次启动连续正转 ⑦
　　KM1主触点闭合　小车再次左移（SQ2触点复位）

⑦ ………，以后重复上述过程,小车就在限定的行程内作自动往复运动。

（2）小车停止控制过程：

⑧ 按下SB3 —— 整个控制电路失电 —— KM1或KM2主触点分断 —— 电动机M失电停转 ⑧
—— 工作台停止运动

（3）控制线路中SQ3、SQ4为小车左右终端保护。其工作原理读者可自行分析。

这里 SB1、SB2 分别作为正转启动按钮和反转启动按钮，若启动时小车在工作台的左端（即压合 SQ1 时），应按下 SB2 进行启动。

2. 线路自检方法

自检前的准备工作、正反转启动及其接触器联锁部分的自检可参照学习情境三双重联锁控制线路进行，这里不再讨论。

1）往返功能的自检

假设 KM1 得电（按下 KM1 触点架），电动机正转工况下，万用表阻值显示应为一个线圈电阻，小车向右运行，当小车行进到 SQ2 位置时，小车的撞铁压合 SQ2（可以用手模拟压合，带电试验时应首先检测行程开关外壳是否带电），此时正转回路 KM1 应该能够首先被切断，万用表阻值显示∞，松开按下的 KM1 触点架，万用表阻值显示又显示一个接触器的阻值（KM2 线圈阻值），随后按下 KM2 的触点架，用同样方法测量当小车向左运行时的往返功能。该项测试正常的话，表示控制线路能自动往返。

2）终端保护功能的自检

在 KM1 或 KM2 工作时，只要用手模拟压合 SQ3 或者 SQ4 该线路都应停止工作，并且在万用表的阻值显示应为∞。

其他方面的线路功能读者可自行分析。

三、相关控制线路介绍

图 2-22、图 2-26 与图 2-27 均为自动往返控制线路，其中图 2-27 的线路能实现小车碰到行程开关后延时 3 s 自动往返的功能。自动往返控制线路经常用于生产机械运动部件的行程或位置受限制或者需要其运动部件在一定范围内自动往返循环等场合。如摇臂钻床、万能铣床、镗床、桥式起重机及各种自动或半自动控制机床设备中经常遇到这种控制要求。实现这种控制要求所依靠的主要电器是行程开关。

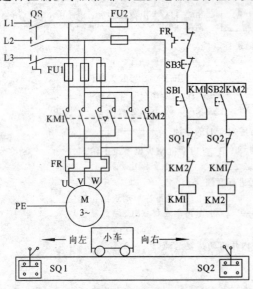

图 2-26 行程控制（终端停止）控制线路

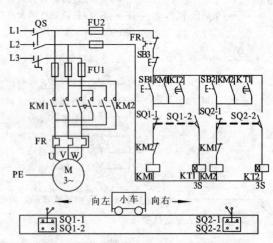

图 2-27 小车位置控制终端停留自动往返控制线路

四、自动往返控制线路安装工艺

自动往返控制线路安装工艺见表 2-34。

表 2-34　自动往返控制线路安装工艺

项目名称：自动往返控制线路安装		定额工时/h	备注
大　类	分　项　目		
安装前的准备	（1）熟悉和审查技术文件或图纸	1	
	（2）准备好安装工具、测量用具及仪表		
	（3）器材及耗材领用保管		
	（4）器件的安装前检查		
控制回路的安装	（1）控制柜或板的安装准备	1.5	电、钳配合
	（2）器件安装		
	（3）控制线路布线		
	（4）控制线路通电调试		
	（5）控制线路绑扎		
主电路的安装	（1）电机安装调整	1	电、钳配合
	（2）主电路布线		
	（3）检查并绑扎		
线路功能空载通电联机整定调试	（1）熔体的检查调整	0.5	
	（2）热继电器的检查调整		
	（3）行程开关的检查调整		
设备额定工况调试并进行各参数校验	额定工况通电试车联机统调	0.5	
合计工时：			

思考练习

1. 图 2-22 中若行程开关 SQ1、SQ2 装反会出现什么现象？通电调试时应如何确保出现此现象？

2. 请叙述图 2-27 的工作原理。

3. 图 2-27 中若仅使用 1 只时间继电器可否实现功能此功能，请设计这两种电气控制线路。

子学习情境五　安装与维修三相异步电动机多地控制线路

任务目标

（1）学会正确识别、选用、安装和使用常用的低压电器，熟悉它们的功能、基本结构、工作原理及型号含义，熟知它们的图形符号与文字符号。

（2）熟悉三相异步电动机两地控制线路的工作原理，掌握正确安装与检修三相异步电动机多地控制线路，并能一次通电成功。

（3）了解电气控制线路运行故障的种类和现象，能应用故障检测法进行线路板板上模拟故障的排除。

（4）提高自我学习、信息处理、数字应用等方法能力及与人交流、与人合作、解决问题等社会能力；自查 6S 执行力。

 **任务描述**

专业能力训练环节一　两地控制线路的安装

依照图 2-28 三相异步电动机的两地地控制线路图进行配线板上的电气线路安装,安装要求同子学习情境一。

（1）工时：150 min，本工时包含试车时间。

（2）配分：本技能训练满分 100 分，比重 50%。

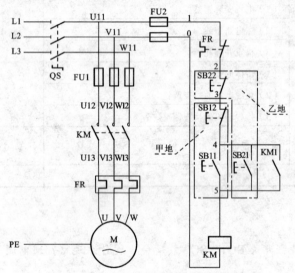

图 2-28　三相异步电动机的两地控制线路图

专业能力训练环节二　两地控制线路电气故障的排除

学员之间在通电试车成功的正转控制线路配线板上相互设置 2~3 处的模拟电气故障,然后交叉进行故障排除训练。故障设置与排故要求同子学习情境一。

（1）检修工时：每个故障限时 10 min。

（2）配分：本技能训练满分 100 分，比重 30%。

职业核心能力训练环节

以小组为单位总结以上两个任务的实施经验，并回答教师提出的问题。经验汇报要求与学习情境一的职业核心能力训练环节相同。

（1）汇报限时：每小组 5 min, 各小组点评 2 min。

（2）配分：本核心能力训练满分 100 分，比重 20%。

（3）回答问题：

已知图 2-28 的三相异步电动机 M 的型号为 Y112M-4 规格为 4 kW、380 V、8.8 A、△接法、1 440 r/min，请选择控制线路所需的元器件填入表 2-35 中，并简要回答选择的依据。

表 2-35　元件明细表（购置计划表或元器件借用表）

单价（金额）单位：元

代号	名称	型号	规格	单位	数量	单价	金额	用途	备注
M	三相异步电动机	Y112M-4	4 kW、380 V、8.8 A、△接法、8.8 A、1 440 r/min	台	1				
QS									
FU1									
FU2									
KM									
FR									
SB11、SB12、SB21、SB22、									
XT1									
	主电路导线								
	控制电路导线								
	电动机引线								
	电源引线								
	电源引线插头								
	按钮线								
	接地线								
	自攻螺钉								
	编码套管								
	配线板		金属网孔板或木质配电板						
合计金额									

任务实施

一、训练目的

参照学习情境二子学习情境五【任务目标】。

二、训练器材

两只两挡按钮，其他器材同学习情境二子学习情境一。

三、预习内容

（1）预习图 2-28 电路的工作原理。

（2）复习之前学习情境的相关知识，完成表 2-35 的全面填写工作，并能咨询相应元件的价格。

四、训练步骤

专业能力训练环节一 参考训练步骤

专业能力训练环节一的参考训练步骤可以参照子学习情境一，各项检查到位后参照图 2-29 三相异步电动机两地控制线路元件安装布局和接线图进行元器件的安装并接线。

进行通电试车环节的学员要注意以下几点：

（1）插上电源插头→合上电源开关 QS→按下甲地或乙地启动按钮后，注意观察各低压电器及电动机的动作情况，如出现异常情况，应立即切断电源，并仔细记录故障现象，以作为故障分析的依据，并及时回到工位进行故障排除训练，待故障排除后再次通电试车，直到试车成功为止。

（2）试车成功后按照正确的断电顺序与拆线顺序进行配线板外围线路的拆除，完成专业能力训练环节一后简要小结完成情况并填写表 2-36，指导教师进行试车结果的评价，并对本环节存在的问题进行点评。

表 2-36 专业能力训练环节一（经验小结）

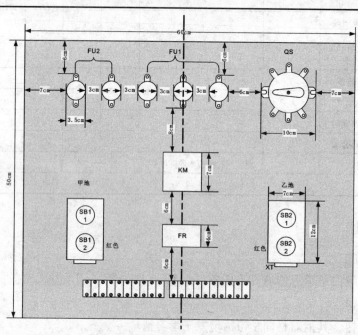

（a）两地控制控制线路元件安装布局图

图 2-29 三相异步电动机两地控制线路元件安装布局和接线图

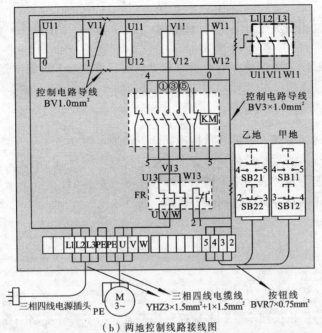

（b）两地控制线路接线图

图 2-29　三相异步电动机两地控制线路元件安装布局和接线图（续）

专业能力训练环节二　参考训练步骤

（1）专业能力训练环节二的参考训练步骤可以参照子学习情境一，故障检修过程应该注意规定环节的训练，并认真填写表 2-37 故障检修登记表。

表 2-37　故障检修登记表

故障号	故障现象	可能的原因	故障范围分析		故障点线号	是否修复	是否试车确认
			初诊	确诊			
1	两地中有一地不能正常启动						
2	两地中有一地不能停止						
3							

（2）教师对学员在本环节训练中存在的问题进行点评后，学员根据自身训练情况进行小结并填写表 2-38。

表 2-38　专业能力训练环节二（经验小结）

职业核心能力训练环节 参考训练步骤

参照学习情境二子学习情境一职业核心能力训练环节的参考训练步骤。

 **任务评价**

（1）电气控制线路明线安装的评价标准同学习情境一表 2-5。
（2）电气控制线路的故障检修评价标准同学习情境一表 2-6。
（3）职业核心能力评价表同学习情境一中表 1-6～表 1-9。
（4）个人单项任务总分评定表同学习情境一表 2-8。

相关知识

两地控制线路的工作原理：

能在两地或多地控制同一台电动机的控制方式称为电动机的多地控制。多地控制的特点是：启动按钮并联，停止按钮串联。多地控制线路通常用于需要提高工作效率，操作频率较高并达到操作方便之目的的场合。如生产机械铣床的电气控制线路上就采用了两地控制。

图 2-28 两地控制线路工作原理如下：

先合上电源开关 QS。

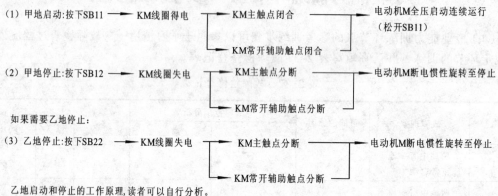

乙地启动和停止的工作原理,读者可以自行分析。

 **思考练习**

1. 试根据图 2-28 画出其按钮接线图。
2. 试根据图 2-28 画出三地控制线路图。

子学习情境六 安装与维修三相异步电动机顺序控制线路

任务目标

（1）学会正确识别、选用、安装和使用常用的低压电器，熟悉它们的功能、基本结构、工作原理及型号含义，熟知它们的图形符号与文字符号。

（2）熟悉三台电动机顺序启动逆序停止控制线路的工作原理，掌握正确安装与检修三相异步电动机顺序控制线路的方法，并能一次成功。

（3）了解电气控制线路运行故障的种类和现象，能熟练应用一种以上电气故障检测法进行线路板板上模拟故障的排除。

（4）提高自我学习、信息处理、数字应用等方法能力及与人交流、与人合作、解决问题等社会能力；自查 6S 执行力。

 任务描述

专业能力训练环节一 三台电动机顺序启动逆序停止

控制线路的安装

依照图 2-30 所示的三台电动机顺序启动逆序停止控制线路图进行配线板上的电气线路安装。

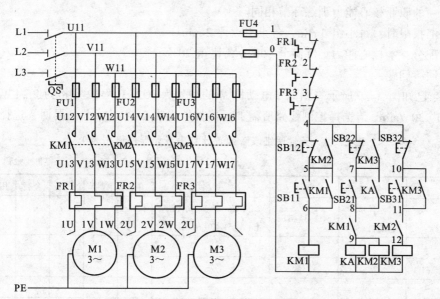

图 2-30 三台电动机顺序启动逆序停止控制线路图

安装要求如下：

（1）按三台电动机顺序启动逆序停止控制线路电路图进行正确的安装。

（2）元器件在配线板上布局要合理，器件安装要正确紧固，采用多股导线线槽配线，要求配线牢固、接点规范紧固美观。

（3）正确使用电工工具和仪表。

（4）按钮不要固定在配线板上，电源和电动机配线、按钮接线要通过端子排进出配线板，进出线槽的导线要有端子标号，引出端子采用接线端子。

（5）学员进入实训场地要穿戴好劳保用品并进行安全文明操作。

（6）工时：150 min，本工时包含试车时间。

（7）配分：本技能训练满分 100 分，比重 50%。

专业能力训练环节二　三台电动机顺序启动逆序停止控制线路电气故障的排除

学员之间在通电试车成功的正转控制线路配线板上相互设置 2～3 处的模拟电气故障，然后交叉进行故障排除训练。故障设置与排故要求同子学习情境一。

（1）检修工时：每个故障限时 10 min。

（2）配分：本技能训练满分 100 分，比重 30%。

职业核心能力训练环节

以小组为单位总结以上两个任务的实施经验，并回答教师提出的问题。经验汇报要求与学习情境一的职业核心能力训练环节相同。

（1）汇报限时：每小组 5 min，各小组点评 2 min。

（2）配分：本核心能力训练满分 100 分，比重 20%。

（3）回答问题：

例如：已知图 2-39 所示三相异步电动机 M 的型号为 JO2-31-4T2 规格为 2.2 kW、380 V、Y 接法、1 430 r/min，请选择控制线路所需的元器件填入表 2-39 中，并简要回答选择的依据。

表 2-39　元件明细表（购置计划表或元器件借用表）

单价（金额）单位：元

代号	名称	型号	规格	单位	数量	单价	金额	用途	备注
M	三相异步电动机	JO2-31-4T2	2.2 kW、380 V、Y 接法、4.4 A、1 430 r/min	台	3				
QS									
FU1、FU2、FU3									
FU4									
KM1、KM2、KM3									
FR1、FR2、FR3									
SB11、SB12									
SB21、SB22									
SB31、SB32									
XT1									
XT2									

代号	名称	型号	规格	单位	数量	单价	金额	用途	备注
	主电路导线								
	控制电路导线								
	电动机引线								
	电源引线								
	电源引线插头								
	按钮线								
	接地线								
	自攻螺钉								
	编码套管								
	U形接线鼻								
	行线槽								
	配线板		金属网孔板或木质配电板						
合计金额									

任务实施

一、训练目的

参照学习情境二子学习情境六【任务目标】。

二、训练器材

验电笔、尖嘴钳、斜口钳、剥线钳、螺钉旋具、万用表、兆欧表、钳形电流表、配线板、线槽、一套常用低压电器（见表 2-39）、连接软导线、三相异步电动机及电缆、三相四线电源插头与电缆。

三、预习内容

（1）预习图 2-30 所示电路的工作原理。

（2）复习之前学习情境的相关知识，完成表 2-39 的全面填写工作，并能咨询相应元件的价格。

四、训练步骤

专业能力训练环节一　参考训练步骤

专业能力训练环节一的参考训练步骤可以参照子学习情境一，各项检查到位后参照图 2-31 所示的三台电动机顺序启动逆序停止控制线路元件安装布局和接线图进行元器件的安装并接线。

为了简化起见，安装接线时原理图 2-31 中的三组主电路短路保护改为一组主熔断器的短路保护，为此，安装接线图 2-31（a）（b）中只设置了一组主熔断器 FU1，三台电动机共用此组熔断器作为短路保护，选择熔断器 FU1 的规格时要考虑多台电动机的同时作用。

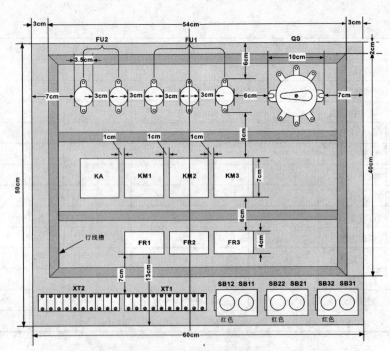

（a）三台电动机顺序启动逆序停止控制线路元件安装布局图

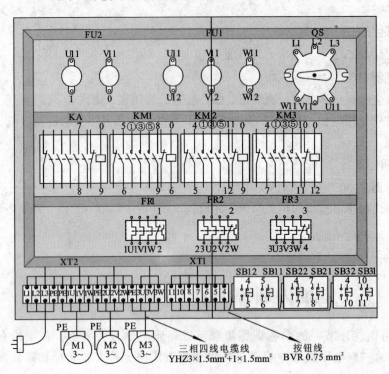

（b）三台电动机顺序启动逆序停止控制线路接线图

图 2-31　三台电动机顺序启动逆序停止控制线路元件安装布局和接线图

进行通电试车环节的学员要注意以下几点：

（1）插上电源插头→合上电源开关 QS→按顺序按下启动按钮后，注意观察各低压电器及电动机的动作情况，如出现异常情况，应立即切断电源，并仔细记录故障现象，以作为故障分析的依据，并及时回到工位进行故障排除训练，待故障排除后再次通电试车，直到试车成功为止，停止时按顺序 M3→M2→M1 停止。

（2）试车成功后按照正确的断电顺序与拆线顺序进行配线板外围线路的拆除，完成专业能力训练环节一后简要小结完成情况并填写表 2-40，指导教师进行试车结果的评价，并对本环节存在的问题进行点评。

表 2-40　专业能力训练环节一（经验小结）

专业能力训练环节二　参考训练步骤

（1）专业能力训练环节二的参考训练步骤可以参照子学习情境一，故障检修过程应该注意规定环节的训练，并认真填写表 2-41 故障检修登记表。

表 2-41　故障检修登记表

故障号	故障现象	可能的原因	故障范围分析		故障点线号	是否修复	是否试车确认
			初诊	确诊			
1	启动 M1 后不能启动 M2						
2	三台电动机启动后无法停止						
3							

（2）教师对学员在本环节训练中存在的问题进行点评后，学员根据自身训练情况进行小结并填写表 2-42。

表 2-42　专业能力训练环节二（经验小结）

职业核心能力训练环节　参考训练步骤

参照学习情境二子学习情境一职业核心能力训练环节的参考训练步骤。

任务评价

（1）电气控制线路行线槽配线安装的评价标准如表 2-43。

表 2-43　电气控制线路安装评价标准

序号	项目内容	考核要求	评分标准	配分	扣分	得分
1	元件选用及安装	（1）按要求正确使用工具和仪表，熟练选用并安装电气元器件 （2）元器件在控制板上布置要合理，安装要准确、紧固 （3）按钮盒不固定在控制板上	（1）按要求选用元器件，开关、接触器、熔断器，选择错误，每只扣 2 分，其他元器件选择错误，每只扣 1 分 （2）元器件布置不整齐、不匀称、不合理，每只扣 3 分 （3）元器件安装不牢固，每只扣 4 分 （4）安装元器件时漏装木螺钉，每只扣 1 分 （5）损坏元器件，每只扣 5～15 分	15		
2	电气布线	（1）接线要求美观、紧固、无毛刺，导线要进行线槽 （2）电源和电动机配线、按钮接线要接到端子排上，进出接线端子的导线要有端子标号，引出端要用别径端子	（1）电动机运行正常，如不按图接线，每处扣 5 分 （2）布线不经行线槽，不规范、不美观，主电路、控制电路每根扣 1 分 （3）接点松动、露铜过长、反圈、压绝缘层，标记线号不清楚、遗漏或误标，引出端无别径端子每处扣 1 分 （4）损伤导线绝缘或线芯，每根扣 1 分	35		
3	通电试验	在保证人身和设备安全的前提下，通电试验一次成功	（1）热继电器整定值错误扣 5 分 （2）主、控电路配错熔体，每个扣 3 分 （3）一次试车不成功扣 30 分 　　　二次试车不成功扣 40 分 　　　三次试车不成功扣 50 分	50		
4	安全文明生产		（1）违反安全文明生产规程扣 5～40 分 （2）乱线敷设，加扣不安全分 10 分	倒扣		
备注	（1）每超时 5 分钟扣 5 分 （2）除定额时间外，各项扣分不应超过配分数			100		
定额时间：180 min	开始时间：	结束时间：	点评员签字：		年　月　日	

（2）电气控制线路的故障检修评价标准同学习情境二子学习情境一中的表 2-6。

（3）职业核心能力评价表同学习情境二子学习情境一中的表 2-7。

（4）个人单项任务总分评定表学员习情境一中的表 2-8。

 相关知识

一、控制线路工作原理

在装有多台电动机的生产机械上，各电动机所起的作用是不同的，有时须按一定的顺序启动，才能保证操作过程的合理性和工作的安全可靠。例如：X62 型万能铣床上要求主轴电动机启动后，进给电动机才能启动；又如：M7120 型平面磨床的冷却泵电动机，要求当砂轮电动机启动后才能启动，像这种要求一台电动机启动后另一台电动机才能启动的控制方式，称为电动机的顺序控制。

1. 图 2-30 顺序控制线路的工作原理如下：

先合上电源开关 QS。

（1）M1、M2、M3依次顺序启动：

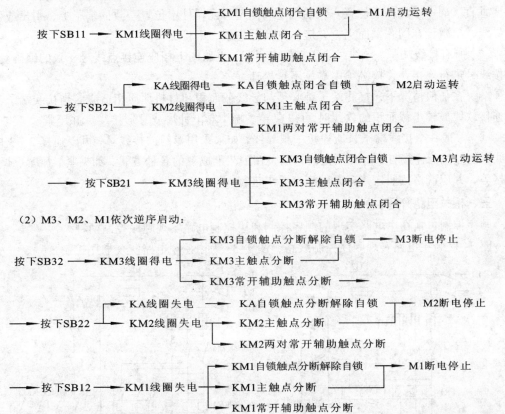

三台电动机都用熔断器和热继电器作短路和过载保护，三台中任何一台出现过载故障，三台电动机都会停车。

2. 线路自检方法

本学习情境控制线路的原理比较简单，自检时要注意 KA 和 KM2 线圈的并联回路的阻值与其他回路的区别。

二、线槽配线工艺

线槽配线的工艺要求是：

（1）行线槽配线工艺通常用于生产机械内部的控制线路配线，一般根据被控对象（负载）的功率不同采用的导线截面积在 $0.5 \sim 6 \ mm^2$，且采用铜心塑料软导线敷设。考虑机械强度的原因，所用导线的最小截面积，在控制箱外为 $1 \ mm^2$，在控制箱内为 $0.75 \ mm^2$。

（2）布线时，严禁损伤线芯和导线绝缘。

（3）各元器件接线端子引出导线的走向规定：以元件的水平中心为界限，在水平中心以上接线端子引出的导线，必须进入元件上面的行线槽；在水平中心线以下接线端子引出的导线，必须进入元件下面的走线槽。任何导线都不允许从水平方向进入行线槽内。

（4）各元器件接线端子上引出或引入的导线，除间距很小和元件机械强度很差允许直接架空敷设外，其他导线必须经过行线槽进行连接。

（5）进入行线槽内的导线要完全置于行线槽内，并应尽可能避免交叉，装线不要超过其容量的70%，以便于能盖上线槽盖和以后的装配和维修。

（6）各元器件与行线槽之间的外露导线，应走线合理，并尽可能做到横平竖直，变换走向要垂直。同一个元件上位置一致的端子和同型号元器件中位置一致的端子上，引出或引入的导线，要敷设在同一平面上，并应做到高低一致，不得交叉。

（7）所有接线端子、导线线头上，都应套有与电路图上相应连接点线号一致的编码套管，并按线号进行连接，连接必须牢靠，不得松动。

（8）在任何情况下，接线端子都必须与导线截面积和材料性质相适应。当接线端子不适合连接软线或较小截面积的软线时，可以在导线端头穿上针形或叉形接线鼻并压紧。

（9）一般一个接线端子只能连接一根导线，如果采用专门的接线鼻，可以连接2～3根的导线，但导线的连接方式，必须是公认的、在工艺上成熟的各种方式，如夹紧、压紧、焊接、绕接等，并应严格按照连接工艺的工序要求进行。

三、相关电路介绍

顺序控制包括在主电路实现的顺序控制和用控制电路实现顺序控制两种。

图2-32为主电路实现顺序控制线路，图2-33为用控制电路实现顺序控制。

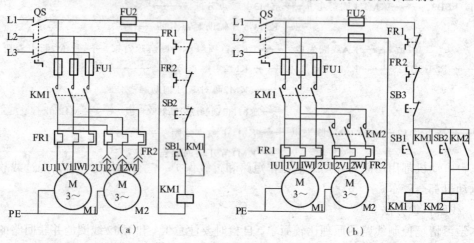

图 2-32　主电路实现顺序控制线路

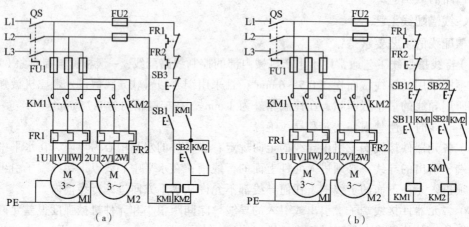

图 2-33　用控制电路实现顺序控制

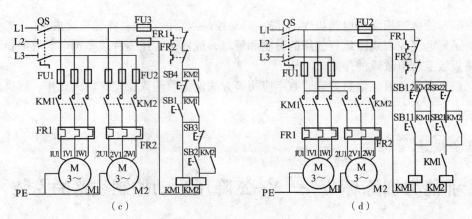

图 2-33 用控制电路实现顺序控制（续）

1. 主电路实现的顺序控制

图 2-32（a）与图 2-32（b）均为主电路实现顺序控制线路。图 2-32（a）的主电路中，接插器 X 接在接触器 KM 主触点的下面，因此电动机 M2 的运转受控于电动机 M1，接插器 X 若没有提前插入电源插座，则只有 M1 运转后 M2 才能运转。图 2-32（b）的主电路中由 KM1 与 KM2 两只接触器分别控制 M1 与 M2，显然，M2 的运转必须以 M1 的运转为前提。

2. 控制电路实现的顺序控制

图 2-33（a）图为两台电动机的顺序启动、同时停止控制线路，即 M1 先启动 M2 才能启动，停止时按下停止按钮 SB3 两台电动机同时失电而停止。

图 2-33（b）图为两台电动机的顺序启动、同时停止（按 SB12）或逆序停止（先按 SB22 再按 SB12）控制线路。

图 2-33（c）（d）两图为两台电动机的顺序启动、逆序停止控制线路。即 M1 先启动 M2 才能启动，M2 停止后 M1 才能停止。

思考练习

1. 根据图 2-30 简述控制线路的自检方法。

2. 试设计二台电动机控制线路，要求如下：

（1）号电动机启动以后，2 号才能启动；

（2）1 号必须在 2 号停止后才能停止；

（3）具有短路、过载、欠压及失压保护。

子学习情境七　安装与维修三相异步电动机降压
启动控制线路

任务目标

（1）学会正确识别、选用、安装和使用常用的低压电器（时间继电器），熟悉它们的功能、基本结构、工作原理及型号含义，熟知它们的图形符号与文字符号。

（2）熟悉三相异步电动机 Y-△降压启动控制线路的工作原理和定子绕组的接线方法，掌握正确安装与检修三相异步电动机Y-△降压启动控制线路的方法，并能一次成功。

（3）了解电气控制线路运行故障的种类和现象，能熟练应用一种或多种电气故障检测法进行线路板板上模拟故障的排除。

（4）提高自我学习、信息处理、数字应用等方法能力及与人交流、与人合作、解决问题等社会能力；自查6S执行力。

专业能力训练环节一　Y-△降压启动控制线路的安装

依照图2-34所示的三相异步电动机的Y-△降压启动电气控制线路图进行配线板上的电气线路安装，安装要求同学习情境二子学习情境六。

（1）工时：150 min，本工时包含试车时间。

（2）配分：本技能训练满分100分，比重50%。

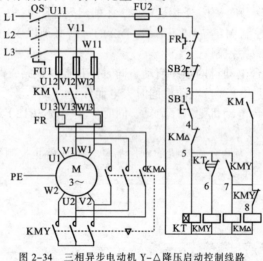

图 2-34　三相异步电动机 Y-△降压启动控制线路

专业能力训练环节二　Y-△降压启动控制线路

电气故障的排除

学员之间在通电试车成功的正转控制线路配线板上相互设置2～3处的模拟电气故障，然后交叉进行故障排除训练。故障设置与排故要求同子学习情境一。

（1）检修工时：每个故障限时10 min。

（2）配分：本技能训练满分100分，比重30%。

职业核心能力训练环节

以小组为单位总结以上两个任务的实施经验，并回答教师提出的问题。经验汇报要求与学习情境一的职业核心能力训练环节相同。

（1）汇报限时：每小组 5 min，各小组点评 2 min。

（2）配分：本核心能力训练满分 100 分，比重 20%。

（3）回答问题：

已知图 2-34 所示的三相异步电动机 M 的型号为 JO2-61-8D2、规格为 11 kW、380 V、22 A、△接法、720 r/min，请选择控制线路所需的元器件填入表 2-44 中，并简要回答选择的依据。

表 2-44　元件明细表（购置计划表或元器件借用表）

单价（金额）单位：元

代号	名称	型号	规格	单位	数量	单价	金额	用途	备注
M	三相异步电动机	JO2-61-8D2	11 kW、380 V、22 A、△接法、720 r/min	台	1				
QS									
FU1									
FU2									
KM、KM△、KMY									
KT									
FR			整定电流						
SB1、SB2									
XT1									
XT2									
	主电路导线								
	控制电路导线								
	电动机引线								
	电源引线								
	电源引线插头								
	按钮线								
	接地线								
	自攻螺钉								
	编码套管								
	U 形接线鼻								
	行线槽								
	配线板		金属网孔板或木质配电板						
合计金额									

 **任务实施**

一、训练目的

参照学习情境二子学习情境七【任务目标】。

二、训练器材

一只时间继电器、三只交流接触器、一只两挡按钮、一台三角形接法的三相异步电动机（详见表2-44）、一套常用电工工具。

三、预习内容

（1）预习图2-34所示电路的工作原理。

（2）复习之前学习情境的相关知识，完成表2-44的全面填写工作，并能咨询相应元件的价格。

四、训练步骤

专业能力训练环节一　参考训练步骤

专业能力训练环节一的参考训练步骤可以参照子学习情境一，各项检查到位后参照图2-35所示的三相异步电动机Y-△降压启动控制线路元件安装布局和接线图进行元器件的安装并接线。

进行通电试车环节的学员要注意以下几点：

（1）插上电源插头→合上电源开关QS→按下启动按钮后，注意观察各低压电器及电动机的动作情况，如出现异常情况，应立即切断电源，并仔细记录故障现象，以作为故障分析的依据，并及时回到工位进行故障排除训练，待故障排除后再次通电试车，直到试车成功为止。

（2）试车成功后按照正确的断电顺序与拆线顺序进行配线板外围线路的拆除，完成专业能力训练环节一后简要小结完成情况并填写表2-45，指导教师进行试车结果的评价，并对本环节存在的问题进行点评。

表2-45　专业能力训练环节一（经验小结）

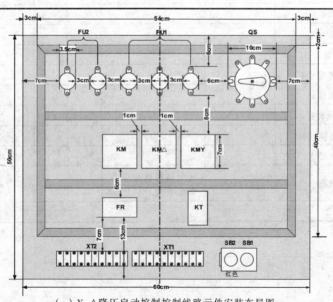

（a）Y-△降压启动控制控制线路元件安装布局图

图2-35　三相异步电动机Y-△降压启动控制线路元件安装布局和接线图

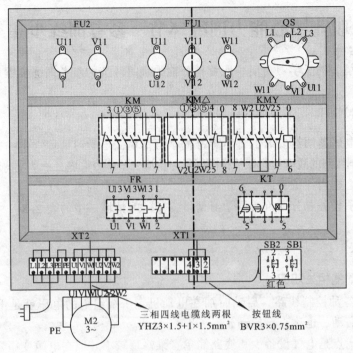

（b）Y-△降压启动控制控制线路接线图

图 2-35 三相异步电动机 Y-△降压启动控制线路元件安装布局和接线图（续）

专业能力训练环节二 参考训练步骤

（1）专业能力训练环节二的参考训练步骤可以参照子学习情境一，故障检修过程应该注意规定环节的训练，并认真填写表 2-46 故障检修登记表。

表 2-46 故障检修登记表

故障号	故障现象	可能的原因	故障范围分析		故障点线号	是否修复	是否试车确认
			初诊	确诊			
1	无法启动						
2	Y 形启动后没有转换成△形运行						
3	Y 形启动后没有转换成△形运行且自行停车						

（2）教师对学员在本环节训练中存在的问题进行点评后，学员根据自身训练情况进行小结并填写表 2-47。

表 2-47 专业能力训练环节二（经验小结）

职业核心能力训练环节　参考训练步骤

参照学习情境二的子学习情境一职业核心能力训练环节的参考训练步骤。

 **任务评价**

（1）电气控制线路明线安装的评价标准同学习情境二子学习情境六中的表 2-43。

（2）电气控制线路的故障检修评价标准同学习情境二子学习情境二子学习情境一中的表 2-6。

（3）职业核心能力评价表同学习情境二子学习情境一中的表 2-7。

（4）个人单项任务总分评价表同学习情境二子学习情境一中的表 2-8。

 **相关知识**

一、降压启动的相关知识

前面介绍的各种控制线路，启动时加在电动机定子绕组上的电压就是电动机的额定电压，都属于全压启动，也称直接启动。

直接启动的优点是电气设备少、线路简单、维修量较小。但在电源变压器容量不够大的情况下，直接启动将导致电源变压器输出电压大幅度下降，因为三相异步电动机的启动电流：$I_{ST} = (4 \sim 7) I_N$，不仅会减小电动机本身的启动转矩，而且会影响同一供电线路中其他设备的正常工作。因此，较大容量的电动机需要采取降压启动。

通常规定：电源容量在 $180 \, kV \cdot A$ 以上，电动机容量在 $7 \, kW$ 以下的三相异步电动机可采用直接启动。判断一台电动机能否直接启动，还可以用下面的经验公式来确定：

$$\frac{I_{ST}}{I_N} \leqslant \frac{3}{4} + \frac{\text{电源变压器容量（kV·A）}}{4 \times \text{电动机功率（kW）}}$$

式中：I_{ST}——电动机全压启动电流，A；

　　I_N——电动机额定电流，A。

凡不满足直接启动条件的，均须采用降压启动。

降压启动：指利用启动设备将电压适当降低后加到电动机的定子绕组上进行启动，待电动机启动运转后，再使其电压恢复到额定值正常运转。

降压启动的目的：降低启动电流。

降压启动的缺点：以"牺牲"启动转矩为代价，因为 $T \propto U^2$。

降压启动的分类：

① 定子绕组串电阻降压启动。

② 星形（Y）—三角形（△）降压启动。

③ 自耦变压器降压启动。

④ 延边三角形降压启动。

1. 定子绕组串电阻降压启动

启动电阻 R 一般采用 ZX1、ZX2 系列铸铁电阻。铸铁电阻能够通过较大电流，功率大。启动电阻的阻值 R 一般可按下列公式近似计算：

$$R = 190 \times \frac{I_{st} - I'_{st}}{I_{st} I'_{st}}$$

式中：I_{st}——未串电阻前的启动电流（A），一般 $I_{st} = （4\sim7）I_N$；

I'_{st}——串联后的启动电流（A），一般 $I'_{st} = （2\sim3）I_N$；

R——电动机每相应串的启动电阻值（Ω）。

电阻功率可用公式 $P = I_N^2 R$ 计算。由于启动电阻 R 仅在启动过程中才被接入，且启动时间很短，所以，实际选用的启动电阻功率可减小至原来的 1/4～1/3。

2. 自耦变压器降压启动

自耦变压器降压启动启动原理如图 2-36 所示。

3. Y-△降压启动

Y-△降压启动启动原理如图 2-37 所示。

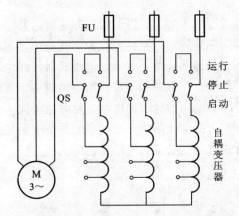

图 2-36　自耦变压器降压启动原理图

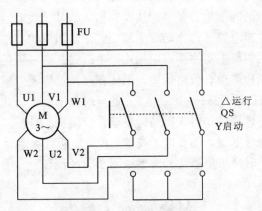

图 2-37　Y-△降压启动原理图

Y-△降压启动是指电动机启动时，把定子绕组接成"Y"形，等电动机启动后，转速接近额定转速时再将绕组接成"△"形全压运行。这种启动方式适用于电动机额定状况下定子绕组作△形接法的电动机，Y-△降压启动的目的是为了减小启动电流。电动机启动时接成 Y 形，加在每相定子绕组上的启动电压只有△形接法的 $\frac{1}{\sqrt{3}}$，启动电流为△形接法的 $\frac{1}{3}$，启动转矩也只有"△"接法的 $\frac{1}{3}$。所以这种降压启动方法，适用于轻载或空载下启动。

Y-△降压启动定子绕组接线如图 2-38 所示。

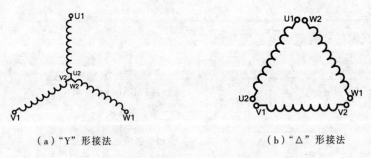

（a）"Y"形接法　　　　　　（b）"△"形接法

图 2-38　Y-△降压启动电动机定子绕组的联结方式

4. 延边△降压启动

延边△降压启动的电动机定子绕组接线方式如图 2-39 所示。

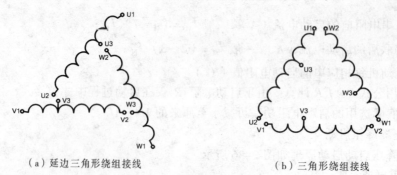

（a）延边三角形绕组接线　　　　（b）三角形绕组接线

图 2-39　延边△降压启动线路电动机定子绕组接线方式

二、时间继电器的相关知识

时间继电器是一种从得到输入信号（线圈通电或断电）起，经过一段时间延时后其触点或输出电路才动作的继电器。它广泛用于需要按时间顺序进行控制的电气控制线路中。常用的时间继电器主要有电磁式、电动式、空气阻尼式、晶体管式等。其中，电磁式时间继电器的结构简单，价格低廉，但体积和重量较大，延时较短，且只能用于直流断电延时中，常用的 JT3 系列只有 0.3～5.5 s 的延时范围；点动式时间继电器的延时精度高，延时范围大（由几分钟到几小时）但结构复杂，价格贵。目前，在电力拖动线路中应用较多的是空气阻尼式时间继电器。随着电子技术的发展，近年来晶体管式时间继电器的应用日益广泛。

时间继电器常见类型如图 2-40 所示。

图 2-40　时间继电器常见类型

1. 型号及含义

JS7-A 系列空气阻尼式时间继电器型号如下：

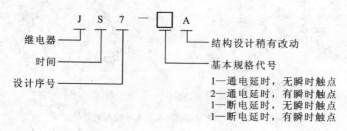

继电器　　　　　　　结构设计稍有改动

时间　　　　　　　　基本规格代号

设计序号　　　　　　1—通电延时，无瞬时触点
　　　　　　　　　　2—通电延时，有瞬时触点
　　　　　　　　　　1—断电延时，无瞬时触点
　　　　　　　　　　1—断电延时，有瞬时触点

2. 时间继电器的选择

（1）根据系统的延时范围和精度选择时间继电器的类型和系列。在延时精度要求不高的场合，一般可选用价格较低的 JS-A 系列空气阻尼式时间继电器，反之，对精度要求较高的场合，可选用晶体管式时间继电器。

（2）根据控制线路的要求选择时间继电器的延时方式（通电延时或断电延时）。同时，还必须考虑线路对瞬时动作触点的要求。

（3）根据控制线路电压选择时间继电器的线圈电压等级。

3. 安装操作规则

（1）时间继电器安装时线圈的动铁心应朝下（重力方向），倾斜度不得超过 5°。

（2）继电器的整定值应在不通电的时候整定好，并在试车时校验。

（3）时间继电器金属底板或外壳必须可靠接地。

（4）使用时，应经常检查清除油污并校验延时时间，否则延时误差将增大。

（5）JS7-A 系列时间继电器可以通过转换线圈总成的方向改变延时方式。

三、线路工作原理

1. Y-△ 降压启动控制线路的工作原理

先合上电源开关 QS。

（1）启动：

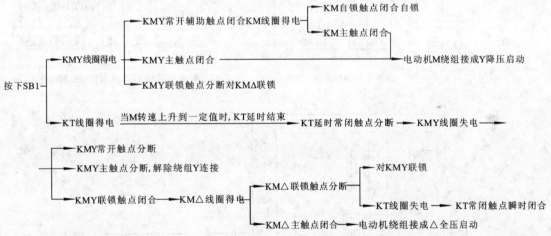

（2）终止时按下 SB2 即可。

2. 线路自检方法

自检前的准备工作、接触器线圈电阻、时间继电器线圈电阻的测量校验可参照学习情境三双重联锁控制线路进行，这里不再讨论。

1）启动功能的检查

按下启动按钮 SB1（按住不放），万用表显示的应为 KT 和 KMY 线圈的并联电阻。同时再按下 KMY 的触点架，此时显示的电阻应有明显减小，为 KT、KMY 和 KM 三个线圈的并联电阻值，此电阻值不应过小，要区分是否是具有 KMY 与 KM△ 的联锁关系。若符合该项检测目标，则电路能启动。

2）自锁功能的检查

按下 KM 的触点架，万用表显示的电阻值应为 KM 与 KM△ 的并联电阻值。

3）Y→△的转换功能检查

按下启动按钮 SB1（按住不放），动作时间继电器 KT，延时时间到了以后显示的电阻值应增大，指示为时间继电器 KT 的电阻值，该项检查符合即表明启动后能从 Y 形启动环节退出，结合自锁功能检查可以得出具备 Y→△ 的转换功能。

4）△形正常运行后的防误操作再次启动检查

请参照以上分析方法自行分析。

四、相关控制线路介绍（见图 2-41～图 2-43）

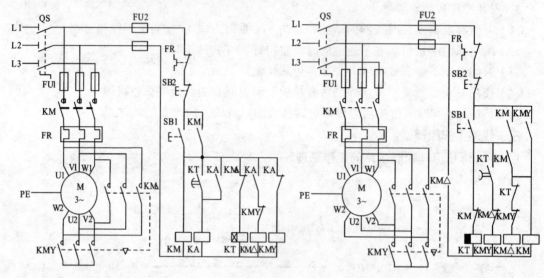

图 2-41　通电延时型 Y-△降压启动控制线路　　　图 2-42　断电延时型 Y-△降压启动控制线路 1

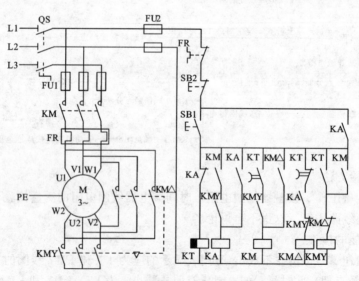

图 2-43　断电延时型 Y-△降压启动控制线路 2

五、Y-△降压启动控制线路安装工艺

Y-△降压启动控制线路安装工艺见表 2-48。

表 2-48　Y-△降压启动控制线路安装工艺

项目名称：Y-△降压启动控制线路安装		定额工时/h	备　注
大　　类	分　项　目		
安装前的准备	（1）熟悉和审查技术文件或图纸	1	
	（2）准备好安装工具、测量用具及仪表		
	（3）器材及耗材领用保管		
	（4）器件的安装前检查		
控制回路的安装	（1）控制柜或板的安装准备	1.5	电、钳配合
	（2）器件安装		
	（3）控制线路布线		
	（4）控制线路通电调试		
	（5）控制线路绑扎		
主电路的安装	（1）电机安装调整	1	电、钳配合
	（2）主电路布线		
	（3）检查并绑扎		
线路功能空载通电联机整定调试	（1）熔体的检查调整	0.5	
	（2）热继电器的检查调整		
	（3）时间继电器的检查调整		
设备额定工况调试并进行各参数校验	额定工况通电试车联机统调	0.5	
合计工时：			

 **思考练习**

1. 什么叫降压启动？常见的降压启动方法有哪四种？

2. 有一台三相笼形异步电动机，功率为 22 kW，额定电流为 44.3 A，电压为 380 V，问各相应串联多大的启动电阻进行降压启动？

3. 请设计一断电延时时间继电器控制的 Y-△降压启动线路。

4. 请叙述图 2-34 控制线路的万用表电阻挡自检方法。

子学习情境八　安装与维修三相异步电动机调速控制线路

 **任务目标**

（1）学会正确识别、选用、安装和使用常用的低压电器，熟悉它们的功能、基本结构、工作原理及型号含义，熟知它们的图形符号与文字符号。

（2）熟悉双速异步电动机自动调速控制线路的工作原理和定子绕组的接线，掌握正确安装与检修双速三相异步电动机控制线路的方法，并一次通电试车成功。

（3）了解电气控制线路运行故障的种类和现象，能熟练应用一种电气故障检测法进行线路板上模拟故障的排除。

（4）提高自我学习、信息处理、数字应用等方法能力及与人交流、与人合作、解决问题等社会能力；自查 6S 执行力。

 任务描述

专业能力训练环节一　双速异步电动机自动调速控制线路的安装

依照图 2-44 双速异步电动机的自动调速控制线路图进行配线板上的电气线路安装，安装要求同学习情境二子学习情境六。

（1）工时：150 min，本工时 150 min 包含试车时间。

（2）配分：本技能训练满分 100 分，比重为 60%。

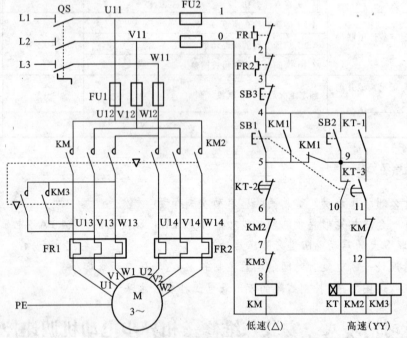

图 2-44　双速异步电动机自动调速控制线路图

专业能力训练环节二　双速异步电动机自动调速控制线路电气故障的排除

学员之间在通电试车成功的正转控制线路配线板上相互设置 2～3 处模拟电气故障，然后交叉进行故障排除训练，故障设置与排故要求同学习情境二子学习情境一。

（1）检修工时：每个故障限时 10 min。

（2）配分：本技能训练满分 100 分，比重为 20%。

职业核心能力训练环节

以小组为单位总结以上两个任务的实施经验，并回答教师提出的问题。经验汇报要求与学习情境一的职业核心能力训练环节相同。

（1）汇报限时：每小组 5 min，各小组点评 2 min。

（2）配分：本核心能力训练满分 100 分，比重 20%。

（3）回答问题：

已知图 2-44 的三相双速异步电动机 M 的型号为 YD100L2，规格为 2.4 kW/3 kW、380 V、5.6 A/6.7 A、4 极/2 极、1 430 r·min^{-1}/2 850 r·min^{-1}，请选择控制线路所需的元器件填入表 2-49 中，并简要回答选择的依据。

表 2-49　元件明细表（购置计划表或元器件借用表）

单价（金额）单位：元

代号	名　称	型号	规　格	单位	数量	单价	金额	用途	备注
M	三相双速异步电动机	YD100L2	2.4 kW/3 kW、380 V、5.6 A/6.7 A、4 极/2 极、1 430 r·min^{-1}/2 850 r·min^{-1}	台	1				
QS									
FU1									
FU2									
KM1、KM2、KM3									
KT									
FR1									
FR2									
SB1、SB2、SB3									
XT1									
XT2									
	主电路导线								
	控制电路导线								
	电动机引线								
	电源引线								
	电源引线插头								
	按钮线								
	接地线								
	自攻螺钉								

续表

代号	名 称	型号	规 格	单位	数量	单价	金额	用途	备注
	编码套管								
	U 形接线鼻								
	行线槽								
	配线板		金属网孔板或木质配电板						
合计金额									

 **任务实施**

一、训练目的

参照学习情境二子学习情境八【任务目标】。

二、训练器材

所需器材同学习情境二子学习情境七。

三、预习内容

（1）预习图 2-44 电路的工作原理。

（2）复习之前学习情境的相关知识，完成表 2-49 的全面填写，并能咨询相应元件的价格。

四、训练步骤

专业能力训练环节一　参考训练步骤

专业能力训练环节一的参考训练步骤参照子学习情境一，各项检查到位后参照图 2-45 所示双速异步电动机自动调速控制线路元件安装布局和接线图进行元器件的安装并接线。通电试车注意事项参照前述学习情境。安装试车完毕，指导教师进行试车结果的评价，并对本环节存在的问题进行点评（见表 2-50）。

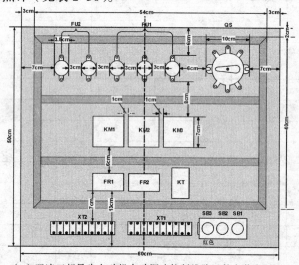

（a）双速三相异步电动机自动调速控制线路元件安装布局图

图 2-45　双速三相异步电动机自动调速控制线路元件安装布局和接线图

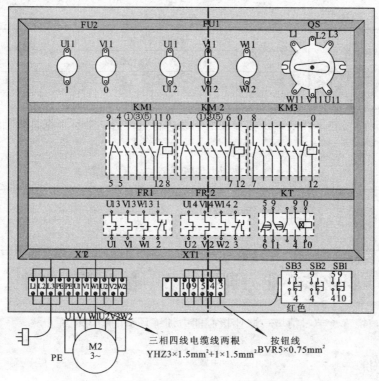

（b）双速三相异步电动机自动调速控制线路接线图

图 2-45　双速三相异步电动机自动调速控制线路元件安装布局和接线图（续）

表 2-50　专业能力训练环节一（经验小结）

专业能力训练环节二　参考训练步骤

（1）专业能力训练环节二的参考训练步骤可以参照子学习情境一，故障检修过程应该注意规定环节的训练，并认真填写表 2-51。

表 2-51　故障检修登记表

故障号	故障现象	可能的原因	故障范围分析		故障点线号	是否修复	是否试车确认
			初诊	确诊			
1	按下 SB1，低速不能运行						
2	按下 SB1，低速点动						
3	按下 SB2，无低速启动，延时后高速直接启动						

续表

故障号	故障现象	可能的原因	故障范围分析		故障点线号	是否修复	是否试车确认
			初诊	确诊			
4	按下 SB2，低速启动后不能高速运行						

（2）教师对学员在本环节训练中存在的问题进行点评后，学员根据自身训练情况进行小结并填写表 2-52。

表 2-52　专业能力训练环节二（经验小结）

职业核心能力训练环节　参考训练步骤

参照学习情境二子学习情境一职业核心能力训练环节的参考训练步骤。

（1）电气控制线路明线安装的评价标准同学习情境二子学习情境六表 2-43。

（2）电气控制线路的故障检修评价标准同学习情境二子学习情境二子学习情境一中的表 2-6。

（3）职业核心能力评价表同学习情境二子学习情境一中的表 2-7。

（4）个人单项任务总分评定表同学习情境二子学习情境一表 2-8。

一、双速电动机绕组接线方法介绍

由三相异步电动机的转速公式 $n=(1-s)\dfrac{60f_1}{p}$ 可知，改变异步电动机转速可以通过以下三种方法来实现：即

（1）改变电源频率 f_1；

（2）改变转差率 s；

（3）改变磁极对数 p。

这里主要介绍通过改变磁极对数 p 来实现电动机调速的基本控制。改变异步电动机的磁极对数调速称为变极调速。凡磁极对数可以改变的电动机称多速电动机。常见的多速电动机有双速、三速、四速等几种形式。这里只介绍双速电动机的启动及自动调速控制线路。

变极调速是有级调速，只适用于笼形异步电动机，适用于对调速要求不高的场合。

双速异步电动机定子绕组的联结通常有 △/YY 与 Y/YY 两种，图 2-46 所示为双速异步电动机定子绕组的 △/YY 接线图。

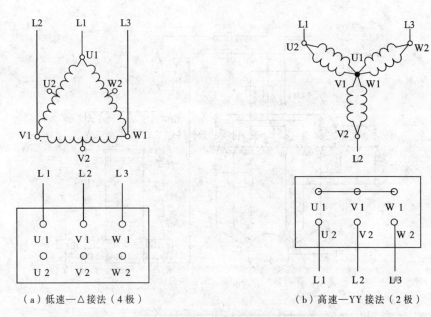

（a）低速—△接法（4极）　　　　　　　（b）高速—YY接法（2极）

图2-46　双速异步电动机三相定子绕组△/YY接线图

二、线路工作原理

图2-44所示线路的工作原理如下：

先合上电源开关QS。

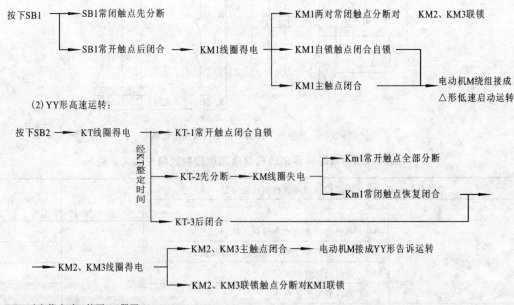

（3）停止时，按下SB3即可。

若电动机只须高速运转时，可直接按下SB2，则电动机△形低速启动，经延时自动进入YY高速运转。

三、相关控制线路介绍（略）

四、双速异步电动机自动调速控制线路安装工艺（见图2-47和图2-48）

双速异步电动机自动调速控制线路安装工艺见表2-53。

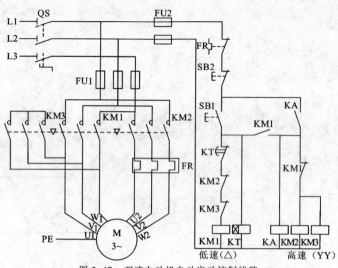

图 2-47　双速电动机自动启动控制线路

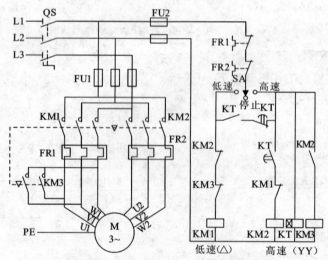

图 2-48　转换开关控制双速电动机控制线路

表 2-53　双速异步电动机自动调速控制线路安装工艺

项目名称：双速异步电动机自动调速控制线路安装		定额工时/h	备　注
大　类	分　项　目		
安装前的准备	（1）熟悉和审查技术文件或图纸	1	
	（2）准备好安装工具、测量用具及仪表		
	（3）器材及耗材领用保管		
	（4）器件的安装前检查		
控制回路的安装	（1）控制柜或板的安装准备	1.5	电、钳配合
	（2）器件安装		
	（3）控制线路布线		
	（4）控制线路通电调试		
	（5）控制线路绑扎		

项目名称：双速异步电动机自动调速控制线路安装		定额工时/h	备 注
大 类	分 项 目		
主电路的安装	（1）电机安装调整		电、钳配合
	（2）主电路布线	1	
	（3）检查并绑扎		
线路功能空载通电联机整定调试	（1）熔体的检查调整		
	（2）热继电器的检查调整	0.5	
	（3）时间继电器的检查调整		
设备额定工况调试并进行各参数校验	额定工况通电试车联机统调	0.5	
合计工时：			

 **思考练习**

1. 请描述双速三相异步电动机绕组的接线方式。
2. 简要描述图 2-44 所示双速三相异步电动机控制线路中万用表自检法的自检步骤。
3. 试分析图 2-44 所示双速三相异步电动机控制线路中高速不能运行的故障原因。

子学习情境九　安装与维修三相异步电动机制动控制线路

任务目标

（1）学会正确识别、选用、安装和使用常用的低压电器（速度继电器），熟悉它们的功能、基本结构、工作原理及型号含义，熟知它们的图形符号与文字符号。

（2）熟悉三相异步电动机正反转串电阻启动反接制动控制线路的工作原理，掌握正确安装与检修三相异步电动机顺序控制线路的方法，并能一次通电成功。

（3）了解电气控制线路运行故障的种类和现象，能熟练应用多种电气故障检测法进行线路板上模拟故障的排除。

（4）提高自我学习、信息处理、数字应用等方法能力及与人交流、与人合作、解决问题等社会能力；自查 6S 执行力。

任务描述

专业能力训练环节一　正反转串电阻启动正反向反接制动控制线路的安装

依照图 2-49 所示三相异步电动机的正反转串电阻启动反接制动控制线路图进行配线板上的电气线路安装，安装要求同学习情境二子学习情境六。

（1）工时：150 min，本工时包含试车时间。

（2）配分：本技能训练满分 100 分，比重为 60%。

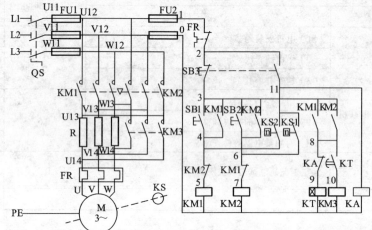

图 2-49　三相异步电动机的正反转串电阻启动正反向反接制动控制线路图

专业能力训练环节二　正反转串电阻启动正反向反接制动控制线路电气故障的排除

学员之间在通电试车成功的正转控制线路配线板上相互设置 2～3 处的模拟电气故障，然后交叉进行故障排除训练。故障设置与排故要求同子学习情境一。

（1）检修工时：每个故障限时 10 min。

（2）配分：本技能训练满分 100 分，比重为 20%。

职业核心能力训练环节

以小组为单位总结以上两个任务的实施经验，并回答教师提出的问题。经验汇报要求与学习情境一的职业核心能力训练环节相同。

（1）汇报限时：每小组 5 min，各小组点评 2 min。

（2）配分：本核心能力训练满分 100 分，比重为 20%。

（3）回答问题：

已知图 2-53 的三相异步电动机 M 的型号为 Y132M-4 规格为 7.5 kW、380 V、15.4 A、△接法、1 440 r/min，请选择控制线路所需的元器件填入表 2-54 中，并简要回答选择的依据。

表 2-54　元件明细表（购置计划表或元器件借用表）

单价（金额）单位：元

代号	名　称	型号	规　格	单位	数量	单价	金额	用途	备注
M	三相异步电动机	Y132M-4	7.5 kW、380 V、15.4 A、△接法、1 440 r/min	台	1				
QS									

代号	名 称	型号	规 格	单位	数量	单价	金额	用途	备注
FU1									
FU2									
KM1、KM2、KM3									
KA									
FR									
SB1、SB2、SB3									
KS									
R									
XT1									
XT2									
	主电路导线								
	控制电路导线								
	电动机引线								
	电源引线								
	电源引线插头								
	按钮线								
	接地线								
	自攻螺钉								
	编码套管								
	U形接线鼻								
	行线槽								
	配线板		金属网孔板或木质配电板						
合计金额									

 **任务实施**

一、训练目的

参照学习情境二子学习情境九【任务目标】。

二、训练器材

训练器材的清单详见表2-54，规格仍然采用实训通用的规格，此外还需常用电工工具一套。

三、预习内容

（1）预习图2-49所示电路的工作原理。

（2）复习之前学习情境的相关知识，完成表2-54的全面填写工作，并能咨询相应元件的价格。

四、训练步骤

专业能力训练环节一 参考训练步骤

专业能力训练环节一的参考训练步骤可以参照子学习情境一，各项检查到位后参照图 2-50 所示进行元器件的安装并接线。通电试车注意事项参照前述学习情境。安装试车完毕，指导教师进行试车结果的评价，并对本环节存在的问题进行点评（见表 2-55）。

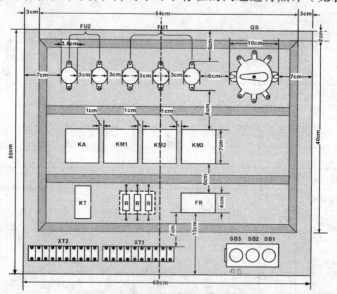

（a）三相异步电动机的正反转串电阻启动反接制动控制线路元件安装布局图

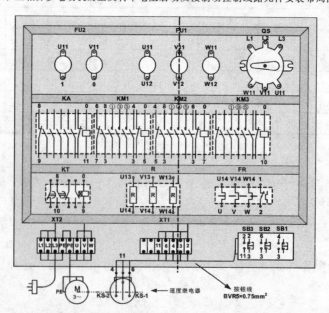

（b）三相异步电动机的正反转串电阻启动反接制动控制线路接线图

图 2-50 三相异步电动机的正反转串电阻启动反接制动控制线路元件安装布局和接线图

表 2-55　专业能力训练环节一（经验小结）

专业能力训练环节二　参考训练步骤

（1）专业能力训练环节二的参考训练步骤可以参照子学习情境一，故障检修过程应该注意规定环节的训练，并认真填写表 2-56 故障检修登记表。

表 2-56　故障检修登记表

故障号	故障现象	可能的原因	故障范围分析		故障点线号	是否修复	是否试车确认
			初诊	确诊			
1	单向无制动						
2	双向无制动						
3	停车制动无法停止						

（2）教师对学员在本环节训练中存在的问题进行点评后，学员根据自身训练情况进行小结并填写表 2-57。

表 2-57　专业能力训练环节二（经验小结）

职业核心能力训练环节　参考训练步骤

参照学习情境二子学习情境一职业核心能力训练环节的参考训练步骤。

 **任务评价**

（1）电气控制线路明线安装的评价标准同学习情境二子学习情境六中的表 2-43。
（2）电气控制线路的故障检修评价标准同学习情境二子学习情境二子学习情境一中的表 2-6。
（3）职业核心能力评价表同学习情境二子学习情境一中的表 2-43。
（4）个人单项任务总分评定表同学习情境二子学习情境一中的表 2-8。

相关知识

一、电动机制动的相关知识

电动机断开电源以后，由于惯性作用不会马上停止转动，而是需要转动一段时间以后才会完全停下来。这种情况对于某些生产机械而言是不适宜的。例如：起重机的吊钩需要准确定位；万能铣床的主轴要求立即停转。为了满足不同的生产机械的需要，就要对电动机进行制动。

所谓制动，就是给电动机一个与现行转动方向相反的转矩使它迅速停转。制动的方式一般有两类：机械制动和电力制动。

1. 电磁抱闸制动器机械制动

分通电抱闸和断电抱闸两种。通电抱闸为抱闸线圈通电将电动机转轴制动；而断电抱闸为抱闸断电将电动机转轴制动，常用断电抱闸与电动机同线连接，当电动机断电时，实施断电制动。

2. 电力制动

使电动机在切断电源停转的过程中，产生一个和电动机实际旋转方向相反的电磁转矩（制动力矩），迫使电动机迅速制动停转的方法叫电力制动。电力制动的常用方法有：反接制动、能耗制动、电容制动和再生发电制动，下面就本学习情境介绍反接制动的有关知识。

反接制动原理：

依靠改变电动机定子绕组的电源相序来产生制动力矩，迫使电动机迅速停转的方法叫反接制动。其原理如图 2-51 所示。产生的制动力矩可用左手定则判断。

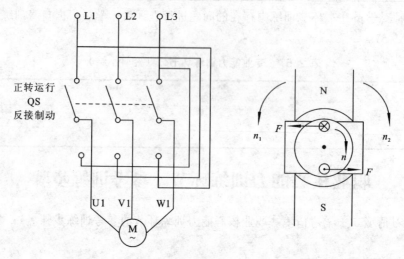

图 2-51　反接制动原理图

值得注意的是，制动中电动机的转速接近零时，应立即切断电动机电源，否则电动机将反转。为此，在反接制动控制中，为保证电动机的转速被制动到接近于零时，能迅速切断电源，防止反向启动，常用速度继电器（又称反接制动继电器）来自动地及时地切断电源。

二、速度继电器的相关知识

速度继电器是反映转速和转向的继电器，其主要作用是以旋转的方向及速度的快慢为信号，与接触器配合实现对电动机的反接制动控制，故也称为反接制动继电器。机床控制线路中常用的速度继电器有 JY1 型和 JFZ0 型。

1. 速度继电器的结构及工作原理

速度继电器的结构如图 2-52 所示。它主要由定子、转子、可动支架、触点系统及端盖等部分组成。转子有永久磁铁制成，固定在转轴上；定子由硅钢片叠成，内有笼形短路绕组，安装在可动支架上，能在可动支架的限制下作小范围偏转；触点系统有两组触点组成，一组在转子顺时针转动时动作，另一组在转子逆时针转动时动作。

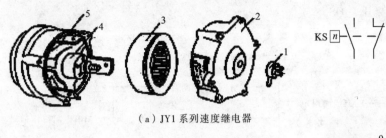

（a）JY1 系列速度继电器

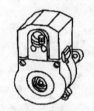

（b）JFZ0 系列速度继电器

（c）接线盒结构

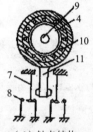

（d）触点结构

图 2-52　速度继电器类型结构
1—连接头；2—端盖；3—定子；4—转子；5—可动支架；6—调整螺钉；
7—簧片（动触头）；8—静触头；9—轴；10—定子绕组；11—胶木摆杆

当电动机旋转时，同轴连接的速度继电器的转子（永久磁铁）也同时旋转，相当于在空间产生一个旋转磁场，从而在短路的定子绕组中感应出电流，感应电流与永久磁铁的旋转磁场相互作用，产生电磁转矩，使定子随永久磁铁转动的方向偏转，与定子相连的胶木摆杆也随之偏转（受可动支架的限制），速度继电器的触点动作。转速越快，产生的电磁转矩越大，偏转力越大。速度继电器的动作转速一般为 300 r/min，复位转速一般为 100 r/min。不过我们可以通过动作转速调整螺钉进行微调。JY1 型速度继电器能在 3 000 r/min 以下可靠工作，JFZ0 型有两种规格，JFZ0-1 型额定转速为 300～1 000 r/min，JFZ0-2 型额定转速为 1 000～3 600 r/min。

2. 型号及含义

以 JFZ0 为例：

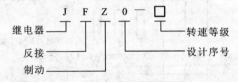

```
         J  F  Z  0 — □
继电器 ┘  │  │  │      └ 转速等级
反接 ──┘  │  │         └ 设计序号
制动 ─────┘
```

3. 速度继电器的选择

速度继电器主要根据所需控制的转速大小、触点的数量和电压、电流来选用。

4. 安装操作规则

（1）速度继电器的转轴应与电动机同轴连接，使两轴的中心线重合。速度继电器的轴可用联轴器与电动机的轴连接。

（2）速度继电器安装接线时，应注意正反向触点不能接错，否则不能实现反接制动，通常在通电调试时进行方向确认。

（3）速度继电器的金属外壳必须可靠接地。

三、线路工作原理

工作原理如下：

先合上电源开关 QS。

（1）正转控制：

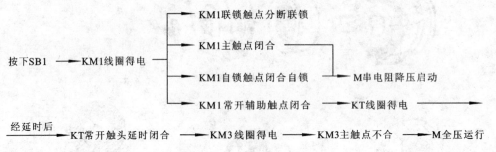

其中，当电动机 M 转速达到速度继电器动作值时（通常出厂整定为 300r/min），速度继电器常开触点 KS-1 闭合，为反接制动做好准备。

（2）制动控制：

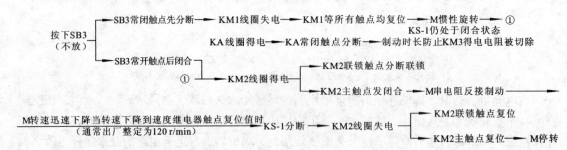

四、相关控制线路介绍（见图 2-53～图 2-55）

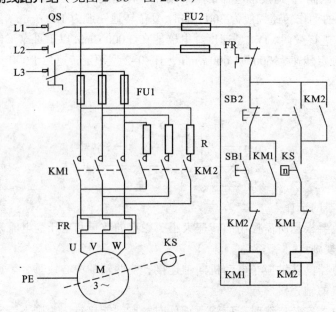

图 2-53　单向启动反接制动控制电路图

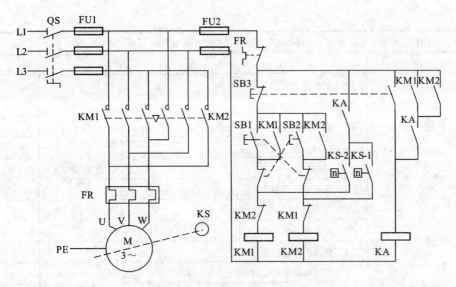

图 2-54 双向启动双向反接制动控制电路图

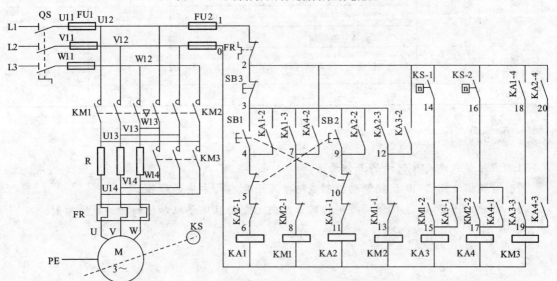

图 2-55 双向启动双向反接制动控制电路图

五、双向启动双向反接制动控制线路安装工艺

三相异步电动机的正反转串电阻正反向反接制动控制线路安装工艺见表 2-58。

表 2-58 三相异步电动机的正反转串电阻正反向反接制动控制线路

<table>
<tr><td colspan="2">项目名称：三相异步电动机的正反转串电阻反接制动控制线路安装</td><td>定额工时/h</td><td>备 注</td></tr>
<tr><td>大 类</td><td>分 项 目</td><td></td><td></td></tr>
<tr><td rowspan="4">安装前的准备</td><td>（1）熟悉和审查技术文件或图纸</td><td rowspan="4">1</td><td></td></tr>
<tr><td>（2）准备好安装工具、测量用具及仪表</td><td></td></tr>
<tr><td>（3）器材及耗材领用保管</td><td></td></tr>
<tr><td>（4）器件的安装前检查</td><td></td></tr>
</table>

项目名称：三相异步电动机的正反转串电阻反接制动控制线路安装		定额工时/h	备 注
大 类	分 项 目		
控制回路的安装	（1）控制柜或板的安装准备	1.5	电、钳配合
	（2）器件安装		
	（3）控制线路布线		
	（4）控制线路通电调试		
	（5）控制线路绑扎		
主电路的安装	（1）电机安装调整	1	电、钳配合
	（2）主电路布线		
	（3）检查并绑扎		
线路功能空载通电联机整定调试	（1）熔体的检查调整	0.5	
	（2）热继电器的检查调整		
	（3）时间继电器的调整		
	（4）速度继电器的调整		
	（5）制动环节的调整		
设备额定工况调试并进行各参数校验	额定工况通电试车联机统调	1	
合计工时：			

思考练习

1. 请简要叙述反接制动的工作原理。

2. 简要描述图 2-49 反接制动控制线路中万用表自检方法的步骤。

3. 试分析图 2-49 反接制动控制线路正反向无制动且电动机加速旋转的故障原因。

学习情境三

🔧 安装与维修三相绕线式异步电动机控制线路

学习情境二的九个子学习情境的控制对象均为三相鼠笼式异步电动机，本学习情境介绍的控制对象为绕线式异步电动机。绕线式异步电动机由于在转子回路串电阻能得到优异的启动性能和较好的调速性能，为此，经常用于起重机械设备的电力驱动，下面我们通过三个子学习情境来学习三相绕线式异步电动机的启动、调速与制动控制线路的安装与维护。

子学习情境一　安装与维修三相绕线式异步电动机

启动控制线路

（1）熟悉绘制控制电路图的相关软件，并能熟练运用其中一种绘图软件进行电路图的绘制。

（2）学习阅读电气线路图、接线图、布置图的基础知识。

（3）提高网络资源搜索能力和网络资源应用能力。

（4）提高图书馆资源搜索能力和图书馆资源应用能力。

（5）提高自我学习、信息处理、数字应用等方法能力及与人交流、与人合作、解决问题等社会能力；自查 6S 执行力。

📋 任务描述

专业能力训练环节一　三相绕线式异步电动机时间继电器

启动控制线路的安装

按照图 3-1 绕线式异步电动机时间继电器启动控制线路进行配电板上的电气线路安装。安装要求如下：

（1）按图 3-1 所示的绕线式异步电动机时间继电器启动控制线路进行正确熟练的安装。

（2）元件在配线板上布置要合理，元件布局图参见图 3-2。安装要正确紧固，配线要求合理、美观、导线要进行线槽。

（3）正确使用电工工具和仪表。

（4）按钮盒不固定在配线板上，电源和电动机配线、按钮接线要接到端子排上，进出线槽的导线要有端子标号。

（5）进入实训场所要穿戴好劳保用品并进行安全文明操作。

（6）工时：210 min。本工时包含试车时间。

（7）配分：本技能训练满分 100 分，比重 50%。

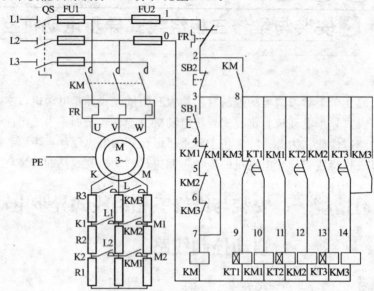

图 3-1　绕线式异步电动机时间继电器启动控制线路

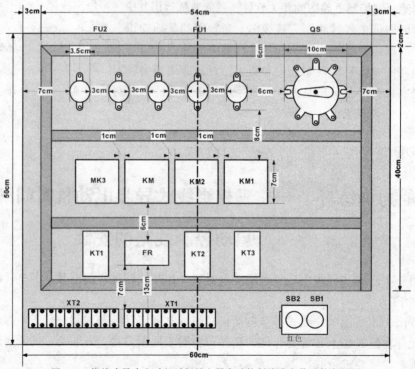

图 3-2　绕线式异步电动机时间继电器启动控制线路安装元件布局图

专业能力训练环节二　三相绕线式异步电动机时间继电器

启动控制线路的故障排除

在试车成功的配线板上进行2～3处的模拟故障设置，交叉进行故障排除训练。排故要求如下：

（1）在配线板上人为设置2～3处模拟导线接触不良而形成的隐蔽的断路故障。

（2）故障可以设置在主电路上也可以设置在控制电路中。

（3）由于每人完成能力训练环节一的速度不同，试车成功的学生即可相继进行相互出故障及排故障的能力训练环节。

（4）故障设置时尽量避免出短路的故障，可以根据挑战难易程度的不同逐步设置错误接线的故障。

（5）故障排除完毕，进行通电试车检测时，务必穿戴好劳保用品并严格按照用电安全操作规程通电试车，且要有合格的监护人监护通电试车过程。

（6）注意不要停留在"用肉眼寻找故障"的低级排故水平上，而应该用掌握的工作原理根据故障现象来分析故障所处的大概位置并用常用仪表检测与判断准确的故障点位置。

（7）工时：每个故障限时10 min。

（8）配分：本技能训练满分100分，比重30%。

职业核心能力训练环节

以小组为单位，用经验报告的形式简要叙述专业能力训练环节一、二的训练经验，并回答指导教师提出的问题，要求如下：

（1）汇报小组成员及其分工，参见图1-6。

（2）汇报的格式与内容要求。

① 汇报用PPT的第一页结构参见图1-6。

② 汇报用PPT的第二页提纲的结构参见图1-7。

③ PPT的底板图案不限，以字体与图片醒目、主题突出，字体颜色与背景颜色对比适当，视觉舒服为准。

④ 汇报内容由各小组参照汇报提纲自拟。

（3）汇报要求：声音洪亮、口齿清楚、语句通顺、体态自然、视觉交流、精神饱满。

（4）职业核心能力训练目标：通过本任务的训练提升各小组成员与人交流、与人合作、解决问题等社会能力以及提高自我学习、信息处理、数字应用等方法能力。

（5）企业文化素养目标：自查6S执行力。

（6）评价标准：参见表1-5。

（7）工时：每小组主讲员汇报用时5 min，每小组点评员点评用时1～2 min，教师点评用时15 min以上（包含学生学习过程中共性问题的讲解时间）。

（8）配分：本任务满分100分，比重20%。

（9）回答问题（教师提前布置，在训练手册或总结报告中体现）：

已知图3-1的三相绕线式异步电动机M的型号为YZR-132M1-6，规格为2.2 kW、380 V、

6 A/11.2 A、908 r/min，请选择图 3-1 所需的元件，将正确答案填入表 3-1，并简要说明选择的依据。

表 3-1　元件明细表（购置计划表或元器件借用表）

单价（金额）单位：元

代　号	名　称	型　号	规　格	单位	数量	单价	金额	用途	备注
M	三相绕线式异步电动机	YZR-132M1-6	2.2 kW，380 V，6 A/11.2 A，908 r/min	台	1				
QS									
FU1									
FU2									
KM、KM1、KM2、KM3									
KT1、KT2、KT3、									
R	启动电阻								
XT1（主电路）									
XT2（控制电路）									
	主电路导线								
	控制电路导线								
	电动机引线								
	电源引线								
	按钮线								
	接地线								
	自攻螺丝								
	编码套管								
	U 形接线鼻								
	行线槽								
	配线板		金属网孔板或木质配电板						
合计金额（元）									

注：可参见【相关知识】，价格可依据市场调查或淘宝网咨询。

 任务实施

一、训练目的

见【任务目标】。

二、训练器材

（1）工具：验电笔、尖嘴钳、斜口钳、剥线钳、螺钉旋具等电工常用工具。

（2）仪表：MF47 型万用表、ZC25-3 型兆欧表、MG3-1 型钳形电流表、数字转速表或机械转速表。

（3）电器：时间继电器、交流接触器、热继电器、启动电阻、2.2 kW 或实验用 200 W 三相绕线式异步电动机等，详见表 3-1。

（4）材料：配线板、主电路与控制电路的导线、行线槽、紧固件、编码套管、U 形接线鼻及电缆、三相四线电源插头与电缆。

三、预习内容

（1）写出图 3-1 所示绕线式异步电动机时间继电器启动控制线路的工作原理：

_____

_____。

（2）熟练掌握组合开关、熔断器、交流接触器、热继电器、时间继电器、按钮、接线端子排等低压电器及配电导线的选用方法，在导线的选用上要注意软导线的识别与选用。并填写好表 3-1 的元件选择明细表。

（3）了解绕线式异步电动机原理、结构，熟悉它的图形符号与文字符号。并能正确识别、选用、安装、使用绕线式异步电动机。

（4）分析线路图 3-1 安装完毕后的自检核心步骤。

四、训练步骤

专业能力训练环节一　参考训练步骤

（1）明确"专业能力训练环节一"任务实施要求后，各组成员根据课前预习的【相关知识】相关内容检查相关电器元件的数量以及技术参数是否符合要求，外观有无损伤，备件、附件是否齐全完好。各项检查到位后进行时间控制原则下的绕线式异步电动机时间继电器启动控制线路的安装。安装要求见【任务描述】"专业能力训练环节一"。

（2）安装完毕后用万用表电阻检测法进行控制线路安装正确性的自检。

（3）自检完毕（若有故障待修复故障）后进行电气控制线路的通电试车，进行通电试车环节的学生要注意以下几点：

① 自检无误后，安装好螺旋式熔断器内的熔丝（一般控制电路短路保护的熔芯规格为 3～5 A，主电路的三只熔丝规格取决于电动机或其他负载的额定电流，一般选取电动机额定电流的 1.5～2.5 倍；电机空载启动时，熔丝的规格可直接选取电动机额定电流所对应的熔丝规格），并用万用表电阻×1 挡测量安装上的熔丝是否接通了熔断器的进出接线桩头，直到熔断器的进出接线桩头可靠连通。随后检查热继电器的整定电流，将其调节在合适的位置（热继电器的整定电流为 0.95～1.05 倍的电动机的额定电流），最后调节好时间继电器的时间整定值，各设定 3 s。

② 独立进行电气控制线路板外围电路的连接。如连接电阻箱的导线、连接绕线式异步电动机定子、转子绕组的导线、连接电源线，并注意正确的连接顺序，接线顺序遵循先接负载线，再接电源线的原则。

③ 连接好电气控制线路试车板的外围电路后，按照正确的通电试车步骤，并在指导教师的监护下进行通电试车。

④ 通电试车步骤如下：

插上三相四线电源插头→合上电源开关 QS→按下启动按钮 SB1，线路通电后注意观察各低压电器及电动机的工作状况，如出现异常情况，应立即切断电源，并仔细记录故障现象，以作为故障分析的依据，并及时回到工位进行故障修复，待故障排除后再次通电试车，直到试车成功为止。

本电路正常的试车现象为：

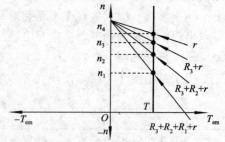

图 3-3　绕线式异步电动机时间
继电器启动机械特性

按下启动按钮 SB1，接触器 KM 得电，定子绕组加入三相额定电压，转子绕组串入三级电阻以最低转速最大转矩启动。机械特性曲线如图 3-3 所示（$R_1+R_2+R_3+r$）。

间隔三个 3 s 时间，时间继电器 KT1、KT2、KT3 依次得电，绕线式异步电动机的转子电阻 R_1、R_2、R_3 相继被接触器 KM1、KM2、KM3 切除，绕线式异步电动机在固有的转子阻抗下全速运行，机械特性曲线分别如图 3-3 的（R_3+R_2+r）、（R_3+r）、r 所示，其中红线所示为该电机的转速运行轨迹，在转速从 0 上升到稳定运行的速度 n_4 的过程用了 9 s 时间，n_1、n_2、n_3 均为短时间的启动过度速度。

按下停止按钮 SB2，接触器 KM 失电，电动机定子绕组断电，转子绕组恢复串入三级电阻，电动机失去电磁转矩而在摩擦力矩（没带负载）的作用下慢慢停转。

⑤ 断电步骤如下：

按下停止按钮 SB2→电动机断电并惯性停止→切断电源开关 QS→拔下三相四线电源插头→断电步骤结束。

⑥ 在指导教师的监护下，独立进行电气控制线路板外围电路的拆线。拆线顺序遵循先拆电源线，再拆负载线的原则。

切记！不能在没有切断电动机电源或其他负载电源的情况下插拔三相四线电源插头，也不能在没断电的情况下拆除电源线与负载线。

⑦ 拆线完毕，通电试车全部结束，将自己完成的电气控制线路配线板放回自己的工位。

（4）试车成功后按照正确的断电顺序与拆线顺序进行配线板外围线路的拆除，按照 6S 标准整理好自己的实训工位，对 "专业能力训练环节一" 的实训效果进行评价后，简要小结本环节的训练经验并填入表 3-2，进入"专业能力训练环节二"的能力训练（回到工位后注意不要拆除控制电路）。

（5）指导教师对本任务实施情况的进行总体评价。

表 3-2　专业能力训练环节一（经验小结）

专业能力训练环节二　参考训练步骤

（1）按照交叉进行排故训练的原则，试车成功的学生相互进行故障的设置。设置情况可分两种：

① 在同组或异组同学的配线板上设计 2～3 处的模拟故障点，回到自己的配线板上进行排故训练。

② 在自己的配线板上设计 2~3 处的模拟故障点，与同组或异组同学进行交叉排故训练。

③ 注意【任务描述】中"专业能力训练环节二"的排故要求。

（2）相互约定排故的开始时间与结束时间，到约定的结束时间时双方自动停止排故训练，自觉检测自身的故障排除能力。

（3）通电试车用以检查排故效果时一定要注意相互间的安全监护，不清楚应该监护的信息时严禁进行学生间监护形式的通电试车。改由实训指导教师监护下进行试车。

排故过程注意以下规定动作的训练：

① 对已经设置故障的电气线路进行通电试车，观察并记录通电试车时，操作按钮 SB1，观察各电器元件及电动机的动作情况是否符合正常的工作要求，尤其注意观察三个时间继电器的动作情况，对不正常的工作现象进行记录。

记录不正常的工作现象：

故障 1：_____。

故障 2：（在前一故障排除的条件下）_____。

故障 3：（在前一故障排除的条件下）_____。

此外，排查故障的方法建议采用万用表电阻法进行检测（这种方法相对比较安全）。

② 根据工作原理分析造成以上不正常现象的可能原因：

故障 1：_____。

故障 2：（在前一故障排除的条件下）_____。

故障 3：（在前一故障排除的条件下）_____。

③ 确定最小故障范围：

故障 1 可能范围：_____。

故障 2 可能范围：_____。

故障 3 可能范围：_____。

④ 按照分析的最小故障范围用电阻法进行故障检测，确认最终的故障点（可选择）。

故障 1 所处位置：_____。

故障 2 所处位置：_____。

故障 3 所处位置：_____。

⑤ 进行相应故障点的电气故障修复。

（4）同学间相互依照【任务评价】教学环节的排故训练评分标准进行互评，互评时要求客观、公正、真诚、互助。

（5）"专业能力训练环节二"结束时，简要小结本环节的训练经验并填入表 3-3，进入职业核心能力训练。

表 3-3　专业能力训练环节二（经验小结）

（6）训练注意事项：

① 检修前应掌握电路的工作原理，熟悉电路结构和安装接线布局。

② 检修应注意测量步骤，检修思路和方法要正确，不能随意测量和拆线。

③ 带电检修时，必须有教师在现场监护，排除故障应断电后进行。

④ 检修严禁扩大故障，损坏元器件。

⑤ 检修必须在额定时间内完成。

（7）教师对学生在本环节训练中存在的问题进行综合点评。

职业核心能力训练环节　参考训练步骤

职业核心能力训练步骤参见学习情境一的【任务实施】中的训练步骤1~7。指导教师对各小组三个环节的能力训练情况进行综合评价。

（1）专业能力训练环节一的评价标准见表3-4。

表 3-4　专业能力训练环节一的评价标准

序号	主要内容	考核要求	标分标准	配分	扣分	得分
1	元件安装	（1）按图纸的要求，正确使用工具和仪表，熟练安装电气元器件 （2）元件在配电板上布置要合理，安装要准确、坚固 （3）按钮盒不固定在板上	（1）元件布置不整齐、不匀称、不合理，每只扣3分 （2）元件安装不牢固，每只扣4分 （3）安装元件时漏装木螺钉，每只扣1分 （4）损坏元件，每只扣5~15分 （5）走线槽安装不符合要求，每处扣2分	15		
2	电气布线	（1）接线要求美观、坚固、无毛刺，导线要进行线槽 （2）电源和电动机配线、按钮接线要接到端子排上，进出线槽的导线要有端子标号，引出端要用别径压端子	（1）电动机运行正常，如不按图接线，理每处扣5分 （2）布线不进行线槽，不美观，主电路、控制电路每根扣1分 （3）接点松动、露铜过长、反圈、压绝缘层，标记线号不清楚、遗漏或误标，引出端无别径压端子每处扣1分 （4）损伤导线绝缘或线芯，每根扣1分	35		
3	通电试验	在保证人身和设备安全的前提下，通电试验一次成功	（1）热继电器整定值错误扣5分 （2）主、控电路配错熔体，每个扣5分 （3）一次试车不成功扣30分 　　二次试车不成功扣40分 　　三次试车不成功扣50分	50		
4	安全文明生产		（1）违反安全文明生产规程扣5~40分 （2）乱线敷设，加扣不安全分10分	倒扣		
备注	除了额定时间外，各项内容的最高分不应超过配分数		合计	100		
额定时间 210 min	开始时间		结束时间		考评员签字	年　月　日

（2）专业能力训练环节二的评价标准见表3-5。

表3-5　专业能力训练环节二的评价标准

项目内容	配分	评分标准		扣分
故障分析	40	（1）不能根据试车的状况说出故障现象扣5~10分		
		（2）不能标出最小故障范围每个故障扣10分		
		（3）不能根据试车的状况说出故障现象每个故障扣10分		
故障排除	60	（1）停电不验电扣5分		
		（2）测量仪表、工具使用不正确，每次扣5分		
		（3）检测故障方法、步骤不正确扣10分		
		（4）不能查出故障，每个故障扣20分		
		（5）查出故障但不能排除，每个故障扣15分		
		（6）损坏元器件扣40分		
		（7）扩大故障范围或产生新的故障，每个故障扣40分		
安全文明生产	倒扣	违反安全文明生产规程，未清理场地扣10~60分		
定额时间	30 min	开始时间	结束时间	实际时间
备注	（1）不允许超时检修故障，但在修复故障时每超时1min扣2分　（2）除定额工时外，各项内容的最高扣分不得超过配分数		成绩	

（3）职业核心能力评价表见表1-5～表1-9。

（4）个人单项任务总分评价表参见学习情境一表1-10。

相关知识

一、三相绕线式异步电动机

1. 绕线式异步电动机的结构

三相绕线式异步电动机的外形如图3-4所示。

图3-4　YR系列绕线式异步电动机外形图

三相绕线式异步电动机主要由定子和转子两大部分组成。转子装在定子腔内，定、转子之间有气隙。绕线式异步电动机的定子结构与鼠笼式异步电动机基本相同，转子结构与鼠笼式异步电动机的转子结构相差较大，现比较如下：

（1）笼形转子：在转子铁心的每一个槽中，插入一根裸导条，在铁心两端分别用两个短路环把导条连接成一个整体，形成一个自身闭合的短路绕组。如去掉转子铁心，整个绕组就像一个鼠笼，故称笼形转子，中小型电动机的笼形转子一般都采用铸铝，大型电动机则采用铜导条，如图 3-5 所示。

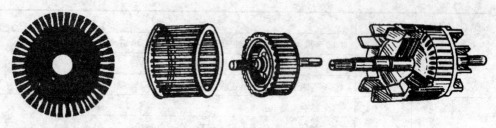

（a）转子硅钢片冲片　　　　　　　　　（b）笼形转子

图 3-5　笼形转子结构示意图

（2）绕线式转子：绕线转子绕组与定子绕组相似，它是在绕线转子铁心的槽内嵌有绝缘导线组成的三相绕组，一般作星形联结，三个端头分别接在与转轴绝缘的三个集电滑环上，再经一套电刷引出来与外电路相连，如图 3-6 所示。一般绕线转子电动机在转子回路中串电阻，若仅用于启动，则为减少电刷的摩擦损耗，还装有提刷装置。转轴用强度和刚度较高的低碳钢制成。

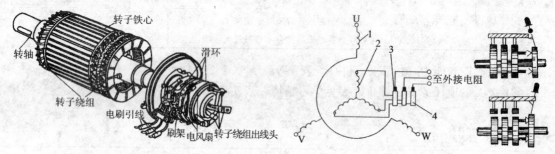

（a）绕线式转子及集电装置　　　　　　（b）绕线式转子提刷装置示意图

图 3-6　绕线式转子

2. 绕线式异步电动机的型号及其含义

三相绕线式异步电动机的型号含义：

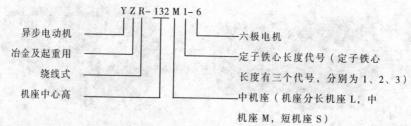

Y Z R- 132 M 1- 6

异步电动机　　　　　　　　　　六极电机

冶金及起重用　　　　　　　　　定子铁心长度代号（定子铁心

绕线式　　　　　　　　　　　　长度有三个代号，分别为 1、2、3）

机座中心高　　　　　　　　　　中机座（机座分长机座 L，中

　　　　　　　　　　　　　　　机座 M，短机座 S）

3. 绕线式异步电动机的人为机械特性

三相异步电动机的人为机械特性是指人为地改变电源参数或电动机参数而得到的机械特性。由电磁转矩的参数表达式（3-1）可知，可以改变的电源参数有：电压 U_1 和频率 f_1；可以改变的电动机参数有：极对数 p、定子电路参数 r_1 和 x_1 转子电路参数 r_2' 和 x_2' 等。所以，三相异步电动机的人为机械特性种类很多，这里介绍绕线式异步电动机的人为机械特性。

$$T_{em} = \frac{m_1 p U_1^2 \frac{r_2'}{s}}{2\pi f_1 \left[(r_1 + \frac{r_2'}{s})^2 + (x_1 + x_2')^2 \right]}$$ （3-1）

在绕线转子异步电动机的转子三相电路中，可以串接三相对称电阻 R_s，如图 3-7（a）所示，由前面的分析可知，此时 n_1、T_m 不变，而 s_m 则随外接电阻 R_s 的增大而增大。其人为机械特性如图 3-7（b）所示。

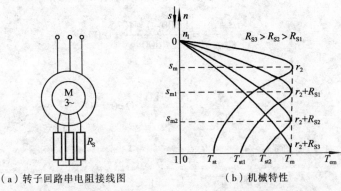

（a）转子回路串电阻接线图 　　　　　（b）机械特性

图 3-7　绕线转子异步电动机转子回路串电阻的人为机械特性

由图 3-7（b）可见，在一定范围内增加转子电阻，可以增大电动机的启动转矩。当所串接的电阻（如图中的 R_{S3}）使其 $S_m=1$ 时，对应的启动转矩将达到最大转矩，如果再增大转子电阻，启动转矩反而减小。另外，转子串接对称电阻后，其机械特性曲线线性段的斜率增大，特性变软。桥式起重机、矿井提升机等生产机械就是利用绕线式异步电动机转子回路串电阻可以增大电磁转矩，又可得到不同的运行速度的特性来工作的。

二、三相绕线式异步电动机转子启动电阻的计算

当电机转速 n 为常数时，电机的电磁转矩，见式（3-2）

$$T \propto \frac{1}{S_m}$$ （3-2）

式中：S_m——T 为最大时电机的转差率。

而 $S_m \propto r_2$，r_2 为转子电路的电阻，从而推出 $M \propto r_2$。

假定电机分 n 级进行启动，则各级总电阻 $R_1, R_2, \cdots, R_{n-1}, R_n$ 之间的关系符合：

$$\frac{R_n}{R_{n-1}} = \frac{R_{n-1}}{R_{n-2}} = \cdots = \frac{R_2}{R_1} = \frac{R_1}{r_2} = \frac{T_m}{T_q}$$

式中：T_m——最大启动转矩，可取 $T_m = (1.5 \sim 2.0) T_N$；

T_q——切换转矩，可取 $T_q = (1.1 \sim 1.2) T_N$；

T_N——额定转矩。

令 $\frac{T_m}{T_q} = \alpha$ 则有 $R_1 = \alpha r_2$，$R_2 = \alpha^2 r_2$，$\cdots$，$R_{n-1} = \alpha^{n-1} r_2$，$R_n = \alpha^n r_2$

$$\alpha = \sqrt[n]{\frac{T_N}{T_m S_N}} \quad \text{或} \quad \alpha = \sqrt[n+1]{\frac{T_N}{T_q S_N}}$$

式中：S_N——额定转差率。

则各级启动电阻　　　$R_{st1}=R_1-r_2$

$R_{st2}=R_2-R_1$

$R_{stn}=R_n-R_{n-1}$

例：假定电机参数为：$n_N=1\,440$ r/min,转子额定电压 $E_{2N}=262$ V,转子额定电流 $I_{2N}=47$ A,若转子采用四级串电阻启动，各级电阻值分别为多少？

解：额定转差率

$$S_N=\frac{n_0-n_N}{n_0}=\frac{1\,500-1\,440}{1\,500}=0.04$$

转子电阻

$$r_2=\frac{E_{2N}S_N}{\sqrt{3}I_{2N}}=\frac{262\times0.04}{\sqrt{3}\times47}\Omega=0.13\Omega$$

若切换转矩取 $T_q=1.1T_N$，则

$$\alpha=\sqrt[n+1]{\frac{T_N}{T_qS_N}}=\sqrt[5]{\frac{1}{1.1\times0.04}}=1.86$$

各级总电阻

$R_1=\alpha r_2=0.24\ \Omega$

$R_2=\alpha^2 r_2=0.45\ \Omega$

$R_3=\alpha^3 r_2=0.84\ \Omega$

$R_4=\alpha^4 r_2=1.56\ \Omega$

各级启动电阻

$R_{ST1}=R_1-r_2=0.11\ \Omega$

$R_{ST2}=R_2-R_1=0.21\ \Omega$

$R_{ST3}=R_3-R_2=0.39\ \Omega$

$R_{ST4}=R_4-R_3=0.72\ \Omega$

三、绕线式异步电动机时间继电器启动控制线路的工作原理

合上 QS——按下 SB1——KM 线圈得电——KM1 主触点闭合——电动机在转子串入全部电阻情况下启动。

——KM1 自锁——KT1 线圈得电——3 s 后 KT1 常开

触点闭合——KM1 线圈得电——KM1 主触点闭合——电阻 R_1 切除——电动机转速提升。

——KM1 常开辅助触点闭合——KT2 线圈得电——3 s 后 KT2 常开触点闭合——

——KM2 线圈得电——KM2 主触点闭合——电阻 R2 切除——电动机转速进一步提升。

——KM2 常开辅助触点闭合——KT3 线圈得电——3 s 后 KT3 常开触点闭合——KM3 线圈

得电——KM3 主触点闭合——电阻 R_3 切除——电动机在额定转子阻抗下全速运行。

——KM3 自锁。

——KM3 常闭辅助触点（8-9）断开——KT1、KM1、KT2、KM2、KT3 线圈依次失电。

KM1、KM2、KM3 常闭触点（4-7）的作用是保证电动机在转子串入全部电阻的情况下启动。

思考练习

1. 图 3-2 绕线式异步电动机时间继电器启动控制线路安装元件布局图还没有考虑转子回路所串的外接电阻和绕线式异步电动机，按照图 3-1 的电路原理图，请设计该电路的安装接线图。

2. 图 3-1 绕线式异步电动机时间继电器启动控制线路图中的绕线式异步电动机的转子回路所串的电阻 $R_1 \sim R_3$ 能用于电机的调速吗？为什么？

子学习情境二　安装与维修三相绕线式异步电动机调速控制线路

 **任务目标**

（1）熟悉过电流继电器、凸轮控制器的结构、型号和工作原理，熟悉它们的作用、文字符号和图形符号，并学会正确选用、安装、使用和检修。

（2）懂得三相绕线式异步电动机凸轮控制器调速控制线路的工作原理。

（3）学会安装、调试三相绕线式异步电动机凸轮控制器调速控制线路，并能一次通电试车成功。

（4）提高电气控制线路运行故障的分析能力，能熟练应用电压法、电阻法进行电气控制线路故障的排除。

（5）提高自我学习、信息处理、数字应用等方法能力及与人交流、与人合作、解决问题等社会能力；自查 6S 执行力。

任务描述

专业能力训练环节一　三相绕线式异步电动机凸轮控制器启动与调速控制线路的安装

按照图 3-8 绕线式异步电动机凸轮控制器启动与调速控制线路进行电气线路安装。安装要求如下：

（1）按图 3-8 绕线式异步电动机凸轮控制器调速控制线路进行安装。

（2）元件在配线板上布置要合理，元件布局图参见图 3-9。安装要正确紧固，配线要求合理、美观、导线要进行线槽。

（3）正确使用电工工具和仪表。

（4）按钮盒不固定在配线板上，电源和电动机配线、按钮接线要接到端子排上，进出线槽的导线要有端子标号，引出端子要用别径压端子。

（5）进入实训场所要穿戴好劳保用品并进行安全文明操作。

（6）工时：210 min。本工时 210 min 包含试车时间。

（7）配分：本技能训练满分 100 分，比重 50%。

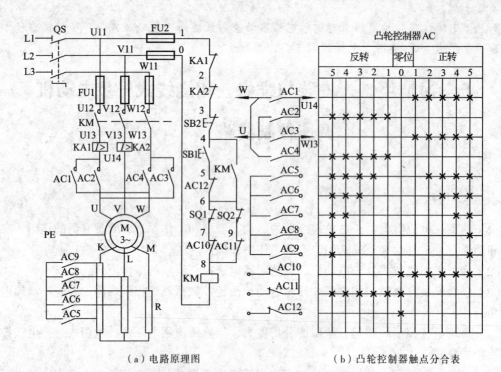

（a）电路原理图　　　　　　　　　（b）凸轮控制器触点分合表

图 3-8　绕线式异步电动机凸轮控制器调速控制线路

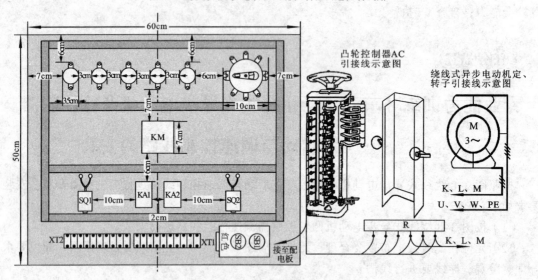

图 3-9　绕线式异步电动机凸轮控制器调速控制线路安装元件布局图

专业能力训练环节二　三相绕线式异步电动机调速控制线路的故障排除

在试车成功的配线板上进行 2～3 处的模拟故障设置，交叉进行故障排除训练。排故要求同学习情境三的子学习情境一专业能力训练环节二所述。

职业核心能力训练环节

以小组为单位总结以上两个专业能力训练环节的实施经验，并回答教师提出的问题。训练要求同学习情境三子学习情境一的职业核心能力训练环节所述。

工时：每小组主讲员汇报用时 5 min，每小组点评员点评用时 1～2 min，教师点评用时 15 min 以上。

配分：本核心能力训练满分 100 分，比重 20%。

 任务实施

一、训练目的

见【任务目标】。

二、训练器材

（1）工具：验电笔、尖嘴钳、斜口钳、剥线钳、螺钉旋具等电工常用工具。

（2）仪表：MF47 型万用表、ZC25-3 型兆欧表、MG3-1 型钳形电流表、数字转速表或机械转速表。

（3）电器：过电流继电器、限位开关、凸轮控制器、调速电阻、三相绕线式异步电动机等。

（4）材料：控制板、主电路与控制电路的导线、行线槽、紧固件、编码套管、U 形接线鼻及电缆、三相四线电源插头与电缆。

三、预习内容

（1）写出图 3-8 所示三相绕线式异步凸轮控制器调速控制电路的工作原理：

_____

_____。

（2）熟练掌握组合开关、熔断器、交流接触器、过电流继电器、限位开关、凸轮控制器、按钮、接线端子排等低压电器及配电导线的选用方法，在导线的选用上要注意软导线的识别与选用。并填写好元件选择明细表（自制表格）。

（3）了解过电流继电器、凸轮控制器的功能、基本结构、工作原理及型号含义，熟悉它的图形符号与文字符号。并能正确识别、选用、安装、使用。

（4）分析线路（见图 3-8）安装完毕后的自检核心步骤。

四、训练步骤

参考子学习情境三子学习情境一的各任务训练步骤。

任务评价

（1）专业能力训练环节一的评价标准见表 3-4。

（2）专业能力训练环节二的评价标准见表 3-5。

（3）职业核心能力评价表见表 1-5～表 1-9。

（4）个人单项任务总分评价表参见表 1–10。

 **相关知识**

一、过电流继电器

当继电器中流过的电流超过预定值时，继电器的开关电器有延时或无延时动作的继电器称为过电流继电器。主要用于负载频繁启动或重载启动的场合，作为电动机和主电路的过载和短路保护。

1. 过电流继电器的型号及其含义

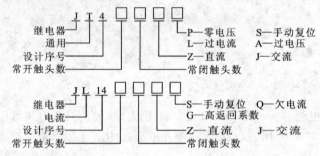

2. 过电流继电器的结构

常用的过电流继电器型号有 JT4 和 JL14 系列。这两种继电器都是属于瞬动型过电流继电器，主要用于电动机的短路保护。生产中还用到一种具有过载和启动延时、过流迅速动作保护特性的过电流继电器，如 JL12 系列，其外形结构如图 3–10 所示。

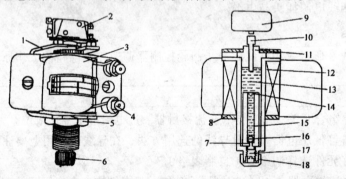

1、8—磁轭；2、9—微动开关；3、12—线圈；4—接线桩；5—紧固螺母；6、18—封帽；7—油孔；10—顶杆；
11—封口塞；13—硅油；14—导管；15—动铁心；16—钢珠；17—调节螺钉

图 3–10　JL12 过电流继电器

它主要由螺管式电磁系统、阻尼系统和触点系统组成。当通过继电器线圈的电流超过整定值时，导管中的动铁心受到电磁力的作用开始上升，而当铁心上升时，钢珠关闭油孔，使铁心的上升收到阻尼作用，延缓铁心的上升时间，经过一段时间后才能够推动顶杆，使微动开关的常闭触点分断，切断控制回路，从而使电动机受到保护。触点延时动作的时间是由继电器下端封帽内的调节螺钉调节。当故障消除后，电流回复到正常水平，动铁心因重力作用返回原来位置。这种过电流继电器从线圈过电流到触点动作必须要经过一段时间，从而防止了在电动机启动过程中继电器发生误动作。过电流继电器的符号如图 3–8 中 KA 所示。

3. 过电流继电器的选用

过电流继电器的选用，要从以下三个方面考虑。

（1）过电流继电器的额定电流一般可按电动机的额定电流来选择。对于频繁启动的电动机，继电器额定电流可选大一个等级。

（2）过电流继电器的触点种类、数量、额定电流及复位方式应满足控制线路的要求。

（3）过电流继电器的整定值一般为电动机额定电流的 1.7～2 倍，频繁启动场合可取 2.25～2.5 倍。

4. 过电流继电器的安装与使用注意事项

过电流继电器的安装与使用，要考虑以下三个方面。

（1）安装前检查继电器的各项指标是否与实际使用要求相符。动作部分机械是否动作灵活、可靠，是否有破损、缺陷等情况。

（2）对继电器线圈通电检测，以确定动作是否可靠。

（3）查继电器各零部件是否有松动和损坏现象，并保持继电器触点清洁。

5. 过电流继电器的常见外形（见图 3-11）

（a）JL12 系列　　　　　　（b）JL14 系列　　　　　　（c）JLK1 系列

图 3-11　过电流继电器的外形图

二、凸轮控制器

凸轮控制器是利用凸轮来操作触点动作的电器。主要用于容量不大于 30 kW 的中小型绕线式异步电动机线路中，直接控制电动机的启动、停止、反转、调速和制动。具有线路简单、运行可靠、维护方便等优点，在桥式起重机等设备中广泛应用。

1. 凸轮控制器的型号及其含义

常用的凸轮控制器型号有 KTJ1、KTJ15、KT10 及 KT14 等系列。其型号及含义如下：

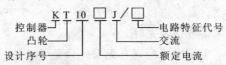

2. 凸轮控制器的结构

KTJ1 系列凸轮控制器外形结构如图 3-12 所示。

凸轮控制器主要由手柄（或手轮）、转轴、凸轮、触点系统和外壳等组成。触点系统共有 12 对触点，其中控制主电路的 4 对常开触点带有灭弧罩，用来控制电动机的正反转。

凸轮控制器工作时，动触点与凸轮固定在转轴上，每个凸轮控制一个触点。当转动手柄时，凸轮随轴转动，当凸轮的凸起部分顶住滚轮时，动、静触点分断；当凸轮的凹处与滚轮相碰时，动、静触点闭合。在方轴上叠装形状不同的凸轮片，可使各个触点按预定的顺序闭合和断开，从而实现不同的控制目的。

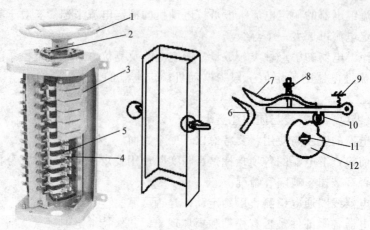

1—手轮；2、11—转轴；3—灭弧罩；4、7—动触点；5、6—静触点；8—触点弹簧；9—弹簧；10—滚轮；12—凸轮

图3-12　KTJ1系列凸轮控制器

凸轮控制器的触点分合情况通常用触点分合表来表示。如图3-8（b）所示。图中上面第二行的数字表示手柄的11个位置，左边1～5为反转的五挡速度，右边1～5为正转的五挡速度，"1"挡速度最低，"5"速度最高，"0"为停止或零位状态，"AC1～AC12"表示凸轮控制器的12对触点，其作用分别如下：

- "AC1与AC3"闭合是为绕线式异步电动机提供正转的电源相序，为正转作准备；
- "AC2与AC4"闭合是为绕线式异步电动机提供反转的电源相序，为反转作准备；
- "AC5～AC9"闭合是为绕线式异步电动机的转子回路切除电阻，起到调速作用；
- "AC10"闭合的作用是为绕线式异步电动机提供正转的限位保护通路；
- "AC11"闭合的作用是为绕线式异步电动机提供反转的限位保护通路；
- "AC12"闭合的作用是为设备提供零位保护；

有"×"标记的表示手柄处于该位置时对应触点是闭合状态，无标记的为分断状态。

3. 凸轮控制器的选用

凸轮控制器的选用主要根据它所控制的电动机的容量、额定电压、额定电流、工作制和触点数量等来选择。

4. 凸轮控制器的安装与使用注意事项

凸轮控制器的安装和使用，要考虑以下几个方面。

（1）凸轮控制器安装前应检查是否完好。

（2）安装前应转动手柄不少于次，检查有无卡轧现象并检查触点分合是否符合要求。

（3）凸轮控制器必须牢固可靠地安装在墙面或支架上，其金属外壳必须可靠接地。

（4）按触点分合表与电路图进行接线，经反复检查，确认无误后方可通电试车。

（5）凸轮控制器安装结束后，应进行空载试验。

（6）启动操作时，手柄不能转动太快，应逐级启动，防止电动机启动电流过大。

（7）凸轮控制器停止工作时，应将手柄准确停在零位。

三、三相绕线式异步电动机凸轮控制器启动与调速控制线路的工作原理

合上 QS，凸轮控制器 AC 手柄置"零位"，按下 SB1，KM 线圈得电并自锁；把 AC 手柄扳到正转 1 挡，触点 AC1、AC3、AC10 闭合，电动机转子串入全部电阻低速正向运行，若要提升速度，只须将手柄转向 2、3、4、5 挡即可，凸轮控制器会逐级闭合 AC5～AC9，逐级切除转子回路的电阻，电动机就会得到五个不断上升的转速。反转同理，请自行分析。

AC12 为零位保护。

AC10、AC11 与 SQ1、SQ2 配合作为正、反向限位保护。

思考练习

（1）过流继电器与热继电器在使用中有什么区别？

（2）图 3-8（b）中，凸轮控制器 AC1～AC12 共 12 对触点是起什么作用的？零位保护又是怎么回事？

（3）请参照学习情境二的子学习情境三中双重联锁正反转控制线路的工作原理的表述方法，详述图 3-8（a）的工作原理。

子学习情境三　安装与维修三相绕线式异步电动机

制动控制线路

任务目标

（1）懂得三相绕线式异步电动机制动控制线路的工作原理。

（2）学会正确、快速地安装三相绕线式异步电动机制动控制线路的方法。并能一次通电试车成功。

（3）提高电气控制线路运行故障的分析能力，能熟练应用电压法、电阻法进行电气控制线路的故障排除。

（4）提高自我学习、信息处理、数字应用等方法能力及与人交流、与人合作、解决问题等社会能力；自查 6S 执行力。

任务描述

专业能力训练环节一　三相绕线式异步电动机制动

控制线路的安装

按照图 3-13 绕线式异步电动机制动控制线路进行电气线路安装。安装要求同子学习情境一专业能力训练环节一。元件在配线板上布置要合理，元件布局图自行设计。

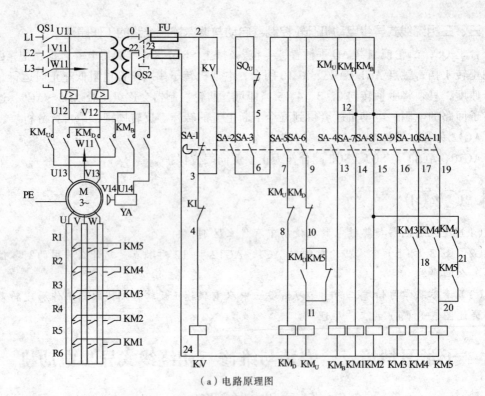

（a）电路原理图

SA主令控制器触头分合表

控制对象	SA	下降						零位	上升				
		强力			制动								
		5	4	3	2	1	C	0	1	2	3	4	5
KV	SA-1							+					
下降通路	SA-2	+	+	+									
上升通路	SA-3				+	+	+		+	+	+	+	+
KM_B	SA-1	+	+	+	+	+			+	+	+	+	+
KM_D	SA-5	+	+	+									
KM_U	SA-6				+	+	+		+	+	+	+	+
KM1	SA-7	+	+	+		+	+		+	+	+	+	+
KM2	SA-8	+	+	+			+			+	+	+	+
KM3	SA-9	+	+								+	+	+
KM4	SA-10	+										+	+
KM5	SA-11	+											+

（b）凸轮控制器触点分合表

图 3-13 绕线式异步电动机制动控制线路

专业能力训练环节二 三相绕线式异步电动机制动控制线路的故障排除

在试车成功的配线板上进行 2～3 处的模拟故障设置，交叉进行故障排除训练。排故要求同子学习情境一专业能力训练环节二。

职业核心能力训练环节

以小组为单位总结以上两个专业能力训练环节任务的实施经验，并回答教师提出的问题。回答要求同子学习情境一职业核心能力训练环节所述。

 **任务实施**

一、训练目的

见【任务目标】。

二、训练器材

（1）工具：验电笔、尖嘴钳、斜口钳、剥线钳、螺钉旋具等电工常用工具。

（2）仪表：MF47型万用表、ZC25-3型兆欧表、MG3-1型钳形电流表、数字转速表或机械转速表。

（3）电器：过电流继电器、限位开关、欠电压继电器、主令控制器控制器、电磁抱闸、调速电阻、三相绕线式异步电动机等。

（4）材料：控制板、主电路与控制电路的导线、行线槽、紧固件、编码套管、U形接线鼻及电缆、三相四线电源插头与电缆。

三、预习内容

（1）写出图3-13所示绕线式异步电动机制动控制线路的工作原理：

_____

_____。

（2）熟练掌握组合开关、熔断器、交流接触器、过电流继电器、欠电压继电器、主令控制器、按钮、接线端子排等低压电器及配电导线的选用方法，在导线的选用上要注意软导线的识别与选用。并填写好元件选择明细表，请自制表格。

（3）了解欠电压继电器、主令控制器、电磁抱闸的原理、结构，熟悉它的图形符号与文字符号。并能正确识别、选用、安装、使用。

（4）分析线路图3-13安装完毕后的自检核心步骤。

四、训练步骤

参考子学习情境一训练步骤。

 **任务评价**

（1）专业能力训练环节一的评价标准见表3-4。

（2）专业能力训练环节二的评价标准见表3-5。

（3）职业核心能力评价表见表1-5～表1-9。

（4）个人单项任务总分评价表参见学习情境一表1-10。

 **相关知识**

一、主令控制器

主令控制器是主令电器的一种，按钮、位置开关等主令电器在学习情境二中已经有了介绍，下面我们来了解主令控制器。

主令控制器是按照预定的程序换接控制电路接线的主令电器，主要用于电力拖动系统中，按照预定的程序分合触点，向控制电路发出指令，通过接触器以达到控制电动机的启动、停止、反转、调速、制动的目的，同时也可以实现控制电路相互之间的联锁。

1. 主令控制器的型号及其含义

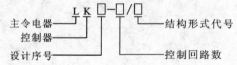

2. 主令控制器的结构

主令控制器按结构形式分为凸轮调整式和凸轮非调整式两种。所谓非调整式主令控制器是指其触点系统的分合顺序只能按指定的触点分合表要求进行，在使用中用户不能自行调整，若须调整必须更换凸轮片。调整式主令控制器是指其触点系统的分合程序可随时按控制系统的要求进行编制与调整，调整时不必更换凸轮片。

常用的主令控制器有 LK1、LK4、LK5 和 LK16 等系列，其中 LK1、LK5 和 LK16 系列属于非调整式主令控制器，LK4 系列属于调整式主令控制器。

LK1 系列主令控制器的外形结构如图 3-14 所示。

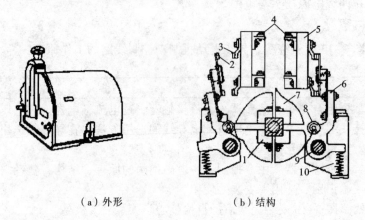

（a）外形 　　　　 （b）结构

1—方形转轴；2—动触点；3—静触点；4—接线柱；5—绝缘板；6—支架；7—凸轮块；

8—小轮；9—转动轴；10—复位弹簧

图 3-14　LK1 系列主令控制器

它主要有基座、转轴、动触点、静触点、凸轮鼓、操作手柄、面板支架和外护罩组成。主令控制器所有的静触点都安装在绝缘板 5 上，动触点固定在能绕轴 9 转动支架 6 上；凸轮鼓是由多个凸轮块 7 拼装而成，凸轮块根据触点系统的开闭顺序制成不同角度的凸出轮缘，每个凸轮块控制两副触点。当手柄转动时，方形转轴带动凸轮块转动，凸轮块的凸出部分压动小轮 8，使动触点 2 离开静触点 3，分断电路；当转动手柄使小轮 8 位于凸轮块 7 的凹处时，在复位弹簧作用下使动触点和静触点闭合，接通电路。可见触点的闭合和分断顺序是由凸轮块的形状决定的。

主令控制器的触点分合情况通常用触点分合表来表示。如图 3-13（b）所示。类似于凸轮控制器触点分合表。

3. 主令控制器的选用

主令控制器的选用主要根据使用环境、所需控制的电气回路数量、触点闭合顺序等进行选择。常用的 LK1 和 LK14 系列主令控制器的主要技术参数见表 3-6。

表 3-6　LK1 和 LK14 系列主令控制器技术参数

型　号	额定电压/V	额定电流/A	控制电路数	接通与分断能力/A	
				接通	分断
LK1-12/90 LK1-12/96 LK1-12/97	380	15	12	100	15
LK14-12/90 LK14-12/90 LK14-12/90	380	15	12	100	15

4. 主令控制器的安装与使用注意事项

（1）安装前应操作手柄不少于 5 次，检查动、静触点接触是否良好，有无卡轧现象，触点的分合顺序是否符合分合表的要求。

（2）主令控制器投入运行前，应使用 500～1 000 V 的兆欧表测量绝缘电阻，大于 0.5 MΩ，同时根据接线图检查接线是否正确。

（3）主令控制器外壳必须可靠接地。

（4）应定期清理控制器内灰尘，所有活动部分应定期加润滑油。

（5）不使用时手柄应置于零位。

二、欠电压继电器

图 3-13（a）中的 KV 为欠电压继电器。

反应输入量为电压的继电器叫电压继电器。使用时电压继电器的线圈并联在被测量的电路中，根据线圈两端电压的大小而接通或断开电路。因此这种继电器线圈的导线细、匝数多、阻抗大。

根据实际应用的要求，电压继电器分为过电压继电器、欠电压继电器和零电压继电器。

过电压继电器是当电压大于其整定值时动作的电压继电器，主要用于对电路或设备作过电压保护。

欠电压继电器则相反，它是一种当电压降低至某一规定范围时动作的电压继电器。

零电压继电器是欠电压继电器的一种特殊形式，是当继电器的端电压降至或接近消失时才动作的电压继电器。

机床控制中常用的电压继电器有 JT3、JT4 型，属于电磁式继电器，其动作电压可在 105%～120% 额定电压范围内调整，其外形如图 3-15 所示；JY 系列为集成电路静态型电压继电器，具有精度高、功耗小动作时间短，返回系数高，整定直观方便等特点，主要用于发动机、变压器、和输电线的继电保护装置中，作为过电压保护。其外形如图 3-16 所示。

（a）JT3 型　　　　　　　　　（b）JT10 型

图 3-15　JT 系列欠电压继电器的外形图

图 3-16　JY 系列欠电压继电器的外形图

欠电压继电器和零电压欠电压继电器在线路正常工作时，铁心与衔铁是吸合的，当电压降至低于整定值时，衔铁释放，带动触点动作，对电路实现欠电压或零电压保护。欠电压继电器的释放电压范围在 40%～70% 额定电压范围内可调。

欠电压继电器的结构、原理及安装等知识与过电流继电器相似，可以参考。

电压继电器在电路中的符号如图 3-17 所示。

电压继电器的选择，主要依据继电器的线圈额定电压、触点的数目和种类进行。

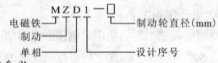

图 3-17　电压继电器的符号

三、电磁抱闸

电磁抱闸是一种制动电器。能广泛应用在起重运输机械中，制止物件升降速度以及吸收运动或回转机构运动质量的惯性。

电磁抱闸主要由电磁铁与闸瓦制动器组成。

电磁铁主要由铁心、衔铁、线圈和工作机构四部分组成。

按线圈中通过的电流的种类不同，电磁铁可分为交流电磁铁和直流电磁铁。常用的交流电磁铁有 MZD1 系列，其型号及含义如下：

```
          M Z D 1 — □
电磁铁 ——┘ │ │      └—— 制动轮直径(mm)
制动 ——————┘ │
单相 ————————┘          设计序号
```

闸瓦制动器的型号及其含义：

```
          T J 2 — □ / □
制动器 ——┘ │   └—— 配用电磁铁型号
交流 ————┘
设计序号                制动轮直径
```

1. 电磁抱闸的结构

MZD1 型制动电磁铁与制动器就是 MZD1 系列的电磁铁与 TJ2 系列的闸瓦制动器配合使用的产品。其结构如图 3-18 所示。

它主要由铁心、衔铁、线圈、闸轮、闸瓦、杠杆和弹簧等组成。闸轮安装在被制动轴上，当线圈通电后，衔铁绕轴转动吸合，衔铁克服拉力迫使制动杠杆带动闸瓦向外移动，使闸瓦不再压迫闸轮，闸轮和被制动轴可以自由转动。而当线圈断电后，衔铁会释放，在弹簧作用下，制动杠杆带动闸瓦向里运动，使闸瓦紧紧抱住闸轮完成制动。

2. 电磁抱闸的选用

（1）根据机械负载的要求选择电磁抱闸的种类和结构形式。

（2）根据控制系统的电压选择电磁抱闸线圈电压。

（3）电磁铁的功率应不小于制动器牵引功率。

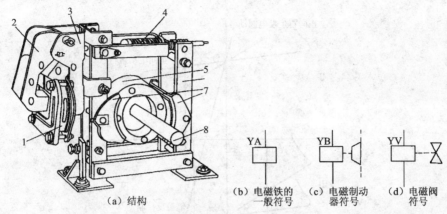

(a) 结构　　　(b) 电磁铁的　　(c) 电磁制动　　(d) 电磁阀
　　　　　　　　　一般符号　　　器符号　　　　符号

1—线圈；2—衔铁；3—铁心；4—弹簧；5—闸轮；6—杠杆；7—闸瓦；8—轴

图 3-18　MZD1 型制动电磁铁与制动器

3. 电磁抱闸的安装与使用注意事项

（1）安装前应清除灰尘和脏物并检查有无机械卡阻。

（2）电磁抱闸安装要牢固固定在底座上，并在紧固螺钉下放弹簧垫圈锁紧。且要调整好制动电磁铁与制动器之间的连接关系，以保证制动器获得所需的制动力矩和力。

（3）电磁抱闸应按接线图接线，并接通电源，操作数次，检查衔铁动作是否正常以及有无噪声。

（4）定期检查衔铁行程的大小，该行程在运行过程中由于制动面的磨损而增大。当衔铁行程达到正常值时，即进行调整，以恢复制动面和转盘间的最小空隙。不能让行程增加到正常值以上，以免引起吸力的显著下降。

（5）检查各部件紧固程度，注意可动部分的机械磨损。

四、绕线式异步电动机机械特性曲线

图 3-13 所示电路常用于桥式起重机主钩控制。由于起重设备负载的特殊性，主钩电动机在工作中经常在各工作状态间切换，如电动运行、倒拉反接制动运行状态和再生发电制动状态。其四象限的机械特性曲线如图 3-19 所示，图中画出了各运行状态时的机械特性曲线。

1. 电动运行

当电动机工作在第 I 象限时，如 A 点，电动机为正向电动运行状态；当工作在第 Ⅲ 象限时，如 D 点，电动机为反向电动运行状态。电动运行状态下，电磁转矩为拖动性转矩。

2. 倒拉反接制动运行状态

拖动位能性恒转矩负载运行的三相绕线式异步电动机，在其转子回路中串入一定值的电阻，电动机的转速可以下降。但是，如果所串入的电阻值超过某一数值后，电动机转矩小与负载转矩而导致反转，运行于第 Ⅳ 象限，如图中 F 点，称为倒拉反接制动运行状态。

3. 再生发电制动运行状态

起重机高速下放重物（指 $|n| > n1$）时，经常采用反向再生发电制动。若负载大小不变，转子回路串入电阻后，转速绝对值加大，如图中 H 点；串入电阻值越大，转速绝对值越高。

反向再生发电制动运行时，电动机是一台发电机，它把从负载位能减少而输入的机械功率转变为电功率，然后回馈至电网，所以，再生发电制动也叫做回馈制动。

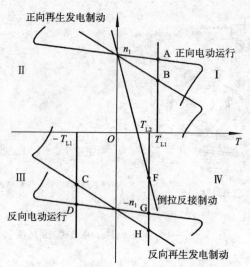

图 3-19　绕线式异步电机四象限机械特性

五、三相绕线式异步电动机制动控制线路工作原理

三相绕线式异步电动机制动控制线路工作原理可参考学习情境六的子学习情境七　20/5T 桥式起重机电气控制线路及其检修中关于主钩控制的部分。

1. 图 3-13 绕线式异步电动机制动控制线路用于启动位能性负载时会出现哪些制动？

2. 主令控制器与凸轮控制器的区别在哪里？可以互用吗？

3. 请参照学习情境二的子学习情境三中双重联锁正反转控制线路的工作原理的表述方法，详述图 3-13（a）的工作原理。

学习情境四

电气控制线路的设计

在工业生产中，因为生产机械的种类繁多，所以对电动机提出的控制要求各不相同，构成的电气控制线路也不尽相同。那么，如何根据生产机械的控制要求正确合理地设计电气控制线路呢？本学习情境主要对继电接触控制线路的设计进行了介绍，通过对两个实用电气控制线路的设计来综合运用之前所学的理论和实践知识，提高学员工程意识和实践技能，达到专业技能和创新能力的进一步提升。

子学习情境一　生产机械电气控制线路的设计

 **任务目标**

（1）能综合运用前述学习情境所掌握的电气控制线路相关知识，学会设计满足生产机械加工工艺要求的电气控制线路。

（2）在满足生产工艺要求的前提下，力求使设计的电气控制线路简单、经济、合理、保护措施完善，保证控制线路的可靠性和安全性。

（3）提高自我学习、信息处理、数字应用等方法能力及与人交流、与人合作、解决问题等社会能力；自查 6S 执行力。

 **任务描述**

专业能力训练环节　生产机械电气控制线路的设计

有一台专门加工箱体两侧平面的专用铣床，加工工序是：首先将箱体夹紧在可以前后移动的工作台上，然后用左右铣削动力头加工两侧平面。试设计该型机床的电气控制线路。

具体要求如下：

（1）工件吊装后开始加工，工作台首先应快速移动到铣削工作区，然后改为慢速切削进给。工作台进给速度的改变由齿轮变速机构配合电磁铁实现，即电磁铁吸合时为快速进给，电磁铁释放时为慢速（工进）进给。

（2）工作台从原位快速移动到达工进位置后进行铣削加工应自动变换，铣削完毕后自动停车，然后由人工操作工作台快速退回到原位后停车更换工件。

（3）具有短路、过载、欠压及失压等必要的保护。

（4）本专用铣床共有三台三相鼠笼式异步电动机，工作台牵引电动机 M1 的功率为

1.5 kW，两台铣削动力头电动机 M2 和 M3 的功率为 3 kW。

（5）设计工时：180 min。

（6）配分：本专业技能训练满分 100 分，比重 70%。

职业核心能力训练环节

以小组为单位总结生产机械电气控制线路的设计的实施经验，经验汇报要求与学习情境二子学习情境一的职业核心能力训练环节相同。

（1）汇报限时：每小组 5 min，各小组点评 2 min。

（2）配分：本核心能力训练满分 100 分，比重 30%。

任务实施

一、训练目的

见学习情境四子学习情境一【任务目标】。

二、训练器材

电气控制线路方面的相关书籍，即《电气制图标准》《电气设计规范》《机床设计标准》《电气设计标准图例》《电工手册》等书籍，以及计算机、电气制图软件。

专业能力训练环节　简单电气控制线路的设计参考训练步骤

（1）指导教师进行任务描述后简要说明任务实施的目的和要求，因为本学习情境的设计任务比较直观和简单，学员在明确了电气控制要求后可以根据课前预习的【相关知识】相关内容直接进行电气控制线路的设计。

① 了解设备的用途和工作过程。

② 分拆加工工艺，根据各部分控制要求和用途的不同确定电气控制的草图：

根据加工工艺分析，本专用机床可用三台三相鼠笼式异步电动机拖动，在没有特殊启动要求的情况下，基本拖动方案的确定可以先不考虑电动机的功率人小。

a. 滑台电动机 M1 的控制电路设计思路：

需要正反转控制，可以选用接触器联锁正反转控制线路实现滑台前后移动，其中，交流接触器 KM1 控制电动机正转并使滑台向前到达预定加工位置，KM2 控制电动机反转实现加工完成后的滑台退回。

b. 动力头电动机 M2、M3 的控制电路设计思路：

两台动力头电动机等滑台到达预定加工位置后启动，单向运行进行铣削加工，所以，可以选用单向连续运行控制线路。基本电气控制线路草图如图 4-1 所示。

③ 有机地组合基本拖动方案，组合后的电气控制线路草图如图 4-2 所示。

④ 控制线路各项保护措施的完善。

然后考虑控制线路应该具有短路、过载、欠压和失压保护以及电动机金属外壳的接地保护设计。保护措施完善后的电气控制线路草图如图 4-3 所示。

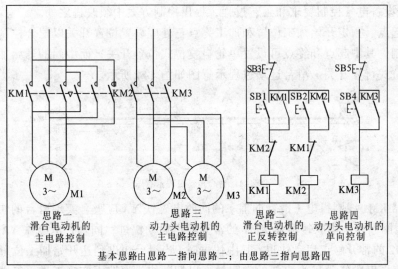

图 4-1　基本电气控制线路草图

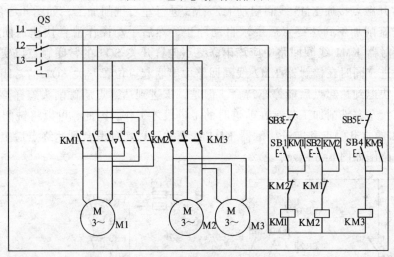

图 4-2　组合后的电气控制线路草图

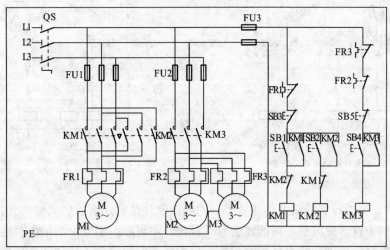

图 4-3　保护措施完善后的电气控制线路草图

⑤ 结合设备电气控制要求和工艺过程，提出控制方案中须改进之处。

滑台的起点、预定开始加工位置和加工终点三处应设置位置开关以配合控制电路实现滑台的位置控制。其中起点和终点可设置单轮自复位式位置开关，而中间的开始加工位置设置双轮非自复位式行程开关。滑台运动过程示意图如图 4-4 所示。

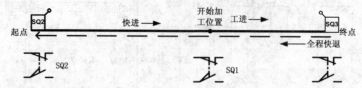

图 4-4　滑台运动过程示意图

在接触器 KM1 线圈得电（滑台向前）的同时电磁铁 YA 应吸合实现滑台的快进，故应在电磁铁 YA 线圈回路中串联接触器 KM1 的常开触点启动快进；同理，电磁铁 YA 线圈回路串联接触器 KM2 的常开触点启动快退；其中快进时，当滑台快进到达开始加工位置时要求转为工进，所以应再串联位置开关 SQ2 的常闭触点以切断快进通路而实现工进。工进时利用位置开关 SQ2 的常开触点接通 KM3 线圈启动 M2、M3 进行左右铣削加工，如图 4-5 所示。

滑台工进铣削加工到达终点后要求自动停止，然后手动操作滑台快速退回起点停车待命。因此在接触器 KM1 线圈回路中应该串联终点位置开关 SQ3 的常闭触点以实现滑台到达终点能停止工进，同时在接触器 KM2 线圈回路中串联起点位置开关 SQ1 的常闭触点以实现手动操作滑台快退到达起点后能停车待命。但是，工进到达终点后铣削头怎样停止铣削呢？读者发现没有？左右铣削加工只有在前进时的工进段才工作，因此，可以将铣削接触器 KM3 线圈连同 SQ2 的常开触点和前进接触器 KM1 线圈并联以实现滑台到达终点后工进和铣削头同时停止。电路图如图 4-6 所示。

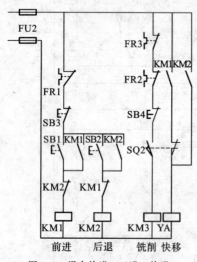

图 4-5　滑台快进→工进→快退
控制线路草图

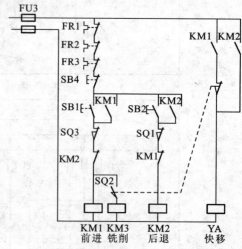

图 4-6　改进后的滑台快进→工进→快退
控制线路草图

⑥ 校验改进后的控制线路并标注线号，用绘图软件绘制定稿后的完整电气控制线路图。

控制线路初步设计完成后，可能还会有不合理、不可靠、不安全的地方，应当根据经验和控制要求对控制线路进行认真仔细地校核，以保证控制线路的正确性和实用性。如由于上述控制线路中使用的电磁铁 YA 的线圈电感大，分合时会产生较大的冲击电流，可能会降低控制线路的动作可靠性，因此可选用中间继电器 KA 单独用于电磁铁 YA 的控制以避免器件间的互相干扰。

读者可以运用学习情境一介绍的 Visio 绘图软件绘制完整的电气控制线路图。

（2）根据设计完成的电气原理图选择配套使用的电器元件，见表 4-1。学员也可以根据学习情境二介绍的元器件选用相关内容或者市场调查制定符合要求的元器件明细表。

表 4-1 元件明细表（购置计划表或元器件借用表）

单价（金额）单位：元

代号	名　称	型　号	规　　格	单位	数量	单价	金额	用途	备注
M1	三相异步电动机	Y90L-4	1.5 kW、380 V、3.7 A、Y 接法、1 400 r/min	台	1	317	317	工作台牵引	给定
M2、M3	三相异步电动机	Y-100L2-4	3 kW、380 V、6.8 A、Y 接法、1 440 r/min	台	2	440	880	左右铣削动力头	给定
QS	转换开关	HZ10-25/3	380 V、25 A、3 极	只	1	27	27	电源开关	
FU1	熔断器	RL1-15/10	380 V、15 A、配熔体10 A	只	3	7	21	短路保护	
FU2	熔断器	RL1-15/15	380 V、15 A、配熔体15 A	只	3	7	21	短路保护	
FU3	熔断器	RL1-15/3	380 V、15 A、配熔体13 A	只	3	7	21	短路保护	
KM1、K2	交流接触器	CJ10-10	380 V、10 A	只	2	24	48	工作台正反转	
KM3	交流接触器	CJ10-20	380 V、20 A	只	1	47	47	铣削动力头	
FR1	热继电器	JR16-20	380 V、20 A、热元件3.7 A	只	1	16	16	工作台过载保护	
FR2、3	热继电器	JR16-20	380 V、20 A、热元件6.8 A	只	2	16	32	动力头过载保护	
SB	按钮	LA38-11	380 V、1 常开、1 常闭	只	3	8	24	启停	红黑绿
SQ1、2	行程开关	LX19K-111	380 V、5 A、1.5～3.5 mm	只	2	13	26	工作台终端停	
SQ	行程开关	LX19K-222	380 V、5 A、1.5～3.5 mm	只	1	15	15	工作台快、慢切换	
XT1	接线端子排	JH9-10	380 V、10 A、导轨式	片	15	3	45	控制回路	
XT2	接线端子排	JH9-25	380 V、25 A、导轨式	片	20	5	100	主电路	
	主电路导线	BVR-2.5	380 V、2.5 mm^2	m	20	2.5	50		
	控制电路导线	BVR-1.5	380 V、1.5 mm^2	m	50	1.1	55		
	按钮线	BVR-1.0	380 V、1.0 mm^2	m	20	0.6	12		

代号	名　称	型　号	规　格	单位	数量	单价	金额	用途	备注
	保护接地线	BVR-2.5	380 V、2.5 mm²	m	10	2.5	25		黄绿双色
	自攻螺丝	3×25	圆头带垫	颗	100				
	编码套管	ϕ1.5~4	PVC	m	1				
	U形接线鼻	UT2-5	2~5mm	只	30			主电路	
	行线槽	PXC1-2015	PVC	m	4				
	配线板	40×50	厚度 3 mm金属板	块	1				
	合计								

（3）元器件安装布置图和接线图可根据元器件尺寸按学习情境二自行策划作图。

（4）按要求设计并绘制完整的电气控制线路图后，等待指导教师对学员的"专业能力训练环节"进行评价，并对本训练环节存在的问题进行点评。学员简要小结本环节的训练情况并填入表 4-2 中，然后进入"核心能力训练环节"的训练。

表 4-2　专业能力训练环节（经验小结）

职业核心能力训练环节　参考训练步骤

参照学习情境一职业核心能力训练环节的参考训练步骤。

 任务评价

（1）电气控制线路设计的评价标准见表 4-3。

表 4-3　电气控制线路设计评价标准

序号	项目内容	考核要求	评分标准	配分	扣分	得分
1	拟定电气控制方案	正确理解控制要求和加工工艺要求，制定合理可行的控制方案	（1）控制要求理解准确，每错一处扣 3 分 （2）控制方案不合理每处扣 3 分 （3）控制方案可行性差扣 5 分，不可行扣 10 分	15		
2	设计过程	查阅资料内容详细准确，设计思路和过程条理清晰	（1）查阅资料途径单一扣 3 分 （2）资料积累欠翔实，每缺失一处扣 1 分 （3）设计思路和过程混乱，每补充一次扣 2 分	20		
3	控制原理图	线路设计正确、可靠、合理并可行，且符合国标电气符号	（1）单项控制或保护功能错误，每处扣 5 分 （2）违反设计原则和要领，每处扣 2 分 （3）线路设计不合理，每处扣 2 分 （4）设计可行性差扣 10 分，不可行扣 20 分 （5）电气符号不符合国标，每一处扣 1 分	40		

序号	项目内容	考核要求	评分标准	配分	扣分	得分
4	元器件选用	元器件选用符合一般要求并满足实际使用环境需要	（1）元器件选用错误或漏选，每处扣 1 分 （2）参数缺失，每处扣 0.5 分 （3）与使用环境不符，经济性差每处扣 0.5 分	15		
5	元件布置和接线图	元件布置合理，接线图就近连接、板面规范整洁	（1）元件实际尺寸和布置不相符，每处扣 1 分 （2）接线分布合理，标注正确每错一处扣 1 分	10		
备注	（1）每超时 5 分钟扣 5 分 （2）除定额时间外，各项扣分不应超过配分数			100		
定额时间：180 min	开始时间：		结束时间：	点评员签字：		年 月 日

（2）职业核心能力评价表同学习情境一中表 1–6～表 1–9。

（3）个人单项任务总分评价表见表 4–4。

表 4–4　个人单项任务总评成绩表

任务名称：

电气控制线路设计成绩配分		职业核心能力成绩配分	监控内容				单项任务总评成绩
			修旧利废	违纪情况	6S执行力	时间节点	
	70%	30%					

注：该表由学员本人根据完成子学习情境的情况统计自评。

相关知识

生产机械电气控制系统的设计主要包含两个基本内容：一是电气控制原理设计，即要满足生产机械和加工工艺的各种控制要求；另一部分是工艺设计，即要满足电气控制装置本身的制造、使用和维修的需要。控制原理设计决定了机械设备的合理性和先进性，工艺设计决定了电气控制系统是否具有生产的可能性、经济性、使用和维护方便等特点，所以电气控制系统的设计要全面考虑两方面的内容。

在熟练掌握典型的基本电气控制线路，并具备较强的识读、分析电路图能力后，能使设计者举一反三，设计出符合要求的、经济合理的电气控制方案和具体的控制线路。

一、电气控制线路设计的一般方法

电气控制线路的设计方法主要有经验设计法和逻辑设计法两种，本文主要列举经验设计法设计电气控制线路。

1. 经验设计法

所谓经验设计法是指根据生产工艺的要求去选择合适的基本控制环节（单元电路）或经过实践检验的成熟电路，按设备各部分之间的控制关系有机地组合起来并加以修改和校核，然后完成满足控制要求的控制线路设计。当找不到现成的典型电气控制线路时，可根据控制要求边分析边设计，将主令信号经过适当的组合与变换，在一定条件下得到执行元件所需要的工作信号。设计过程中，要随时增减元器件和改变触点的组合方式，以满足设备的控制要求和工艺过程，经过反复修改得到理想的电气控制线路。由于这种设计方法是以熟练掌握各种电气控制线路的基本环节和具备一定的阅读分析电气控制线路的经验为基础，所以又称经验设计法。经验设计法的特点是无固定的设计程序，设计方法简单，容易为初学者所掌握，对于具有一定工作经验的人员来说，也能较快地完成设计任务，因此在电气设计中被普遍采用。其缺点是设计方案不一定是最佳方案，当经验不足或考虑不周时会影响线路工作的可靠性。

2. 逻辑设计法

逻辑设计法是利用逻辑代数这一数学工具来进行电路设计，即根据生产机械的拖动要求及工艺要求，将执行元件需要的工作信号以及主令电器的接通与断开状态看成逻辑变量，并根据控制要求将它们之间的关系用逻辑函数关系式来表达，然后再运用逻辑函数基本公式和运算规律进行简化，使之成为需要的与或关系式，根据最简式画出相应的电路结构图，最后再作进一步的检查和完善，即能获得需要的控制线路。采用逻辑设计法能获得理想、经济的方案，所用元件数量少，各元件能充分发挥作用，当给定条件变化时，能指出电路相应变化的内在规律，在设计复杂控制线路时，更能显示出它的优点。任何控制线路，控制对象与控制条件之间都可以用逻辑函数式来表示，所以逻辑法不仅能用于线路设计，也可以用于线路简化和读图分析。逻辑代数读图法的优点是各控制元件的关系能一目了然，不会读错和遗漏。但这种方法设计难度较大，整个设计过程比较复杂，相比较而言费时费工太不经济，还涉及一些新概念（主要是指逻辑代数），因此，在一般常规设计中很少单独采用。

二、电气控制线路设计的基本要领

（1）尽量减少控制电路中电源的种类和电器的数量，采用标准件和尽可能的选用相同型号的电器。设计线路时，应减少不必要的触点数量以简化线路，提高线路的可靠性。若把图 4-7（a）所示线路改成图 4-7（b）所示线路，就可以减少一个触点。

（2）尽量缩短连接导线的数量和长度。设计线路时，应考虑到元器件之间的实际接线，特别要注意电器柜、操作台和位置开关之间的连线。如图 4-8（a）所示的接线就不合理，因为按钮通常是安装在操作台上的，而接触器通常安装在电气柜内，若按图 4-8（a）接线按钮线势必要两次进入按钮。因此，合理的设计应如图 4-8（b）所示，这样就减少了进出按钮的导线。

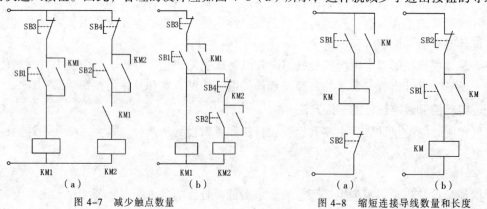

图 4-7　减少触点数量　　　　　图 4-8　缩短连接导线数量和长度

（3）正确连接各种电器的线圈。在电气控制线路的一条支路中不能串联两个电器的线圈，即使两个线圈的额定电压之和等于外加电压也是不允许的，如图 4-9 所示，两个线圈需要同时工作时，其线圈应该是并联的。

（4）正确连接电器元件的触点。同一个电器的常开和常闭触点通常靠的很近，器件老化或者故障时容易出现击穿或者碰线的情况，如若像图 4-10（a）那样设计，则会造成电源短路。因此在一般情况下应将电器元件的线圈置于电源一侧，而将各种器件的触点置于另一侧，以避免器件故障时造成电源短路，如图 4-10（b）所示。

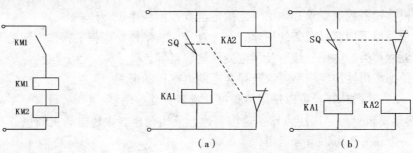

图 4-9　线圈不能串联　　　　　　图 4-10　正确连接电器的触点

（5）在满足控制要求的情况下，应尽量减少通电电器的数量。如图 2-7-8 所示，电动机启动后采用△形运转，此后时间继电器 KT 就失去了作用，为降低能耗同时减少通电电器的数量和延长电器的寿命，我们就应用接触器 KM△ 的常闭触点切断时间继电器线圈支路，以节约电能和延长电器元件寿命。

（6）在不需要顺序控制的电路设计中应尽量避免电器元件依次动作达到控制功能的控制方式。如图 4-11（a）、（b）所示，中间继电器 KA2 和 KA3 的动作是依次进行的，工作不可靠。应改画成图 4-11（c）所示，只需要进过 KA1 的一对触点，故工作可靠。

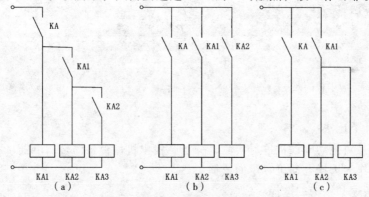

图 4-11　触点的合理

（7）在控制线路的设计中应避免出现寄生回路。控制线路的动作过程中，非正常接通的回路叫寄生回路。如图 4-12 所示，当热继电器 FR 动作以后，出现虚线所示的寄生回路，轻者出现电路误动作，重者造成严重的人身和设备事故。

（8）为保证控制线路工作的可靠和安全，应具备完善的保护环节，即使在误操作的情况下也不致造成事故。

通常应根据电气控制线路的需要选用短路、过载、过流、过压、失压、弱磁等保护环节，必要时还应考虑设置

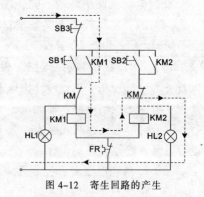

图 4-12　寄生回路的产生

分合闸机械联锁、急停、事故信号等环节。如图 2-7-1 三相异步电动机 Y-△ 降压启动控制线路中，接触器 KM△ 的常闭触点就是为了防止在启动过程结束后设备正常运行时再次按下启动按钮的误操作而设置的。

三、电气控制线路设计的内容和一般步骤

（1）根据设备控制要求和加工工艺拟定电气控制线路设计任务书。

通常包括以下内容：设备的用途、工艺过程、技术性能、相关操作方面的要求、现场环境、供电电网种类、电压、频率及供电变压器容量等。

（2）根据实用性和经济型要求选择合适的电气传动形式。

① 传动方式的选择：可以选用单独拖动或者分立拖动。

② 调速要求：可以选用齿轮变速箱调速、液压调速、多速电动机调速或者无级调速。根据需要，上述方法可以组合运用，兼而有之。

无级调速一般适用于大型设备、精密机械、自动化程度较高的设备，可采用晶闸管直流调速系统或交流变频调速系统。一般的中小型设备通常采用齿轮变速箱或液压调速。

③ 负载特性：负载特性分为恒功率负载和恒转矩负载。机床的切削运动、直流电动机改变励磁调速属于恒功率调速；而机床工作台的进给运动、直流电动机的调压调速则属于恒转矩调速。

④ 拖动电动机的启动、制动和反向要求。

（3）确定拖动电动机的容量、转速和结构。

① 电动机容量的选择：

a. 分析计算法：

$$P = \frac{P_1}{\eta}$$

式中：P——电动机功率；

P_1——负载轴功率；

η——传动效率。

b. 调查统计类比法：

这种方法就是对拖动电动机进行实测、分析，找出机械设备参数与电动机容量之间的关系，以这些关系作为选择电动机容量的依据。

② 电动机转速和结构的选择：

根据电动机使用环境不同，选用不同类型的电动机，如防尘、防爆、防水等。

（4）选择电气控制方案。根据实际需要，可以选择继电接触器控制、可编程序控制器控制等不同的电气控制方案。

（5）设计电气控制原理图。根据选定的控制方案及控制方式设计系统的原理框图，根据设备各部分的控制要求，设计出原理框图中各个部分的具体控制电路。对于每一部分的设计总是按主电路、控制电路、辅助电路、联锁与保护、总体检查，再经过反复修改与完善的步骤进行。对于简单电气控制线路或者分工明确的设计任务，可以跳过控制系统原理框图的设计直接进行电气控制原理图的设计。

（6）按系统框图或者控制要求校验线路，并按国标制图。

（7）正确选用控制线路中每一个电器元件，并制订元器件目录清单。

（8）设计设备电气柜及一些非标准电气元件。

（9）设计和绘制电气安装图和电气接线图。

（10）编写电气说明书。

上述过程逐步设计调试，只有各个部分都达到技术要求，才能保证总体技术要求的实现，保证总装调试的顺利进行。

思考练习

（1）在生产机械的电气控制线路中，对电动机常采用哪些保护措施？各由什么电器元件来实现？

（2）某机床的主轴和冷却泵分别有两台电动机拖动，要求如下：

① 冷却泵电动机启动后主轴电动机才能启动；

② 主轴电动机能正反转、且能单独停车；

③ 具有短路、过载、欠压和失压保护。

试设计出其电气控制线路图。

（3）设计一个工作台运行的控制线路，要求如下：

① 工作台由原位开始前进，到终点后自动停止；

② 在终点停留 2 min 后自动返回原位停止；

③ 要求工作台在前进或后退途中任意位置都能停止或启动。

试设计出其电气控制线路图。

子学习情境二　复杂电气控制线路的设计及预算

任务目标

（1）综合运用前述学习情境所掌握的电气控制线路相关知识，通过本学习情境的学习进一步提高电气控制线路的设计能力，并学会制定简单预算。

（2）在满足控制要求的前提下，力求使设计的电气控制线路简单、经济、合理、保护措施完善，保证控制线路的正确性、可靠性、安全性和可行性。

（3）提高查阅资料的能力、团队合作和交流表达能力及自我学习能力。

任务描述

专业能力训练环节　RLC（Relay Logic Circuit）设计及预算

某设备有两台三相异步电动机，要求如下：

（1）设备条件：有两台三相异步电动机。第 1 台三相异步电动机型号为 YD123M-4/2，铭牌值为 6.5 kW/8 kW，△/YY 接法，13.8 A/17.1 A，380 V，1 450 r·min^{-1}/2 880 r·min^{-1}。第 2 台三相异步电动机型号为 Y-100L2-4，铭牌为 1.5 kW，Y 接法，3.2 A，380 V，1 432 r/min。

（2）主电路要求：第 1 台双速三相异步电动机自动变速运转，带全波整流能耗制动；第 2 台三相异步电动机正方向运转反接制动。

（3）控制要求：

① 第 1 台三相异步电动机能自动变速运转。

② 第 1 台三相异步电动机带全波整流能耗制动。

③ 第 2 台三相异步电动机正方向运转带反接制动。

④ 两台三相异步电动机具有短路保护、过载保护、零压保护和欠压保护。

（4）技术任务：

① 根据提出的电气控制要求，正确绘出电路图。

② 按所设计的电路图，正确选择材料，然后将其填入明细表。

③ 依据材料明细表正确写出材料价格。

④ 按所设计的电路图和材料明细表，计算并确定本项目的工时定额。

⑤ 简述其工作原理。

（5）说明事项：

线路绘制采用 GB/T 4728.1—2005《电气简图用图形符号 第 1 部分：一般要求》和 GB/T 6988.1—2008《电气技术用文件的编制 第 1 部分：规则》等有关标准和规定。

（6）设计工时：180 分钟。

（7）配分：本技能项目满分 70 分，比重 30%。

职业核心能力训练环节

职业核心能力训练环节训练要求同学习情境四子学习情境一。

一、训练目的

见学习情境四子学习情境二【任务目标】。

二、训练器材

同学习情境四子学习情境一。

专业能力训练环节　RLC（Relay Logic Circuit）设计及预算

参考训练步骤

（1）指导教师进行任务描述后简要说明任务实施的目的和要求，因为本学习情境的设计任务比较复杂，且项目比较多，学员在熟读和理解了电气控制要求和加工工艺后可以根据相关内容直接进行电气控制线路的设计。

① 了解设备的电气控制要求和工作过程。

② 分拆工艺过程，根据各部分控制要求和用途不同确定电气控制方案如下：

根据设计要求，设备采用两台电动机拖动。第1台双速异步电动机自动变速运转，带全波整流能耗制动；双速电动机绕组接线可参照双速异步电动机三相定子绕组△/YY接线，能耗制动是：当三相异步电动机断电惯性旋转时在电动机定子绕组中通入直流电，产生固定的磁场，旋转的转子绕组切割该磁场产生制动力矩使电动机制动停转；第一台电动机的主电路设计可采用如图4-13所示电气控制线路草图。

第2台三相异步电动机单方向运转反接制动，主电路可参照反接制动原理设计控制线路，反接制动过程的结束（准确停转）必须使用反接制动继电器或者速度继电器控制，根据速度继电器结构将两者同轴联结，主电路的构成可以采用如图4-14所示电气控制草图。

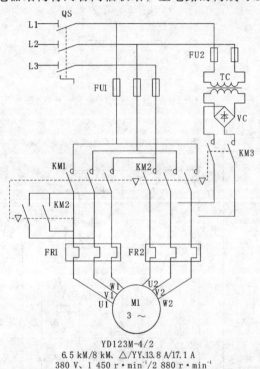

YD123M-4/2
6.5 kM/8 kM、△/YY、13.8 A/17.1 A
380 V、1 450 r·min⁻¹/2 880 r·min⁻¹

图4-13　双速电动机能耗制动控制主电路草图

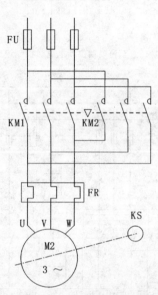

Y-100L2-4、1.5 kW、Y接法
3.2 A、380 V、1 432 r/min

图4-14　单向运行反接制动控制主电路草图

根据第一台双速电动机主电路图设计出其控制电路，考虑到尽量减少通电电器元件的数量，控制电路可采用断电延时的双速电动机自动转换控制线路，由于绕组高速YY型接法时星点处电流很小（三相绕组是平衡的），故交流接触器KM2的常开辅助触点可用于星点并接，当然也可以使用两个交流接触器线圈并联来达到控制目的，控制电路草图如图4-15所示。

根据第二台电动机单向运行反接制动主电路草图设计其控制电路草图如图4-16所示。

③ 有机地组合基本拖动方案。考虑到双速电动机为高低速自动进阶切换，低速启动时不再设置过载保护，因此缩减FR1低速过载保护热继电器；双速电动机的能耗制动环节采用了简单化的停车按钮SB2点动控制，读者若有兴趣可自行分析设计带自锁的控制方案。

④ 控制线路各项保护措施的完善，控制线路应该具有短路、过载、欠压和失压保护。组合完善后的电气控制线路草图如图4-17所示。

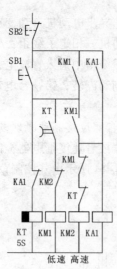

图 4-15　双速电动机断电延时控制线路草图

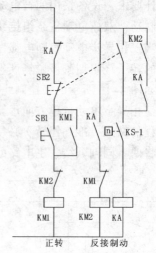

图 4-16　单向运行反接制动控制电路草图

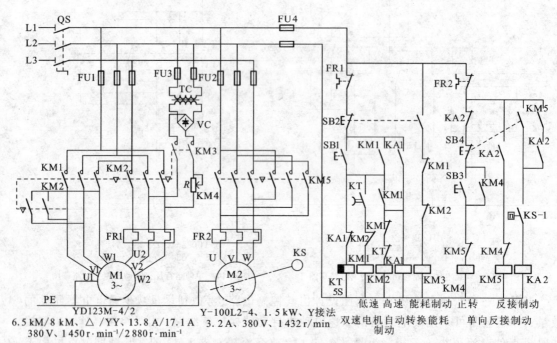

图 4-17　组合完善后的电气控制线路草图

⑤ 结合设备电气控制要求和工艺过程，提出控制方案中须改进之处。学员可以开展讨论，补充控制方案，进一步完善设计内容。

⑥ 校验改进后的控制线路并标注线号，绘制定稿后的完整电气控制线路。

控制线路初步设计完成后，可能还会有不合理、不可靠、不安全的地方，应当根据经验和控制要求对控制线路进行认真仔细地校核，以保证控制线路的正确性和实用性。如能否将现有的点动能耗制动环节改变成制动期间带自锁的控制方案。还有，为了全面掌握制动环节的设计方法，积累经验，建议学员考虑双向串联制动电阻反接制动的控制方案。

读者可以运用学习情境一介绍的 Visio 绘图软件绘制完整的电气控制线路图。

（2）根据设计完成的电气原理图选择配套使用的电器元件，见表 4-5。学员也可以根据学习情境二介绍的元件选用相关内容或者市场调查制定符合要求的元件明细表。

表 4-5　主要元件明细表（购置计划表或元器件借用表）

单价（金额）单位：元

代号	名称	规格、型号	单位	数量	估单价/元	金额/元	用途	备注
M1	三相异步电动机	YD123M-4/2、6.5 kW/8 kW、△/YY、13.8 A/17.1 A、380 V、1 450 r·min⁻¹/2 880 r·min⁻¹	台	1				
M2	三相异步电动机	Y-100L2-4、1.5 kW、Y 接法、3.2 A、380 V、1 432 r/min	台	1				
QS	组合开关	HZ10-60/3、380 V、60 A、三极	只	1				
FU1	熔断器	RL1-60/30	只	3				
FU2	熔断器	RL1-15/6	只	3				
FU3	熔断器	RL1-15/2	只	2				
FU4	熔断器	RL1-15/4	只	2				
KM1、2	交流接触器	CJ10-20、20 A、线圈电压 380 V	只	2				
KM3、4、5	交流接触器	CJ10-10、10 A、线圈电压 380 V	只	3				
FR1	热继电器	JR16-20/3、三极、20 A、整定电流 17.1 A	只	1				
FR2	热继电器	JR16-20/3、三极、20 A、整定电流 3.2 A	只	1				
TC	整流变压器	380 V/110 V、500 V·A	只	1				
VC	桥式整流器	2CZ10、10 A、1000 V	只	4				
R	制动电阻	RF54-10/300，10 Ω、300 W	只	3				
KS	速度继电器	JY-1 速度继电器	只	1				
SB1、2	按钮	LA10-2H、保护式、380 V、5 A	只	1				
SB3、4、5	按钮	LA10-3H、保护式、380 V、5 A	只	1				
KT	时间继电器	JS7-4 A、380 V、整定时间 3 s±1 s	只	1				
KA1、2	中间继电器	JZ7-44、380 V、5 A	只	2				
XT	接线端子排	主电路 JD0-2020、380 V、20 A、20 节；控制电路 JD0-1020、380 V、10 A、20 节	条	各 1				
	主电路导线	BVR-2.5 及 1.5	m	若干				
	控制电路导线	BVR-1	m	若干				
	按钮线	BVR-0.75	m	若干				
	接地线	BVR-1.5	m	若干				

本表＿＿式＿＿份(第＿＿份　共＿＿份)

制表：　　　审核：　　　　审批：

（3）按所设计的电路图和材料明细表，计算并确定安装调试任务的参考工时定额见表4-6。

表4-6　电气控制系统安装调试参考工时定额表

项目任务名称：				备注
大类	分项目	工时/h	任务明细	
安装前的准备	（1）熟悉和审查技术文件及图纸	8	技术文件主要包括：设计说明书、电气设备布置图、基础图、电气安装图、电气原理图和设备出厂说明书	
安装前的准备	（2）准备好安装工具、测量用具及仪表	2	安装工具包括常用电工工具及特殊工具；测量工具和仪表包括钢直尺、水平尺、千分尺和万用表、兆欧表等仪表	
安装前的准备	（3）器材及耗材领用保管	2	按材料明细表领用，器材到现场后如不能立即安装则应有专人保管	
安装前的准备	（4）安装前的检查	8	器件耗材检查，设备基础、控制箱柜检查，电机检查、其他附件检查	
控制回路的安装	（1）控制柜的安装准备	4	测算控制柜的主要技术数据和外形尺寸并安装行线槽	电、钳配合
控制回路的安装	（2）器件安装	4	柜、板元器件安装和设备配套器件安装，以及信号灯等其他器件安装	
控制回路的安装	（3）控制线路布线	8	按原理图或接线图具体要求布线，记录线号和线色	
控制回路的安装	（4）控制线路通电调试	4	按线路功能模拟调试	
控制回路的安装	（5）控制线路绑扎	4	控制线路绑扎定型	
主电路的安装	（1）电机安装调整	4	电机安装，水平、同轴调整并接地	电、钳配合
主电路的安装	（2）进线检查	2	上一级开关柜搭火准备	
主电路的安装	（3）主电路布线	8	按原理图或接线图具体要求布线，记录线号和线色	
主电路的安装	（4）检查并绑扎	4	主电路绑扎	
空载联机调试	（1）熔体的检查调整	0.5	根据电机功率及设备工况选配合适的熔体规格并紧固	
空载联机调试	（2）热继电器的检查调整	0.5	根据电机功率初调整定值，联机调试后根据实测数据调整	
空载联机调试	（3）过电流继电器的调整	0.5	根据电机功率初调整定值，联机调试后根据实测数据调整	
空载联机调试	（4）欠电压继电器的调整	0.5	根据现场供电电压，采用调压器实测数据调整	
空载联机调试	（5）时间继电器的调整	0.5	根据设计要求调整延时时间整定值	
空载联机调试	（6）速度继电器的调整	1	根据联机调试后实测数据调整	
空载联机调试	（7）制动环节的调整	1	根据设计要求进行制动电阻值的检查测量调整	
参数校验	额定工况通电试车联机统调	8	根据实际工况进行各参数的校验	
合计工时：				

（4）元器件安装布置图和接线图可根据元器件尺寸按学习情境二自行策划作图。

（5）按要求设计并绘制完整的控制线路图后，等待指导教师对学员本人的"专业能力训练环节"进行评价，并对本训练环节存在的问题进行点评（教师或学员依照【任务评价】中的电气控制线路设计评价标准进行评价）。随后，学员简要小结本环节的训练情况并填入表4-7中，然后进入"核心能力训练环节"的训练。

表 4-7　专业能力训练环节（经验小结）

职业核心能力训练环节　参考训练步骤

同学习情境四子学习情境一。

任务评价

（1）专业能力训练环节　电气控制线路设计的评价标准同表 4-3。

（2）职业核心能力评价表同学习情境一中表 1-6～表 1-9。

（3）个人单项任务总分评价表同表 4-4。

相关知识

1. 能耗制动的工作原理

所谓能耗制动，即在电动机脱离三相交流电源后惯性旋转时，在定子绕组上外加一个直流电压，产生定子绕组直流电流同时形成固定的磁场，惯性旋转的转子绕组（闭合的回路）切割该磁场产生感应电流；绕组产生的感应电流的方向可以用右手定则来判定：伸开右手，使大拇指跟其余四个手指垂直，并且都跟手掌在一个平面内，把右手放入磁场中，让磁力线垂直穿入手心，大拇指指向导体运动的方向，那么其余四个手指所指的方向就是感应电流的方向。同时转子绕组感应电流与定子绕组产生的固定磁场相互作用产生制动力矩 f，通电导体在磁场中的受力方向可以用左手定则判断：张开左手，四指并拢，拇指与四指垂直，让磁感线垂直穿入你的手掌，四指与导体的电流方向一致，拇指所指的方向就是导体的受力方向。惯性旋转力矩和制动力矩方向相反，两者相互作用，使电动机迅速减速，组后停转。值得注意的是：当制动回路的电阻固定时，旋转速度越快制动力矩越大反之越小，能耗制动的制动过程是柔性的，通过调整制动回路的阻值还能改变制动的强度。直流能耗制动的工作如图 4-18 所示。

2. 能耗制动控制方案的实现

能耗制动控制方案的实现通常分为：

（1）时间控制原则，即利用时间继电器控制制动过程的结束。

（2）速度控制原则，即利用速度继电器控制制动过程的结束。

为了限制制动电流和调节制动力矩的大小还可以在制动回路中串联可调电阻，制动电阻阻值、容量的大小受实际使用环境影响较大，时间控制原则制动时间是

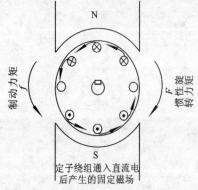

图 4-18　直流能耗制动的工作原理

固定的，属于比较模糊的控制，且当负载转矩发生变化时差距会更大，所以经常要调教制动的整定时间；而速度控制原则属于比较精确地控制，且不受负载转矩变化的影响，控制精度较高。

1. 什么是电路图？简要叙述绘制、识读电路图应遵循的原则。

2. 请简要概括采用经验设计法设计电气控制线路的注意要点，并举例说明。

3. 简述影响能耗制动制动力矩大小的因素？通过查阅资料，为本学习情境图 4-17 选择制动电阻的具体参数。

4. 将图 4-17 第一台电动机的控制方案改变为制动过程带自锁环节的控制方案。

5. 将图 4-15 第二台电动机的控制方案改变为双向启动串电阻反接制动的控制方案。

学习情境五

安装与维修直流电动机控制线路

本学习情境介绍的控制对象为直流电动机。直流电动机因其良好的调速性能和启动性能得到了较为广泛的应用，常用于大型可逆轧钢机、卷扬机、电力机车、电车等设备。下面我们通过四个子学习情境来学习直流电动机的启动、正反转、制动和调速控制线路的安装与维护。

子学习情境一　安装与维修直流电动机串电阻启动控制线路

任务目标

（1）懂得直流电动机串电阻启动控制线路的工作原理。

（2）学会正确、快速地安装直流电动机串电阻启动控制线路的方法，并能一次通电试车成功。

（3）提高电气控制线路运行故障的分析能力，能熟练应用电阻测量法、电压测量法进行电气控制线路故障的排除。

（4）提高自我学习、信息处理、数字应用等方法能力及与人交流、与人合作、解决问题等社会能力；自查 6S 执行力。

任务描述

专业能力训练环节一　直流电动机串电阻启动控制线路的安装

按照图 5-1 他励直流电动机串电阻启动控制线路的电气线路安装。安装要求如下：

（1）按图 5-1 他励直流电动机串电阻启动控制线路进行正确熟练的安装。

（2）元件在配线板上布置要合理，并要求自行布局。元件安装要正确紧固，配线要求合理、美观，导线要进入行线槽。

（3）正确使用电工工具和仪表。

（4）按钮盒不固定在配线板上，电源和电动机配线、按钮接线要接到端子排上，注意电源和电动机接线时的正、负极性，分清励磁绕组和电枢绕组，进出行线槽的导线要有端子标号，引出端子要用别径压端子。

（5）进入实训场地要穿戴好劳保用品并进行安全文明操作。

（6）工时：210 min。本工时包含试车时间。

（7）配分：本技能训练满分 100 分，比重 50%。

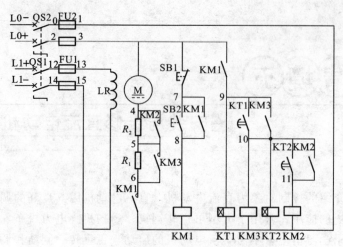

图 5-1　他励直流电动机串电阻启动控制线路

专业能力训练环节二　直流电动机串电阻启动控制线路的故障排除

　　在试车成功的配线板上进行 2～3 处的模拟故障设置，交叉进行故障排除训练。排故要求如下：

　　（1）在配线板上人为设置 2～3 处模拟导线接触不良而形成的隐蔽的断路故障。

　　（2）故障可以设置在主电路上也可以设置在控制电路中。

　　（3）由于每人完成能力训练环节一的速度不同，试车成功的学生即可相继进行相互出故障及排故障的能力训练环节。

　　（4）故障设置时尽量避免出短路的故障，可以根据挑战难易程度的不同步骤设置错误接线的故障。

　　（5）故障排除完毕，进行通电试车检测时，务必穿戴好劳保用品并严格按照用电安全操作规程通电试车，且要有合格的监护人监护通电试车过程。

　　（6）注意不要停留在"用肉眼寻找故障"的低级排故水平上，而应该用掌握的工作原理根据故障现象来分析故障所处的大概位置，并用万用表检测与判断准确的故障点位置。

　　（7）工时：每个故障限时 10 min。

　　（8）配分：本技能训练满分 100 分，比重 30%。

职业核心能力训练环节

　　以小组为单位，用经验报告的形式简要叙述专业能力训练环节一、二的训练经验，并回答相关问题，要求如下：

　　（1）汇报小组成员及其分工。

　　（2）汇报的格式与内容要求：

① 汇报用 PPT 的第一页结构见示意图 1-6。

② 汇报用 PPT 的第二页提纲的结构示意图 1-7。

③ PPT 的底板图案不限，以字体与图片醒目、主题突出，字体颜色与背景颜色对比适当，视觉舒服为准。

④ 汇报内容由各小组参照汇报提纲自拟。

（3）汇报要求：声音洪亮、口齿清楚、语句通顺、体态自然、视觉交流、精神饱满。

（4）职业核心能力训练目标：通过本任务的训练提升各小组成员与人交流、与人合作、解决问题等社会能力以及提高自我学习、信息处理、数字应用等方法能力。

（5）企业文化素养目标：自查 6S 执行力。

（6）评价标准：参见表 1-5。

（7）工时：每小组主讲员汇报用时 5 min，每小组点评员点评用时 1～2 min，教师点评用时 15 min 以上（包含学生学习过程中共性问题的讲解时间）。

（8）配分：本任务满分 100 分，比重 20%。

（9）回答问题：

已知图 5-1 的他励直流电动机 M 的型号规格，请选择图 5-1 所需的元件，将正确答案填入表 5-1，并简要回答选择的依据。

表 5-1　元件明细表（购置计划表或元器件借用表）

单价（金额）单位：元

代　　号	名　　称	型号	规格	单位	数量	单价	金额	用途	备注
M				台	1				
QS1									
QS2									
FU1									
FU2									
KM1、KM2、KM3									
R1	启动电阻								
R2	启动电阻								
KT1、KT2									
SB1、SB2									
XT1（主电路）									
XT2（控制电路）									
	主电路导线								
	控制电路导线								
	电动机引线								
	电源引线								
	电源引线插头								
	按钮线								

代　号	名　　称	型号	规格	单位	数量	单价	金额	用途	备注
	接地线								
	自功螺钉								
	编码套管								
	U 形接线鼻								
	行线槽								
	配线板		金属网孔板或木质配电板						
合计金额（元）									

注：价格可依据市场调查或淘宝网咨询。

 **任务实施**

一、训练目的

见【任务目标】。

二、训练器材

（1）工具：验电笔、尖嘴钳、斜口钳、剥线钳、螺钉旋具等电工常用工具。

（2）仪表：MF47 型万用表、ZC25-3 型兆欧表、数字转速表或机械转速表。

（3）电器：时间继电器、直流接触器、启动电阻、他励直流电动机等，详见表 5-1。

（4）材料：配线板、主电路与控制电路的导线、行线槽、紧固件、编码套管、U 型接线鼻及电缆。

三、预习内容

（1）写出图 5-1 所示他励直流电动机串电阻启动控制线路的工作原理：

_____

_____

_____

_____ 。

（2）熟练掌握组合开关、熔断器、直流接触器、时间继电器、按钮、接线端子排等低压电器及配电导线的选用方法，在导线的选用上要注意软导线的识别与选用。并填写好表 5-1 的元件选择明细表。

（3）了解直流电动机原理、结构，熟悉它的图形符号与文字符号。并能正确识别、选用、安装、使用直流电动机。

（4）分析电路图 5-1 安装完毕后的自检核心步骤。

（5）熟悉行线槽配线工艺。

四、训练步骤

专业能力训练环节一　参考训练步骤

（1）明确"专业能力训练环节一"任务实施要求后，各组成员根据课前预习的【相关知识】相关内容检查相关电器元件的数量以及技术参数是否符合要求，外观有无损伤，备件、附件是否齐全完好。各项检查到位后进行他励直流电动机串电阻启动控制线路的安装。安装要求见【任务描述】"专业专业能力训练环节一"。

（2）安装完毕后用万用表电阻检测法进行控制线路安装正确性的自检。

（3）自检完毕（若有故障待修复故障）后进行电气控制线路的通电试车，进行试车环节的学生要注意以下几点：

① 自检无误后，安装好螺旋式熔断器内的熔芯（一般控制电路短路保护的熔芯规格为3～5A，主电路的两只熔芯规格取决于电动机或其他负载的额定电流，并用万用表电阻×1挡测量安装上的熔芯是否接通了熔断器的进出接线桩头，直到熔断器的进出接线桩头可靠连通。随后调节好时间继电器的时间整定值（各设定3 s）。

② 独立进行电气控制线路板外围电路的连接。如连接电阻箱的导线、连接他励直流电动机励磁、电枢绕组的导线、连接电源线，并注意正确的连接顺序、极性，接线顺序遵循先接负载线，再接电源线的原则。

③ 连接好电气控制线路试车板的外围电路后，按照正确的通电试车步骤，并在指导教师的监护下进行通电试车。

④ 通电试车步骤如下：

接通直流电源→合上电源开关 QS1、QS2→按下启动按钮 SB2，线路通电后注意观察各低压电器及电动机的工作状况，如出现异常情况，应立即切断电源，并仔细记录故障现象，以作为故障分析的依据，并及时回到工位进行故障修复，待故障排除后再次通电试车，直到试车成功为止。

本电路正常的试车现象为：

合上电源开关 QS1、QS2，按下启动按钮 SB2，接触器 KM1 得电，电枢绕组串入两级电阻启动。间隔两个 3S 时间，时间继电器 KT1、KT2 依次得电，电枢电阻 R1、R2 相继被接触器 KM3、KM2 切除，电动机全速运行。

按下停止按钮 SB1，接触器 KM1 失电，电动机电枢绕组断电，电动机在惯性作用下慢慢停转，观点 QS2、QS1 切断总电源。

⑤ 在指导教师的监护下，独立进行电气控制线路板外围电路的拆线。拆线顺序遵循先拆电源线，再拆负载线的原则。

切记！不能在电动机工作中断开励磁绕组的电源，也不能在没断电的情况下拆除电源线与负载线。

⑥ 拆线完毕，通电试车全部结束，将自己完成的电气控制线路配线板放回自己的工位。

（4）试车成功后按照正确的断电顺序与拆线顺序进行配线板外围线路的拆除，按照 6S 标准整理好自己的实训工位，待指导教师对 "专业能力训练环节一"的实训效果进行评价后，简要小结本环节的训练经验并填入表 5-2，进入"专业能力训练环节二"的能力训练。

（回到工位后注意不要拆除控制电路）。

（5）指导教师对本任务实施情况的进行总体评价。

表 5-2　专业能力训练环节一（经验小结）

专业能力训练环节二　参考训练步骤

（1）按照交叉进行排故训练的原则，试车成功的学生相互进行故障的设置。设置情况可分两种：

① 在同组或异组同学的配线板上出 2～3 处的模拟故障点，回到自己的配线板上进行排故训练。

② 在自己的配线板上出 2～3 处的模拟故障点，与同组或异组同学进行交叉排故训练。

③ 注意【任务描述】中"专业能力训练环节二"的排故要求。

（2）相互约定排故的开始时间与结束时间，到约定的结束时间时双方自动停止排故训练，自觉检测自身的故障排除能力。

（3）通电试车用以检查排故效果时一定要注意相互间的安全监护，不清楚应该监护的信息时严禁进行学生间监护形式的通电试车。改由实训指导教师监护下进行试车。

排故过程注意以下规定动作的训练：

① 对已经设置故障的电气线路进行通电试车，观察并记录通电试车时，操作按钮 SB2，观察各电器元件及电动机的动作情况是否符合正常的工作要求，尤其注意观察时间继电器的动作情况，对不正常的工作现象进行记录。

记录不正常的工作现象：

故障 1：_____。

故障 2：（在前一故障排除的条件下）_____。

故障 3：（在前一故障排除的条件下）_____。

此外，排查故障的方法还可以用万用表电阻法进行检测（这种方法相对比较安全）。

② 根据工作原理分析造成以上不正常现象的可能原因：

故障 1：_____。

故障 2：（在前一故障排除的条件下）_____。

故障 3：（在前一故障排除的条件下）_____。

③ 确定最小故障范围：

故障 1 可能范围：_____。

故障 2 可能范围：_____。

故障 3 可能范围：_____。

④ 按照分析的最小故障范围用电阻法进行故障检测，确认最终的故障点。（可选择）

故障 1 所处位置：_____。

故障 2 所处位置：_____。

故障 3 所处位置：_____。

⑤ 进行相应故障点的电气故障修复。

（4）同学间相互依照【任务评价】教学环节的排故训练评分标准进行互评，互评时要求客观、公正、真诚、互助。

（5）"专业能力训练环节二"结束时，简要小结本环节的训练经验并填入表 5-3，进入职业核心能力训练。

表 5-3　专业能力训练环节二（经验小结）

（6）训练注意事项：

① 检修前应掌握电路的工作原理，熟悉电路结构和安装接线布局。

② 检修应注意测量步骤，检修思路和方法要正确，不能随意测量和拆线。

③ 带电检修时，必须有教师在现场监护，排除故障应断电后进行。

④ 检修严禁扩大故障，损坏元器件。

⑤ 检修必须在定额时间内完成。

（7）教师对本环节存在的问题进行综合点评。

职业核心能力训练　参考训练步骤

职业核心能力训练步骤参见学习情境一的【任务实施】中的训练步骤 1～7。指导教师对各小组三个环节的能力训练情况进行综合评价。

 相关知识

（1）专业能力训练环节一的评价标准见表 5-4。

表 5-4　专业能力训练环节一的评价标准

序号	主要内容	考核要求	评分标准	配分	扣分	得分
1	元件安装	（1）按图纸的要求，正确使用工具和仪表，熟练安装电气元器件。 （2）元件在配电板上布置要合理，安装要准确、紧固。 （3）按钮盒不固定在板上	（1）元件布置不整齐、不匀称、不合理，每只扣 3 分 （2）元件安装不牢固，每只扣 4 分 （3）安装元件时漏装木螺钉，每只扣 1 分 （4）损坏元件，每只扣 5～15 分 （5）走线槽安装不符合要求，每处扣 2 分	15		
2	电气布线	（1）接线要求美观、紧固、无毛刺，导线要进行线槽。	（1）电动机运行正常，如不按图接线，每处扣 5 分	35		

序号	主要内容	考核要求	评分标准	配分	扣分	得分
2	电气布线	（2）电源和电动机配线、按钮接线要接到端子排上，进出线槽的导线要有端子标号，引出端要用别径压端子。	（2）布线不进行线槽，不美观，主电路、控制电路每根扣1分 （3）接点松动、露铜过长、反圈、压绝缘层，标记号不清楚、遗漏或误标，引出端无别径压端子每处扣1分 （4）损伤导线绝缘或线芯，每根扣1分	35		
3	通电试验	在保证人身和设备安全的前提下，通电试验一次成功	（1）电路配错熔体，每个扣5分 （2）一次试车不成功扣30分 二次试车不成功扣40分 三次试车不成功扣50分	50		
4		安全文明生产	（1）违反安全文明生产规程扣5~40分 （2）乱线敷设，加扣不安全分扣10分	倒扣		
备注	除了定额时间外，各项内容的最高分不应超过配分数		合计	100		
额定时间210 min	开始时间	结束时间		考评员签字	年 月 日	

（2）专业能力训练环节二的评价标准见表5-5。

表5-5　专业能力训练环节二的评价标准

项目内容	配分	评　分　标　准		扣分
故障分析	40	（1）不能根据试车的状况说出故障现象扣5~10分		
		（2）不能标出最小故障范围每个故障扣10分		
		（3）不能根据试车的状况说出故障现象每个故障扣10分		
		（1）停电不验电扣5分		
		（2）测量仪表、工具使用不正确每次扣5分		
		（3）检测故障方法、步骤不正确扣10分		
		（4）不能查出故障每个故障扣20分		
		（5）查出故障但不能排除每个故障扣15分		
		（6）损坏元器件扣40分		
		（7）扩大故障范围或产生新的故障每个故障扣40分		
安全文明生产	倒扣	违反安全文明生产规程，未清理场地扣10~60分		
定额时间	30 min	开始时间	结束时间	实际时间
备注	（1）不允许超时检修故障，但在修复故障时每超时1min扣2分 （2）除定额工时外，各项内容的最高扣分不得超过配分数		成绩	

（3）职业核心能力评价表见表1-5~表1-9。

（4）个人单项任务总分评价表参见学习情境一表1-10。

一、直流电动机基本原理

图 5-2 所示为直流电动机的物理模型，直流电源通过电刷 A、B 接至线圈，于是在线圈 $abcd$ 中有电流流过。电流的方向如图 5-2 所示。

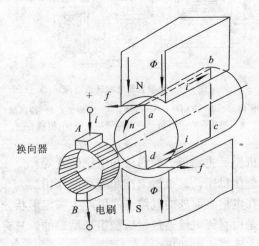

图 5-2　直流电动机物理模型

根据安培定律，载流导体 ab、cd 上受到力的作用，电磁力 f 为

$$f=Bli \qquad (N)$$

式中，i 是导体里的电流，单位为 A。

导体受力的方向用左手定则判断，导体 ab 的受力方向是从右向左，cd 的受力方向是从左向右，如图 5-2 所示。这个力乘转子的半径，就是电磁转矩。此时，电磁转矩的作用方向是逆时针方向，，如果此时的电磁转矩能够克服电枢上的阻转矩，电枢就能按逆时针方向旋转起来，当电枢转过 180° 后，导体 ab 和 cd 的位置正好互换，，由于直流电源产生的电流方向不变，仍从 A 电刷流入，经过导体 cd 、ab 后，从电刷 B 流出。这时导体 cd 受力方向变为从右向左，而导体 ab 受力方向是从左向右，产生的电磁转矩方向不变，电动机保持逆时针旋转。

二、直流电动机的外形

直流电动机的外形如图 5-3 所示。

图 5-3　直流电动机外形图

三、直流电动机主要结构和型号

图 5-4 是一台常用小型直流电动机的结构图。

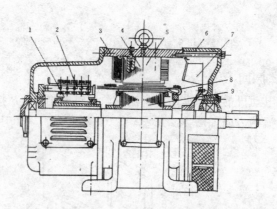

图 5-4　小型直流电动机的结构

1—换向器；2—电刷杆；3—机座；4—主磁极；5—换向极；
6—端盖；7—风扇；8—电枢绕组；9—电枢铁心

1．定子部分

定子部分主要包括有机座、主磁极、换向极和电刷装置等。

一般直流电动机都用整体机座，起机械支撑和导磁的作用。

主磁极的作用是能够在电枢表面外的气隙空间里产生一定形状分布的气隙磁密。绝大多数的直流电动机主磁极都是由直流电流通过励磁绕组来励磁的。只有小直流电动机才用永久磁铁，这种直流电动机叫永磁直流电动机。

励磁绕组一般分为他励、并励、串励和复励等几种，如图 5-5 所示。

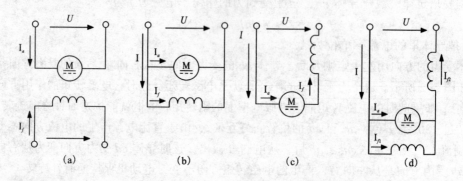

图 5-5　直流电动机的励磁方式

本教材中直流电动机控制电路里均以他励直流电动机为例。

容量较大的直流电动机，在相邻的两个主磁极之间要装上换向极。换向极的作用是为了改善直流电动机的换向。

电刷装置的作用是为了把静止电路里的电流导入到旋转的电路里。

2．转子部分

直流电动机的转子部分包括电枢铁心、电枢绕组、换向器、风扇、转轴和轴承等，如图 5-6 所示。

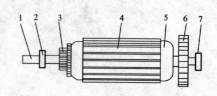

图 5-6　直流电动机的电枢

1—转轴；2—轴承；3—换向器；4—电枢铁心；
5—电枢绕组；6—风扇；7—轴承

3．国产直流电动机的主要系列产品

型号含义：

一般用途的防护式中小型直流电机 ———— Z 2 - 31 ———— 表示铁心长度顺序号

表示第二次设计 ————————— 表示机座号

国产直流电机很多，下面列出一些常用的产品系列。

Z_2 系列是一般用途的中、小型直流电机，包括发电机和电动机。

Z 和 ZF 系列是一般用途的大、中型直流电机系列。Z 是直流电动机系列；ZF 是直流发电机系列。

ZA 系列是防爆安全型直流电动机。

ZH 系列是船用直流电动机。

ZKJ 系列是冶金、矿山挖掘机用的直流电动机。

ZQ 系列是直流牵引电动机。

ZT 系列是用于恒功率且调速范围比较大的拖动系统里的广调速直流电动机。

ZU 系列是用于龙门刨床的直流电动机。

ZZJ 系列是冶金起重直流电动机。

四、他励直流电动机串电阻启动

他励直流电动机启动时，由于启动电流太大，会造成电动机急剧发热;，启动转矩也太大，会对机械形成冲击。因此，一般直流电动机都不允许直接启动，除微型直流电动机外。

直流电动机启动的一般条件：（1）$I_S \leq （2\sim2.5）I_N$；（2）$T_S \geq （1.1\sim1.2）T_N$。

他励直流电动机启动方法一般有电枢回路串电阻启动和降压启动两种。

电枢回路串电阻启动：电枢回路串电阻 R，启动电流为

$$I_S = \frac{U_N}{R_a + R}$$

式中：U_N 为额定电压；R_a 为电枢电阻；R 为所串入的电阻。

若负载转矩 T_L 已知，根据启动条件的要求，可确定所串入电阻 R 的大小。多数情况下为保持启动过程平稳，常采用多级启动电阻逐级切除的方法，启动完成后，切除全部电阻，其特性如图 5-7 所示，启动结束后电动机稳定运行在 A 点。

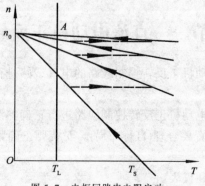

图 5-7 电枢回路串电阻启动

五、他励直流电动机串电阻启动控制线路的原理

合上 QS1、QS2—— 按下 SB2—— KM1 线圈得电 ┌── KM1 主触点闭合—— 电动机在电枢绕组
串入全部电阻情况下启动。
├── KM1 自锁（17–18）
└── KM1 常开触点闭合（13–19）—— KT1 线圈

得电—— 3S 后 KT1 常开触点闭合—— KM3 线圈得电 ┌── KM3 主触点闭合—— 电阻 R1 被切除——
电动机转速提升。
└── KM3 自锁（19–20）—— KT2 线圈得电—— 3S

后 KT2 常开触点闭合—— KM2 线圈得电 ┌── KM2 自锁（20–21）
└── KM2 主触点闭合—— 电阻 R2 被切除—— 电动机全

速运行。

思考练习

1. 直流电动机与绕线式异步电动机的区别只在哪里？
2. 图 5–1 他励直流电动机串电阻启动控制线路中的电阻可以作为调速电阻使用吗？

子学习情境二 安装与维修直流电动机正反转控制线路

任务目标

（1）懂得直流电动机正反转控制线路的工作原理。

（2）学会正确、快速地安装直流电动机正反转控制线路的方法。并能一次通电试车成功。

（3）提高电气控制线路运行故障的分析能力，能熟练应用电压法、电阻测量法进行电气控制线路故障的排除。

（4）提高自我学习、信息处理、数字应用等方法能力及与人交流、与人合作、解决问题等社会能力；自查 6S 执行力。

任务描述

专业能力训练环节一 直流电动机正反转控制线路的安装

按照图 5–8 他励直流电动机正反转控制线路的电气线路进行配电板上的电气线路安装。安装要求如下：

（1）按图 5–8 他励直流电动机正反转控制线路进行正确熟练的安装。

（2）元件在配线板上布置要合理(自行布局)。安装要正确紧固，配线要求合理、美观，导线要进入线槽。

（3）正确使用电工工具和仪表。

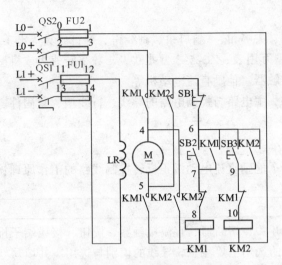

图 5-8 他励直流电动机正反转控制线路

（4）按钮盒不固定在配线板上，电源和电动机配线、按钮接线要接到端子排上（注意电源和电动机接线时的正、负极性），进出线槽的导线要有端子标号，引出端子要用别径压端子。

（5）进入实训场地要穿戴好劳保用品并进行安全文明操作。

（6）工时：210 min。本工时 210 min 包含试车时间。

（7）配分：本技能训练满分 100 分，比重 50%。

专业能力训练环节二　直流电动机正反转控制线路的故障排除

在试车成功的配线板上进行 2～3 处的模拟故障设置，交叉进行故障排除训练。排故要求同学习情景五的子学习情境一专业能力训练环节二所述。

工时：每个故障限时 10 min。

配分：本技能训练满分 100 分，比重 30%。

职业核心能力训练环节

以小组为单位总结以上两个专业能力训练环节的实施经验，并回答教师提出的问题。训练要求同学习情境三子学习情境一的职业核心能力训练环节所述。

工时：每小组主讲员汇报用时 5 min，每小组点评员点评用时 1～2 min，教师点评用时 15 min 以上。

配分：本任务满分 100 分，比重 20%。

 任务实施

一、训练目的

见【任务目标】。

二、训练器材

（1）工具：验电笔、尖嘴钳、 斜口钳、剥线钳、螺钉旋具等电工常用工具。

（2）仪表：MF47 型万用表、ZC25-3 型兆欧表、数字转速表或机械转速表。

（3）电器：直流接触器、他励直流电动机等。

（4）材料：控制板、主电路与控制电路的导线、行线槽、紧固件、编码套管、U 形接线鼻及电缆。

三、预习内容

（1）写出图 5-8 所示他励直流电动机正反转控制线路的工作原理：

_____

_____。

（2）熟练掌握组合开关、熔断器、直流接触器、按钮、接线端子排等低压电器及配电导线的选用方法，在导线的选用上要注意软导线的识别与选用。并填写好元件选择明细表（自制表格）。

（3）分析电路图 5-1 安装完毕后的自检核心步骤。

四、训练步骤

参考子学习情境一的各任务训练步骤。

任务评价

（1）专业能力训练环节一的评价标准见表 5-4。

（2）专业能力训练环节二的评价标准见表 5-5。

（3）职业核心能力评价表见表 1-5～表 1-9。

（4）个人单项任务总分评价表参见学习情境一表 1-10。

相关知识

一、他励直流电动机的正反转

他励直流电动机的正反转从理论上讲，只要改变励磁绕组或电枢绕组中电流方向即可改变电动机的转向。在实际控制中，通常采用改变电枢电流方向的方法，因为直流电动机在工作过程中不能出现失励的现象，失励可能导致"飞车"现象。

二、他励直流电动机的正反转控制线路工作原理

合上 QS1、QS2——按下 SB2——KM1 线圈得电——KM1 辅助触点联锁（9-10）

　　　　　　　　　　　　　　　　　　　　　——KM1 辅助触点自锁（6-7）

　　　　　　　　　　　　　　　　　　　　　——KM1 主触点闭合——电动机正转。

合上 QS1、QS2——按下 SB3——KM2 线圈得电——KM2 辅助触点联锁（7-8）

　　　　　　　　　　　　　　　　　　　　　——KM2 辅助触点自锁（6-9）

　　　　　　　　　　　　　　　　　　　　　——KM2 主触点闭合——电动机反转。

按下 SB1——控制回路失电——主回路主触点断开——电动机电枢绕组失电在惯性作用下慢慢停转。关掉 QS2、QS1。

（1）直流电动机正反转的方法有几种？图 5-8 他励直流电动机正反转控制线路采用哪种方法反转？

（2）请设计图 5-8 他励直流电动机正反转控制线路的元器件安装布局图。

子学习情境三　安装与维修直流电动机制动控制线路

任务目标

（1）懂得直流电动机制动控制线路的工作原理。

（2）学会正确、快速地安装直流电动机制动控制线路的方法。并能一次通电试车成功。

（3）提高电气控制线路运行故障的分析能力，能熟练应用电压法、电阻法进行电气控制线路的故障排除。

（4）提高自我学习、信息处理、数字应用等方法能力及与人交流、与人合作、解决问题等社会能力；自查 6S 执行力。

任务描述

专业能力训练环节一　直流电动机制动控制线路的安装

按照图 5-9 他励直流电动机制动控制线路进行电气线路安装。安装要求同子学习情境一专业能力训练环节一。元件布局图自行设计，元件在配线板上布置要合理。

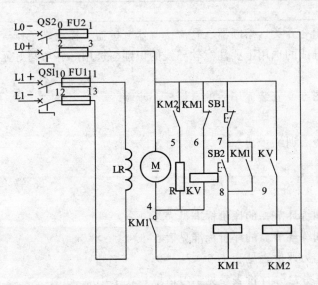

图 5-9　他励直流电动机制动控制线路

专业能力训练环节二　直流电动机制动控制线路的故障排除

在试车成功的配线板上进行 2～3 处的模拟故障设置，交叉进行故障排除训练。排故要求同子学习情境一专业能力训练环节二。

职业核心能力训练环节

以小组为单位总结以上两个专业能力训练环节任务的实施经验，并回答教师提出的问题。回答要求同子学习情境一核心能力训练环节所述。

 **任务实施**

一、训练目的
见【任务目标】。

二、训练器材
（1）工具：验电笔、尖嘴钳、斜口钳、剥线钳、螺钉旋具等电工常用工具。

（2）仪表：MF47 型万用表、ZC25-3 型兆欧表、数字转速表或机械转速表。

（3）电器：直流接触器、他励直流电动机等。

（4）材料：控制板、主电路与控制电路的导线、行线槽、紧固件、编码套管、U 型接线鼻及电缆。

三、预习内容
（1）写出图 5-9 所示他励直流电动机制动控制线路的工作原理：

_____

_____。

（2）熟练掌握组合开关、熔断器、直流接触器、按钮、接线端子排等低压电器及配电导线的选用方法，在导线的选用上要注意软导线的识别与选用。并填写好元件选择明细表（自制表格）。

（3）分析电路图 5-9 安装完毕后的自检核心步骤。

四、训练步骤
参考子学习情境一训练步骤。

任务评价

（1）专业能力训练环节一的评价标准见表 5-4。

（2）专业能力训练环节二的评价标准见表 5-5。

（3）职业核心能力评价表见表 1-5～表 1-9。

（4）个人单项任务总分评价表参见学习情境一表 1-10。

一、他励直流电动机能耗制动

他励直流电动机能耗制动的方法是在电动机停车时，保持励磁绕组继续通电，电枢绕组断电后在电枢回路中串入制动电阻 R，利用电枢感应电流产生的制动转矩来迫使电动机在短时间内停车的方法。所串制动电阻越大，电枢电流越小，电磁转矩也越小，制动时间较长。反之则制动时间短。但是制动电阻过小会造成电枢电流过大而导致换向困难，因此，能耗制动过程中电枢电流有个上限，即电动机允许的最大电流 $I_{a\max}$。根据 $I_{a\max}$，可以计算出能耗制动过程中电枢回路串入的电阻最小值 $R_{\min}$。

$$R_{\min} = \frac{E_a}{I_{a\max}} - R_a$$

式中：E_a 为能耗制动开始瞬间的电枢感应电动势。

二、他励直流电动机能耗制动控制线路工作原理

合上 QS1、QS2——按下 SB2——KM1 线圈得电——KM1 辅助触点自锁（7-8）

————KM1 辅助触点断开（3-6）——保证 KV 不能得电

————KM1 主触点闭合（4-1）——电动机启动运行。

停车时，按下 SB1——KM1 线圈失电——KM1 自锁断开

————KM1 主触点断开——电动机电枢断电后惯性转动

————KM1 常闭触点复位闭合——电枢感应电动势使 KV 线圈得电——KV 常开触点闭合（3-9）——KM2 线圈得电——KM2 主触点闭合——电枢串入电阻，电动机进入能耗制动状态——电动机转速迅速下降——电枢两端的感应电动势下降——KV 线圈不能保持吸合状态——KV 常开触点复位而断开——KM2 线圈失电——KM2 主触点断开——制动结束。

关掉 QS2、QS1。

思考练习

（1）直流电动机制动的方法有几种？

（2）图 5-9 他励直流电动机制动控制线路采用什么方法制动？图中 KV 的作用是什么？

子学习情境四　安装与维修直流电动机调速控制线路

任务目标

（1）懂得直流电动机调速控制线路的工作原理。

（2）学会正确、快速地安装直流电动机调速控制线路的方法。并能一次通电试车成功。

（3）提高电气控制线路运行故障的分析能力，能熟练应用电压法、电阻法进行电气控制线路的故障排除。

（4）提高自我学习、信息处理、数字应用等方法能力及与人交流、与人合作、解决问题等社会能力；自查 6S 执行力。

 **任务描述**

专业能力训练环节一　直流电动机调速控制线路的安装

按照图 5-10 他励直流电动机调速控制线路进行电气线路安装。安装要求同子学习情境一专业能力训练环节一。元件布局图自行设计，元件在配线板上布置要合理。

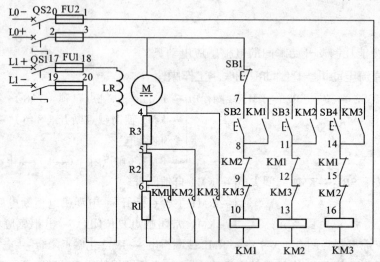

图 5-10　他励直流电动机调速控制线路

专业能力训练环节二　直流电动机调速控制线路的故障排除

在试车成功的配线板上进行 2～3 处的模拟故障设置，交叉进行故障排除训练。排故要求同子学习情境一专业能力训练环节二。

职业核心能力训练环节

以小组为单位总结以上两个专业能力训练环节任务的实施经验，并回答教师提出的问题。回答要求同子学习情境一职业核心能力训练环节所述。

 **任务实施**

一、训练目的
见【任务目标】。

二、训练器材
（1）工具：验电笔、尖嘴钳、斜口钳、剥线钳、螺钉旋具等电工常用工具。
（2）仪表：MF47 型万用表、ZC25-3 型兆欧表、数字转速表或机械转速表。

（3）电器：直流接触器、他励直流电动机等。

（4）材料：控制板、主电路与控制电路的导线、行线槽、紧固件、编码套管、U型接线鼻及电缆。

三、预习内容

（1）写出图5-10所示他励直流电动机调速控制线路的工作原理：

_____

_____。

（2）熟练掌握组合开关、熔断器、直流接触器、按钮、接线端子排等低压电器及配电导线的选用方法，在导线的选用上要注意软导线的识别与选用。并填写好元件选择明细表。

（3）分析电路图5-10安装完毕后的自检核心步骤。

四、训练步骤

参考子学习情境一训练步骤。

任务评价

（1）专业能力训练环节一的评价标准见表5-4。

（2）专业能力训练环节二的评价标准见表5-5。

（3）职业核心能力评价表见表1-5～表1-9。

（4）个人单项任务总分评价表参见学习情境一表1-10。

相关知识

一、他励直流电动机串电阻调速

他励直流电动机在运行时，保持电源电压及磁通在额定值不变，在电枢回路中串入不同的电阻时，电动机运行于不同的转速，如图5-11所示。

调速时所串入的电阻值的计算：

（1）计算 $C_e\Phi_N$

$$C_e\Phi_N = \frac{U_N - I_N R_a}{n_N}$$

（2）计算理想空载转速

$$n_0 = \frac{U_N}{C_e\Phi_N}$$

（3）计算额定转速降落

$$\Delta n_N = n_0 - n_N$$

（4）电枢串电阻后的转速降落

$$\Delta n = n_0 - n$$

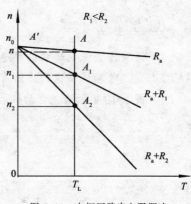

图 5-11 电枢回路串电阻调速

其中 n 即为所需要的实际转速。

（5）计算所串电阻 R

$$R = \frac{\Delta n}{\Delta n_N} R_a - R_a = R_a \left(\frac{\Delta n}{\Delta n_N} - 1 \right)$$

二、他励直流电动机调速控制线路工作原理

合上 QS1、QS2——电动机在电枢绕组串入三级电阻的情况下以最低转速启动运行。

若按下 SB2——KM1 线圈得电——KM1 自锁（16—17）

　　　　　　　　　　　　——KM1 联锁（20—21、23—24）

　　　　　　　　　　　　——KM1 主触点闭合——电阻 R_1 被切除——电动机运行在第二挡转速。

若按下 SB3——KM2 线圈得电——KM2 自锁（16—20）

　　　　　　　　　　　　——KM2 联锁（17—18、24—25）

　　　　　　　　　　　　——KM2 主触点闭合——电阻 R_1、R_2 被切除——电动机运行在第三挡转速。

若按下 SB4——KM3 线圈得电——KM3 自锁（16—23）

　　　　　　　　　　　　——KM3 联锁（18—19、21—22）

　　　　　　　　　　　　——KM3 主触点闭合——电阻 R_1、R_2、R_3 被切除——电动机运行在第四挡转速。

若按下 SB1——KM1 或 KM2 或 KM3 线圈失电——相应的主触点断开——电动机以最低速运行。

关掉 QS2、QS1，电动机电源被切断，停止运行。

思考练习

（1）请写出直流电动机的调速公式。

（2）直流电动机调速的方法有几种？

（3）图 5-10 他励直流电动机调速控制线路采用什么方法调速？图中 KV 的作用是什么？

学习情境六

安装、调试与维修常用生产机械的电气控制线路

学习情境二～四介绍的电气控制线路是构成生产机械控制线路的基本单元，在学习了每个学习情境之中的常用低压电器及其拆装与维修、电动机基本控制线路及其安装、调试与维修的基础上，本学习情境将通过对普通车床、摇臂钻床、平面磨床、万能铣床、卧式镗床、桥式起重机等具有代表性的常用生产机械的电气控制线路及其安装、调试与维修进行分析和研究，以提高在实际工作中综合分析和解决问题的能力。

子学习情境一　CA6140 型普通车床控制线路及其检修

 **任务目标**

（1）掌握工业机械电气设备维修的一般要求和方法。

（2）掌握 CA6140 型普通车床机床的电气调试与检修方法。

（3）能正确操作 CA6140 型模拟普通车床，能根据机床的故障现象快速分析出故障范围，并熟练排除故障。

（4）培养观察能力，提高故障分析能力及排除能力，提高电气维修人员排除电气故障的综合检修能力。

（5）提高自我学习、信息处理、数字应用等方法能力及与人交流、与人合作、解决问题等社会能力；自查 6S 执行力。

任务描述

专业能力训练环节一　已知故障现象的故障点排除训练

依据电气原理图，在模拟普通车床 KH-CA6140 上排除电气故障，故障现象如下：

主轴电动机点动，合上 SA2 时，冷却泵电动机能跟着主轴电动机点动，照明、电源指示及刀架快移电动机均正常。

排故要求如下：

（1）必须穿戴好劳保用品并进行安全文明操作。

（2）能正确操作 KH-CA6140 普通车床，能再次准确验证故障现象。

（3）能根据故障现象在电气原理图上准确标出最小的故障范围。

（4）能依据电路原理图快速查找到模拟机床上的对应器件及导线。

（5）正确使用电工工具和仪表。

（6）用电阻测量法快速检测出故障点，并安全修复。

（7）充分发挥小组学习的作用，对故障现象及可能存在的原因及排除方法做全面的讨论。

（8）检修工时：10 min。

（9）配分：本技能训练满分 100 分，比重 20%。

专业能力训练环节二　模拟故障点逐一排除训练

在 HK-CA6140 模拟普通车床上进行故障排除训练。排故要求如下：

（1）必须穿戴好劳保用品并进行安全文明操作。

（2）能对 KH-CA6140 模拟普通车床进行全功能操作。

（3）能依据电路原理图快速查找到模拟机床上的对应器件及导线。

（4）在 HK-CA6140 模拟普通车床上逐一设置故障，并用电阻测量法逐一排除故障。记录各故障的现象、故障部位及分析方法。待排故熟练后，可同时设置 2～3 个故障，逐一排除。

（5）故障检测前及故障排除后的通电试车要严格遵循用电安全操作规程并设置合格的监护人。

（6）排故工时：每个故障限时 10 min。

（7）配分：本技能训练满分 100 分，比重为 60%。

职业核心能力训练环节

以小组为单位总结以上两个任务的实施经验，并回答教师提出的问题。经验汇报要求与学习情境一的职业核心能力训练环节相同。

（1）汇报限时：每小组 5 min（各小组点评 2 min）。

（2）配分：本核心能力训练满分 100 分，比重 20%。

任务实施

一、训练目的
参照子学习情境一【任务目标】。

二、训练器材
HK-CA6140 模拟普通车床、试电笔、尖嘴钳、斜口钳、剥线钳、螺钉旋具、万用表、兆欧表、钳形电流表、连接导线、机床电气原理图等。

三、预习内容
（1）熟悉电阻测量法。

（2）熟悉机床的结构与运动形式及电力拖动的特点。

（3）阅读机床电气原理图。

四、训练步骤

专业能力训练环节一　参考训练步骤

本训练环节是在实训指导教师的指导下逐步完成一个指定电气故障的排除过程，故障排除的一般过程如下：

①故障现象的确认→②故障原因的分析→③故障部位的分析→④故障部位的检测→⑤故障部位的修复→⑥故障修复后的再次试车等六步故障检修法，使学员通过指导性的故障训练建立故障排除的基本思路，学会独立分析故障原因、学会独立排除故障。

（1）六步故障排除法的训练：

① 确认故障现象：仔细观察和记录实训指导教师正确地操作 HK–CA6140 模拟普通车床的步骤，查看和确认在有故障情况下的模拟机床的故障现象，记录故障排除所需的相关线索。值得提醒的是，有些故障现象是不能用再次通电试车来确认故障现象的，需要学员通过不断训练来积累经验，作出正确的判断。记录故障现象如下：

_____

_____。

② 分析故障原因：根据机床的电气控制原理图、机床的运动形式、工作要求及故障现象进行故障产生原因的全面分析，必要时通过检测性的通电试车排除不可能的原因。缩小故障范围。写出故障原因：

a. _____。

b. _____。

c. _____。

③ 分析故障部位：根据故障原因的分析，排除不可能的原因，确定"最小的故障范围"。写出最小的故障范围：

_____

_____。

④ 检测故障部位：设备断电的情况下，利用万用表电阻挡对"最小的故障范围"逐一检测，直到检查出电路的故障点。电气故障主要表现为接触不良、电路开路、短路、接错线、元件烧毁等，考虑到实训教学设备的反复使用率，一般不设置破坏性的短路故障。另外，使用中的电气设备接错线也是不可能的，故模拟机床上的电气故障主要是开路故障。确定的故障部位为：

_____

_____。

⑤ 修复故障部位：对检查出的故障部位进行修复，比如，用带绝缘层的导线将断开的线路段进行可靠连接。是否确认故障已经修复？切记不要进行异号线短接！

_____

⑥ 故障修复后的再试车：修复故障后，清理修复故障时留在现场的工具、导线、木螺钉等电工材料，恢复维修时开启箱、盖、门等防护设施，告知线路或设备上作业的其他工作人员准备再次通电试车，使通电试车没有其他安全隐患，查看无误后，通电试车，直到测试出该模拟机床的所有的功能均正常为止。为确保通电试车的安全性，通常在试车前还会作普及

性的安全性能检测，如被控电动机的绝缘性能检测、三相绕组的电阻平衡度检测、线路之间绝缘性能的检测、设备金属外壳与导线之间的绝缘性能检测、设备金属外壳的接地性能检测、更换损坏的部件等，这些都是要根据现场的维修需要及设备在生产中的重要性作出必要的体检，以发现其他故障隐患，延长设备使用寿命。

a. 故障修复后做了哪些事？

_____。

b. 是否做好了再次试车的全部检查？

_____。

c. 试车的所有功能是否正常？

_____。

（2）试车成功后，待实训指导教师对该任务的训练情况进行评价，并口试回答实训指导教师提出的问题后，方可进行设备的断电和短接线的拆除。该任务的评价表见表 6-3。该专业能力训练的评价表适合进行小组的成绩评价，小组的得分就是小组成员的得分。影响各小组成绩的因素主要有以下几个方面：

a. 小组团队学习的精神状态；如：是否积极开展小组学习与讨论？小组成员是否人人都在学习？小组的学习进展是否正常？

b. 小组是否积极开展课余预习？如：是否知道机床的运动形式、机床结构及电力拖动的特点？是否大概知道机床的工作原理？这些可以通过教师提问检测，只要团队中有人回答出即可给分。

c. 小组是否认真完成六步法的故障检测步骤，是否认真填写了每步提出的问题。

d. 小组进行故障排除时，7 个注意示项是否都能正确执行？ 7 个注意事项的内容见评价表 6-3。

e. 小组进行故障检测与排除过程，安全操作的思路是否清晰？是否设置了监护人，监护人该做什么是否清楚？小组通电试车和断电检测时是否遵循安全操作规程？

（3）按照正确的断电顺序进行断电操作，并拆除排除故障用的短接线，恢复设备故障箱内指定的故障开关（一般为钮子开关），清理 HK-CA6140 模拟普通车床的工作台面，自查实训工位及周边 6S 执行情况。简要小结本环节的训练经验并填入表 6-1，准备进入专业能力训练环节二的技能训练。

表 6-1　专业能力训练环节一（经验小结）

| |
| |

（4）实训指导教师进行本专业能力训练环节的小结。重点对故障排除的思路进行复述，并对各小组在训练中表现出的问题与操作安全隐患进行典型分析，指出并纠正各小组存在的错误操作问题。

（5）安全注意示项：

① 仔细记录实训指导教师对本课题安全操作的具体要求，并严格遵循人身安全与设备安全的安全操作规程

② 检修前要认真阅读电路图及其工作原理，熟练掌握各个控制功能的原理及动作现象，

并认真仔细地观察教师的示范检修。

③ 用短接线进行故障排除时，严禁异号线短接，以免发生短路事故。

④ 修复故障使机床恢复正常时，要注意消除出现故障的根本原因，以免频繁发生相同的故障。

⑤ 停电要验电。带电检修时，必须有指导教师在现场监护，以确保用电安全。

专业能力训练环节二　参考训练步骤

本训练环节要求学员以独立学习力及借助小组团队的学习力完成 HK-CA6140 实训设备上的每一个模拟电气故障点的修复，一般每个型号的常用生产机械都设置了 25～30 个模拟故障点。

（1）对 HK-CA6140 型普通车床电气技能实训考核装置进行通电试车，观察并记录，通电试车时，操作电源组合开关 QF 后，各电气元件及电动机的动作情况是否符合正常的工作要求，对不正常的工作现象进行记录。

不正常的工作现象：

① _____。

②（在前一故障排除的条件下）_____。

③（在前一故障排除的条件下）_____。

（2）根据工作原理分析造成以上不正常工作现象的可能原因：

_____

_____。

（3）确定最小故障范围：按照查出一个故障即可排除这个故障，然后进行通电试车，再根据不正常的工作现象，分析可能造成第 2 个故障的原因，并确定故障 2 的可能范围，然后用电阻法或电压法确定故障 2 的最终故障点，最后排除故障，依此类推。

① 故障 1 可能范围：_____。

② 故障 2 可能范围：_____。

③ 故障 3 可能范围：_____。

（4）按照分析的最小故障范围用电阻法进行故障检测，确认最终的故障点（电阻法检测）。

① 故障 1 所处位置：_____。

② 故障 2 所处位置：_____。

③ 故障 3 所处位置：_____。

（5）按照分析的最小故障范围用电压法进行故障检测，确认最终的故障点（电压法检测）。

① 故障 1 所处位置：_____。

② 故障 2 所处位置：_____。

③ 故障 3 所处位置：_____。

（6）用相应工具进行各故障点的故障排除。

（7）写出电阻法检测故障的流程图（即分析思路）。

（8）训练注意事项：

① 检修前应掌握电路的工作原理，熟悉电路结构和安装接线布局。

② 检修应注意测量步骤，检修思路和方法要正确，不能随意测量和拆线。

③ 带电检修时，必须有教师在现场监护，排除故障应断电后进行。

④ 检修严禁扩大故障，损坏元器件。

⑤ 检修必须在定额时间内完成。

（9）本环节的专业能力评价可以是教师评价，也可以是在教师指导下的同学间互评。评价标准见表 6-4，互评时要求客观、公正、真诚、互助。

（10）"专业能力训练环节二"结束时，各自简要小结本环节的训练经验并填入表 6-2。

表 6-2　专业能力训练环节二（经验小结）

（11）以小组为单位，写出故障排除的经验总结报告，并在经验交流课上进行经验交流，并准备好进入职业核心能力训练环节。

（12）教师对本环节存在的问题进行评价，并对知识理解不到位的地方进行重点讲解。

职业核心能力训练环节　参考训练步骤

（1）以小组为单位，简要叙述专业能力训练环节一、二的训练情况，以报告的形式向全体学员汇报，相互交流。汇报用的 PPT 要求按照学习情境一图 1-6 和图 1-7 的 PPT 格式制作。

（2）小组推举的"主讲员"上台向全体学员介绍本小组任务实施后的心得体会，限时 5 min。

（3）其他小组推举的"点评员"对"主讲员"的表述进行点评，限时 2 min。

（4）指导教师对各小组三个环节的能力训练情况进行综合评价。

 任务评价

（1）专业能力训练环节一评价标准见表 6-3。

表 6-3　评价标准

项目内容	配分	评　分　标　准	扣分
团队预习情况及学习面貌	20	（1）没有预习，小组对学习对象存在的学习问题很多，不能有效回答相关问题，扣 2~10 分	
		（2）小组的团队学习面貌欠佳，学习比较懒散，团队没有凝聚力，学习不够主动积极，学习进度缓慢，扣 2~10 分	
六步法故障检测训练	30	（1）不能认真执行六步法的故障检测步骤，做事马虎随意，六步法完成情况的答案填写不认真，扣 2~10 分	
		（2）不能标出最小故障范围，扣 10 分	
故障排除	50	（1）停电不验电扣 5 分	
		（2）测量仪表、工具使用不正确，每次扣 5 分	
		（3）不会使用电阻测量法扣 15 分	
		（4）不能查出故障扣 50 分	
		（5）查出故障但不能排除扣 25 分	
		（6）损坏元器件扣 40 分	
		（7）扩大故障范围或产生新的故障扣 50 分	

项目内容	配分		评 分 标 准		扣分
安全文明生产	倒扣	违反安全文明生产规程，未清理场地扣 10～60 分			
定额时间	10min	开始时间		结束时间	实际时间
备注	（1）不允许超时检修故障，但在修复故障时每超时1min扣2分 （2）除定额工时外，各项内容的最高扣分不得超过配分数				成绩

注：

① 专业能力训练环节一的表 6-3，由教师实施评价，评价对象为小组，教师评价时，小组成员均要在场，并准备好回答问题。评价的权重为 20%。

② 专业能力训练环节二故障检修评价标准见表 6-4。该表的评价可以由教师执行，也可在教师的指导下进行学生互评。评价的权重为 60%。

③ 职业核心能力评价表参照表 1-6～表 1-9 进行。

表 6-4　评价标准（互检表）

项目内容	配分	评 分 标 准	扣分
故障分析	40	（1）不能根据试车的状况发现故障现象，扣 5～10 分	
		（2）不能标出最小故障范围，每个故障扣 10 分	
		（3）不能根据故障现象分析故障原因，每个故障扣 10 分	
故障排除	60	（1）停电不验电，扣 5 分	
		（2）测量仪表、工具使用不正确，每次扣 5 分	
		（3）检测故障方法、步骤不正确，扣 10 分	
		（4）不能查出故障，每个故障扣 20 分	
		（5）查出故障但不能排除，每个故障扣 15 分	
		（6）损坏元器件，扣 40 分	
		（7）扩大故障范围或产生新的故障，每个故障扣 40 分	
安全文明生产	倒扣	违反安全文明生产规程，未清理场地，扣 10～60 分	
定额时间	30 min	开始时间　　　　　结束时间　　　　　实际时间	
备注		（1）不允许超时检修故障，但在修复故障时每超时1min扣2分 （2）除定额工时外，各项内容的最高扣分不得超过配分数	成绩

（2）个人单项任务总分评定建议：个人单项任务总分评定表见表 6-5。

表 6-5　个人单项任务总分评定表

专业能力成绩配分				职业核心能力成绩配分		监控内容				单项任务总评成绩
专业能力训练环节一成绩		专业能力训练环节二成绩				修旧利废①	违纪情况②	6S执行力③	时间节点④	
（成绩来自于表6-3）	20%	（成绩来自表6-4）	60%	（成绩来自于表1-9）	20%					

 相关知识

一、CA6140 型普通车床型号的意义

机床的型号是机床产品的代号，用以表明机床的类型、通用和结构特性、主要技术参数

等。我国的机床型号由汉语拼音字母和阿拉伯数字按一定规律组合而成，如图 6-1 所示。

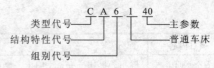

图 6-1　CA6140 普通车床型号的意义

C 表示车床；A 表示第一次重大改进；6 表示落地及普通车床；1 表示普通车床；40 是机床主参数；回转直径为 400mm。

二、CA6140 型普通车床的结构与运动形式

1. 机床的结构

CA6140 型普通车床结构如图 6-2 所示，主要由床身、主轴箱、进给箱、溜板箱、刀架、丝杠、光杠、尾架等部分组成。

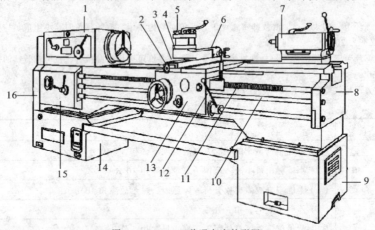

图 6-2　CA6140 普通车床外形图

1—主轴箱；2—纵溜板；3—横溜板；4—转盘；5—方刀架；6—小溜板；7—尾架；8—床身；9—右床座；10—光杠；11—丝杠；12—操纵手柄；13—溜板箱；14—左床座；15—进给箱；16—挂轮箱

2. 运动形式

车床的运动形式有切削运动和辅助运动，切削运动包括工件的旋转动（主运动）和刀具的直线进给运动（进给运动），除此之外的其他运动皆为辅助运动。

1）主运动

主运动是指主轴通过卡盘带动工件旋转，主轴的旋轴是由主轴电动机经传动机构拖动，根据工件材料性质、车刀材料及几何形状、工件直径、加工方式及冷却条件的不同，要求主轴有不同的切削速度，另外，为了加工螺钉，还要求主轴能够正反转。主轴的变速是由主轴电动机经 V 带传递到主轴变速箱实现的，CA6140 普通车床的主轴正转速度有 24 种（10～1 400 r/min），反转速度有 12 种（14～1 580 r/min）。

2）进给运动

车床的进给运动是刀架带动刀具纵向或横向直线运动，溜板箱把丝杠或光杠的转动传递给刀架部分，变换溜板箱外的手柄位置，经刀架部分使车刀做纵向或横向进给。刀架的进给运动也是由主轴电动机拖动的，其运动方式有手动和自动两种。

3）辅助运动

辅助运动指刀架的快速移动、尾座的移动以及工件的夹紧与放松等。

三、电力拖动的特点及控制要求

（1）主轴电动机一般选用三相笼形异步电动机。为满足螺钉加工要求，主运动和进给运动采用同一台电动机拖动，为满足调速要求，只用机械调速，不进行电气调速。

（2）主轴要能够正反转，以满足螺钉加工要求。

（3）主轴电动机的启动、停止采用按钮操作。

（4）溜板箱的快速移动，应由单独的快速移动电动机来拖动并采用点动控制。

（5）为防止切削过程中刀具和工件温度过高，需要用切削液进行冷却，因此要配有冷却泵。

（6）电路必须有过载、短路、欠压、失压保护。

（7）具有安全的局部照明装置。

四、CA6140 普通车床电气原理分析

1. CA6140 普通车床电气原理图如图 6-3 所示。

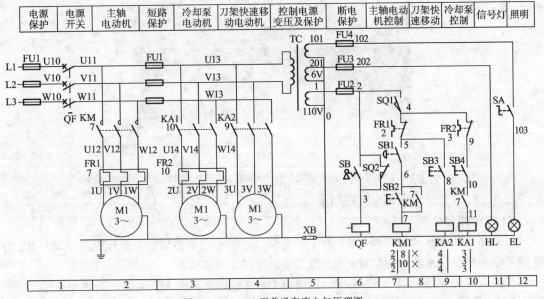

图 6-3　CA6140 型普通车床电气原理图

KH-C6140 型普通车床电气技能实训考核装置的电路图如图 6-4 所示。

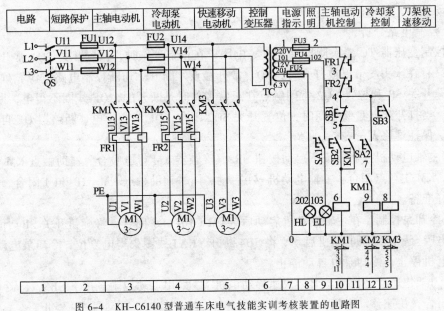

图 6-4　KH-C6140 型普通车床电气技能实训考核装置的电路图

KH-C6140 型普通车床电气技能实训考核装置的设备外形如图 6-5 所示。

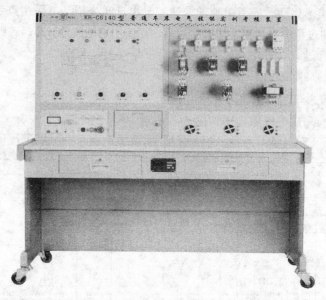

图 6-5 KH-C6140 型普通车床电气技能实训考核装置的设备外形图

2. CA6140 普通车床的电气控制分析

1）主电路分析

主电路中共有三台电动机：M1 为主轴电动机，带动主轴旋转和刀架作进给运动；M2 为冷却泵电动机，用来输送切削液；M3 为刀架快速移动电动机。

将钥匙开关 SB 向右旋转，再扳动断路器 QF 将三相电源引入。主轴电动机 M1 由接触器 KM 控制，热继电器 FR1 作过载保护，熔断器 FU 作总短路保护。冷却泵电动机 M2 由中间继电器 KA1 控制，热继电器 FR2 作为过载保护。快速移动电动机 M3 由中间继电器 KA2 控制，因是点动控制，故未设过载保护。

2）控制电路分析

由控制变压器 TC 二次侧提供 110 V 电压，在正常工作时，位置开关 SQ1 常开触点是闭合的，只有在床头皮带罩被打开时，SQ1 常开触点才断开。切断控制电路电源，确保人身安全。钥匙开关 SB 和位置 SQ2 常闭触点在正常工作时是断开的，QF 线圈不得电，断路器 QF 能合闸。当打开配电盘壁龛门时，位置开关 SQ2 闭合，QF 线圈得电，断路器 QF 自动断开切断电源，保证维修人员安全。

① 主轴电动机控制。按下启动按钮 SB2，接触器 KM 得电吸合，辅助触点 KM（6-7）闭合自锁，KM 主触点闭合，主轴电动机 M1 启动，同时辅助触点 KM（10-11）闭合，为冷却泵启动做好准备。

② 冷却泵控制。在主轴电动机启动后，KM（10-11）闭合，将旋钮开关 SB4 闭合，KA1 线圈得电吸合，冷却泵电动机启动，将 SB4 断开，KA1 线圈失得电复位，冷却泵电动机停止。将主轴电机停止，冷却泵也自动停止。

③ 刀架快速移动控制。刀架快速移动电机 M3 采用点动控制，按下 SB3，KA2 吸合，其主触点闭合，快速移动电机 M3 启动，松开 SB3，KA2 释放，电动机 M3 停止。

（3）照明和信号灯电路

接通电源，控制变压器输出电压，HL 直接得电发光，作为电源信号灯。EL 为照明灯，将开关 SA 闭合 EL 亮，将 SA 断开，照明灯 EL 灭。

五、CA6140 车床常见电气故障检修

1. 常见故障一

（1）故障现象：三台电动机均不能启动，且无电源指示和照明。

（2）故障原因：可能存在的故障原因：

① 设备供电电源不正常。

② 控制变压器 TC 一次侧回路有开路现象。

（3）故障位置的确定：检查方法如下（分析过程依照图 6-4 进行）：

合上 QS，因控制变压器 TC 的二次侧没有电源指示（HL 不亮）及照明（EL 不能点亮），可以暂时排除控制变压器二次侧存在故障的可能性，而把故障范围缩小到控制变压器 TC 的一次侧，故障具体位置的排查方法如下：

因控制变压器 TC 的二次侧电路没有电源指示与照明，可以暂时排除二次侧存在的故障可能性，而把故障的可能部位定位在控制变压器 TC 的一次侧。

  合上QS ——→ 用万用表交流电压×500挡位测量控制变压器TC一次侧绕组的两个端线间的电压

——→ 即TC侧的U14与V14之间的电压，测量电压若为0V ——→ 断定控制变压器TC一次侧有开路现象

——→ 然后用万用表交流电压×500挡位测量电源断路器QS的出线桩U11、V11及W11两两之间的电压

——→ 若侧得电压均为380V，则三相电源正常 ——→ 故障范围可以确定在以下所示的回路里：

即，QS的出线桩U11 ——→ FU1 ——→ U12 ——→ FU2 ——→ U14 ——→ TC一次线圈V14 ——→

——→ FU ——→ V12 ——→ FU1 ——→ QS的出线桩V11。

然后，切断电源断路器 QS，用万用表的电阻挡×1 挡，依次测量以上所指的故障回路的器件与线号间的直流电阻值，若测量到某一点时阻值为无穷大，则说明该点断路。注意：在测量 TC 一次侧绕组直流电阻值时，因线圈有一定阻值，故此时万表表量程应选择在 $R \times 10$ 或 $R \times 100$ 挡，以免造成判断失误。

2. 常见故障二

（1）故障现象：三台电动机均不能启动，但有电源指示，照明灯工作正常。

（2）故障原因：可能存在的故障原因：

① 控制变压器二次侧 FU3 对应的回路里有故障。

② L3 电源缺相。

③ 控制变压器 TC 二次侧提供 220V 电源的绕组出现故障。

（3）故障位置的确定：分析过程按照图 6-6 进行，图中虚线所示为常见故障二的故障范围，检查方法如下：

为确定 L3 电源是否缺相问题，可简单用电动机缺相运行的特殊现象来判断，即三相异步电动机若能接受且只接受两相电源（电动机接法无外加条件的情况下），则会发出嗡嗡声，且转速远小于额定转

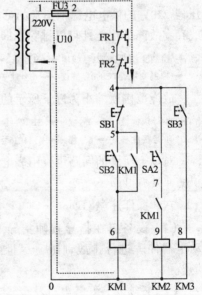

图 6-6　虚线所示为常见故障二故障范围

速（空载或轻载的情况下），甚至出现不能启动的现象（重载的情况下）。或者直接用万用表交流电压 500 V 挡量程测量三相交流电源电压是否正常。

控制变压器 TC 的二次侧供 220 V 电源的绕组的两个线号 1 与 101 之间是否有开路故障可用电阻测量法（切记切断电源）和电压测量法进行排除。

若用万用表测量变压器二次侧的电压为 $U_{1-0}=220$ V，且操作控制回路的按钮或开关均不能启动三台电动机，故可把故障范围缩小到图 6-6 所示的两段虚线所示的对应干线上，方法仍然可采用电阻测量法，即依次用万用表电阻挡位测量如下所示的回路：

```
┌─控制变压器TC的1号线端  ─1号线─ FU3 ─2号线─ FR1常闭触头 ─3号线─ FR2常闭触头 ─4号线
└─控制变压器TC的0号线端  ─0号线─ KM1、KM2及KM3的0号线端
```

若测量中某点的电阻 $R=\infty$，说明此处有开路或接触不良的故障。

3. 常见故障三

（1）故障现象：主轴电动机与冷却泵电动机不能启动，刀架快速移动电动机能够启动，且有电源指示，照明灯工作正常。

（2）故障原因。可能存在的故障原因如下：

①KM1线圈的支路中有故障，即4号线 → 5号线 → 6号线 → 0号线。

②接触器KM1线圈损坏。

③接触器KM1有机械故障。

（3）故障位置的确定：

若测量接触器 KM1 线圈两端的直流电阻值约为 1 200 Ω（以实测值为准），则说明接触器 KM1 线圈无故障。

若用外力压合接触器可动部分，无异常阻力且触点能正常闭合，可以基本排除接触器 KM1 的机械故障。

因电源指示正常，照明灯工作正常，且刀架快速移动电动机能够启动，可以排除控制变压器 220V 的供电电源不正常的可能性，且向 KM1、KM2、KM3 三个线圈供给电源的公共干线存在故障的可能性可以排除，即：

```
┌─控制变压器TC的1号线端  ─1号线─ FU3 ─2号线─ FR1常闭触头 ─3号线─ FR2常闭触头 ─4号线
└─控制变压器TC的0号线端  ─0号线─ KM3的0号线端
```

故障范围就缩小为以下所示的回路里：

```
FR2的4号接线桩 ─4号线─ SB1的4号接线桩 ─ SB1的5号接线桩 ─5号线─ SB2的5号接线桩 ─
SB2的6号接线桩 ─6号线─ KM1的6号接线桩 ─ KM1的0号接线桩 ─0号线─ 控制变压器TC的0号接线桩
```

对以上所示的回路用万用表电阻挡进行依次测量的故障排查。测量若某点的电阻 $R=\infty$，说明此处有开路。

六、操作注意事项

（1）设备应在指导教师指导下操作，安全第一。设备通电后，严禁在电器侧随意扳动电器件。进行排故训练，尽量采用不带电检修。若带电检修，则必须有指导教师在现场监护。

（2）必须安装好各电机及金属支架接地线，设备下方垫好绝缘橡胶垫，厚度不小于 8 mm，操作前要仔细查看各接线端，有无松动或脱落，以免通电后发生意外。

（3）在故障排除训练中若听到异常声响或异味时，应立即断电，查明故障原因并及时修复。故障噪声通常来自电动机缺相运行的嗡嗡声，接触器、继电器、电磁铁吸合时产生的噪声等。异味通常是线路、线圈、负载过热而产生的焦臭味。

（4）发现熔芯熔断，应找出故障原因并排除故障，更换同规格熔芯后方可再次通电。

（5）在维修设置故障中不要随便互换线端处号码管。

（6）操作时用力不要过大，速度不宜过快；操作频率不宜过于频繁。

（7）实训结束后，应拔出电源插头，将各电源开关置分断位状态。

（8）作好实训记录。

思考练习

1. 写出 CA6140 型普通车床主轴电动机控制电路的工作原理。

2. CA6140 型普通车床照明灯采用多少伏电压？为什么要用这个电压等级？

3. 写出 CA6140 普通车床的型号的含义？

4. CA6140 普通车床的主要结构是怎样的？

5. CA6140 普通车床的运动形式是怎样的？

6. CA6140 普通车床的电力拖动的特点与控制要求有哪些？

7. 简述 CA6140 普通车床的工作原理。

8. 从主轴电动机的控制线路图可见 CA6140 普通车床并没有电气控制要求上的正反转，而实际生产中我们却见到主轴电动机能正反转，那么主轴是如何实现正反转控制的？

9. CA6140 普通车床的主轴电动机因过载而自动停车后，操作者立即按启动按钮，但电动机不能启动，试分析可能的原因。

10. 在 CA6140 车床中，位置开关 SQ2 的作用是什么？怎样操作能实现打开配电盘壁龛门进行带检修。

11. 刀架快速移动电动机 M3 是如何实现控制的？

子学习情境二 M7130 型平面磨床电气控制线路及其检修

任务目标

（1）掌握 M7130 型平面磨床的电气调试与检修的方法。

（2）能熟练操作 HK-M7130 型模拟平面磨床，能根据机床的故障现象快速分析出故障范围，并熟练排除故障。

（3）培养观察能力，提高故障分析能力及排除能力，提高电气维修人员排除电气故障的综合检修能力。

（4）提高自我学习、信息处理、数字应用等方法能力及与人交流、与人合作、解决问题等社会能力；自查 6S 执行力。

任务描述

专业能力训练环节一　已知故障现象的故障点排除训练

依据电气原理图，在模拟平面磨床 HK-M7130 上排除电气故障，故障现象如下：

在电磁吸盘退磁时，各电动机均能正常工作，但电磁吸盘在充磁时，各电动机均不能工作，只有照明灯工作正常。

排故要求如下：

（1）必须穿戴好劳保用品并进行安全文明操作。

（2）能正确操作 HK-M7130 平面磨床，能再次准确验证故障现象。

（3）能根据故障现象在电气原理图上准确标出最小的故障范围。

（4）能依据电路原理图快速查找到模拟机床上的对应器件及导线。

（5）正确使用电工工具和仪表。

（6）用电阻测量法快速检测出故障点，并安全修复。

（7）充分发挥小组学习的作用，对故障现象及可能存在的原因及排除方法做全面的讨论。

（8）检修工时：10 min。

（9）配分：本技能训练满分 100 分，比重为 20%。

专业能力训练环节二　模拟故障点逐一排除训练

在 HK-M7130 模拟平面磨床上进行故障排除训练。排故要求如下：

（1）必须穿戴好劳保用品并进行安全文明操作。

（2）能对 HK-M7130 模拟平面磨床进行全功能操作。

（3）能依据电路原理图快速查找到模拟机床上的对应器件及导线。

（4）在 HK-M7130 模拟平面磨床上逐一设置故障，并用电阻测量法逐一排除故障。记录各故障的现象、故障部位及分析方法。待排故熟练后，可同时设置 2~3 个故障，逐一排除。

（5）故障检测前及故障排除后的通电试车要严格遵循用电安全操作规程并设置合格的监护人。

（6）检修工时：每个故障限时 10 min。

（7）配分：本技能训练满分 100 分，比重为 60%。

职业核心能力训练环节

参照子学习情境一核心能力训练。本核心能力训练满分 100 分，比重为 20%。

任务实施

一、训练目的

参照本学习情境【任务目标】。

二、训练器材

HK-M7130 模拟平面磨床，其他训练器材参照子学习情境一。

三、预习内容

（1）了解电磁铁的工作原理。

（2）熟悉机床的结构与运动形式及电力拖动的特点。

（3）阅读电气原理图。

四、训练步骤

专业能力训练环节一　参考训练步骤

具体的实训步骤参照学习情境六子学习情境一专业能力训练环节一的六步故障排除法。并记录以下关键问题：

（1）六步故障排除法的训练。

① 记录故障现象如下：

_____

_____。

② 写出故障原因：

a. _____。

b. _____。

c. _____。

③ 列出最小的故障范围：

_____

④ 确定的故障部位为：

_____

⑤ 是否确认故障已经修复？

_____

⑥ 故障修复后的再试车：

a. 故障修复后做了哪些事？

_____

b. 是否做好了再次试车的全部检查？

_____

c. 试车的所有功能是否正常？

_____

（2）试车成功后，待实训指导教师对该任务的训练情况进行评价，并口试回答实训指导教师提出的问题后，方可进行设备的断电和短接线的拆除。该任务的评价表见学习情境六子学习情境一表 6-3。

（3）按照正确的断电顺序进行断电操作，并拆除排除故障用的短接线，恢复设备故障箱内指定的故障开关，清理 HK-M7130 模拟平面磨床的工作台面，自查实训工位及周边 6S 执行情况。简要小结本环节的训练经验并填入表 6-6，准备进入专业能力训练环节二的技能训练。

表 6-6 专业能力训练环节一（经验小结）

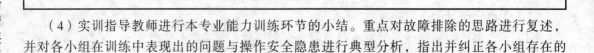

（4）实训指导教师进行本专业能力训练环节的小结。重点对故障排除的思路进行复述，并对各小组在训练中表现出的问题与操作安全隐患进行典型分析，指出并纠正各小组存在的错误操作问题。

专业能力训练环节二　参考训练步骤

参照学习情境六子学习情境一专业能力训练环节二　参考训练步骤。训练过程中将训练过程记录填入课余训练手册，训练结束时简要小结本环节的训练经验并填入表 6-7。

表 6-7 专业能力训练环节二（经验小结）

职业核心能力训练环节　参考训练步骤

参照学习情境六子学习情境一职业核心能力训练环节参考训练步骤。

任务评价

（1）专业能力训练环节一评价标准参见学习情境六子学习情境一表 6-3。
（2）专业能力训练环节二评价标准参见学习情境六子学习情境一表 6-4。
（3）职业核心能力训练环节评价标准参见学习情境一表 1-6～表 1-9 进行。
（4）个人单项任务总分评价表参见学习情境六子学习情境一表 6-5。

相关知识

一、M7130 型平面磨床型号意义

M7130 型平面磨床型号意义如图 6-7 所示。

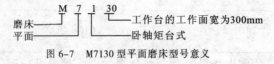

图 6-7　M7130 型平面磨床型号意义

二、M7130 型平面磨床主要结构及运动形式

1. 机床的结构

M7130 型平面磨床是卧轴矩形工作台式，主要由床身、工作台、电磁吸盘、砂轮箱（又称磨头）、滑座和立柱等部分组成。M7130 型平面磨床外形示意图如图 6-8 所示。

KH-M7130 型平面磨床电气技能实训考核装置的设备外形如图 6-9 所示。

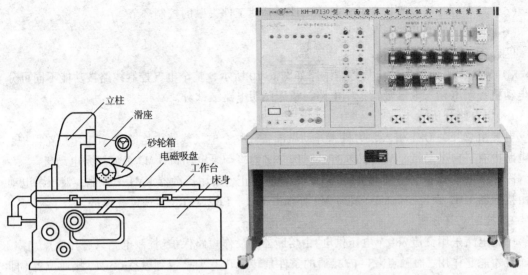

图 6-8　M7130 平面磨床外形图　　　　图 6-9　KH-M7130 型平面磨床电气技能实训考核装置的设备外形图

2. 运动形式

主运动是砂轮的旋转运动。进给运动有垂直进给（滑座在立柱上的上、下运动）；横向进给（砂轮箱在滑座上的水平移动）；纵向运动（工作台沿床身的往复运动）。工作时，砂轮作旋转运动并沿其轴向作定期的横向进给运动。工件固定在工作台上，工作台作直线往返运动。矩形工作台每完成一纵向行程时，砂轮作横向进给，当加工整个平面后，砂轮作垂直方向的进给，以此完成整个平面的加工。

三、电力拖动特点及控制要求

磨床的砂轮主轴一般并不需要较大的调速范围，所以采用笼形异步电动机拖动。为达到缩小体积、结构简单及提高机床精度，减少中间传动，采用装入式异步电动机直接拖动砂轮，这样电动机的转轴就是砂轮轴。

由于平面磨床是一种精密机床，为保证加工精度采用了液压传动。采用一台液压泵电动机，通过液压装置以实现工作台的往复运动和砂轮横向的连续与断续进给。

为在磨削加工时对工件进行冷却，须采用冷却液冷却，由冷却泵电动机拖动。为提高生产效率及加工精度，磨床中广泛采用多电动机拖动，使磨床有最简单的机械传动系统。所以 M7130K 平面磨床采用三台电动机：砂轮电动机、液压泵电动机和冷却泵电动机进行分别拖动。

基于上述拖动特点，对其自动控制有如下要求：

（1）砂轮电动机、液压泵电动机和冷却泵电动机都只要求单方向旋转。

（2）冷却泵电动机随砂轮电动机运转而运转，但冷却泵电动机不需要时，可单独断开冷却泵电动机。

（3）具有完善的保护环节：各电路的短路保护，电动机的长期过载保护，零压保护，电磁吸盘的欠电流保护，电磁吸盘断开时产生高电压而危及电路中其他电气设备的保护等。

（4）保证在使用电磁吸盘的正常工作时和不用电磁吸盘在调整机床工作时，都能开动机床各电动机。但在使用电磁吸盘的工作状态时，必须保证电磁吸盘吸力足够大时，才能开动机床各电动机。

（5）具有电磁吸盘吸持工件、松开工件，并使工件去磁的控制环节。

（6）必要的照明与指示信号。

四、电气控制线路分析

KH-M7130 平面磨床的电气控制线路如图 6-10 所示，整个电气控制线路按功能不同可分为电动机控制电路、电磁吸盘控制电路与机床照明电路三部分。

1. 主电路分析

电源由总开关 QS1 引入，为机床开动做准备。整个电气线路由熔断器 FU1 作短路保护。主电路中有三台电动机，M1 为砂轮电动机，M2 为冷却泵电动机，M3 为液压泵电动机。

冷却泵电动机和砂轮电动机同时工作，同时停止，共用接触器 KM1 来控制，液压泵电动机由接触器 KM2 来控制。M1、M2、M3 分别由 FR1、FR2、FR3 实现过载保护。

2. 控制电路分析

控制电路采用交流 380 V 电压供电，由熔断器 FU2 作短路保护。控制电路只有在触点（3-4）接通时才能起作用，而触点（3-4）接通的条件是转换开关 SA2 扳到触点（3-4）接通位置（即 SA2 置"退磁"位置），或者欠电流继电器 KI 的常开触点（3-4）闭合时（即 SA2 置"充磁"位置，且流过 KI 线圈电流足够大，电磁吸盘吸力足够大时）。言外之意，电动机控制电路只有在电磁吸盘去磁情况下，磨床进行调整运动及不需电磁吸盘夹持工件时；或在电磁吸盘充磁后正常工作，且电磁吸力足够大时，才可启动电动机。

按下启动按钮 SB2，接触器 KM1 因线圈通电而吸合，其常开辅助触点（4-5）闭合进行自锁，砂轮电动机 M1 及冷却泵电动机 M2 启动运行。按下启动按钮 SB4 接触器 KM2 因线圈通电而吸合，其常开辅助触点（4-7）闭合进行自锁，液压泵电动机启动运转。SB3 和 SB5 分别为它们的停止按钮。

3. 电磁吸盘（又称电磁工作台）电路的分析

电磁吸盘用来吸住工件以便进行磨削，它比机械夹紧迅速、操作快速简便、不损伤工件、一次能吸住多个小工件，以及磨削中工件发热可自由伸缩、不会变形等优点。不足之处是只能对导磁性材料如钢铁等的工件才能吸住。对非导磁性材料如铝和铜的工件没有吸力。电磁吸盘的线圈通的是直流电，不能用交流电，因为交流电会使工件振动和铁心发热。

电磁吸盘的控制线路可分成三部分：整流装置、转换开关和保护装置。整流装置由控制变压器 TC 和桥式整流器 VC 组成，提供直流电压。

转换开关 SA2 是用来给电磁吸盘接上正向工作电压和反向工作电压的。它有"充磁"、"放松"和"退磁"三个位置。当磨削加工时转换开关 SA2 扳到"充磁"位置，SA2（16-18）、SA2（17-20）接通，SA2（3-4）断开，电磁吸盘线圈电流方向从下到上。这时，因 SA2（3-4）断开，由 KV 的触点（3-4）保持 KM1 和 KM2 的线圈通电。若电磁吸盘线圈断电或电流太小吸不住工件，则欠电流继电器 KI 释放，其常开触点（3-4）也断开，各电动机因控制电路断电而停止。否则，工件会因吸不牢而被高速旋转的砂轮碰击而飞出，可能造成事故。当工件加工完毕后，工件因有剩磁而需要进行退磁，故需再将 SA2 扳到"退磁"位置，这时 SA2（16-19）、SA2（17-18）、SA2（3-4）接通。电磁吸盘线圈通过了反方向（从上到下）的较小（因串入了电阻 R_2）电流进行去磁。去磁结束，将 SA2 扳回到"松开"位置（SA2 所有触点均断开），就能取下工件。

如果不需要电磁吸盘将工件夹在工作台上，如机床在检修或调试时，则可将转换开关 SA2 扳到"退磁"位置，这时 SA2 在控制电路中的触点（3-4）接通，各电动机就可以正常启动。

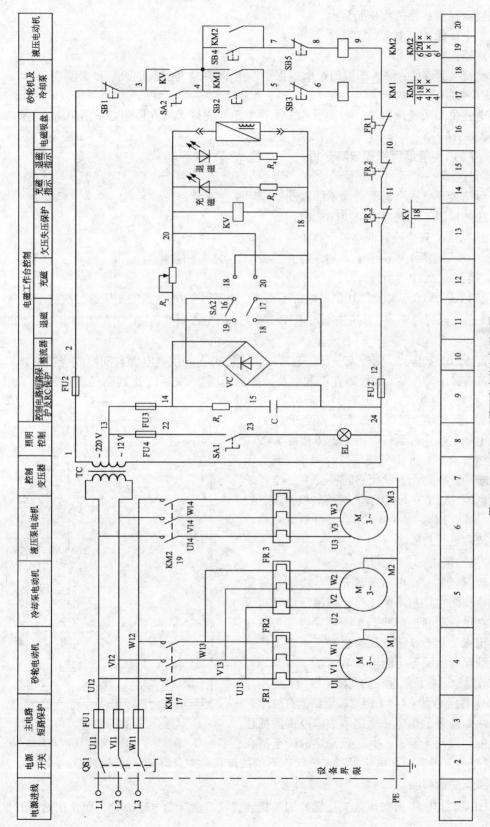

图 6-10　HK-M7130 平面磨床的电气原理图

电磁吸盘控制线路的保护装置有：

（1）欠电压保护，由 KV 实现。

（2）短路保护，由 FU3 实现。

（3）整流装置 VC 的输入端浪涌过电压保护。由 14、24 号线间的 R_1、C 来实现。

4. 短路保护

照明电路由照明变压器 TC 降压后，经 SA1 供电给照明灯 EL，在照明变压器副边设有熔断器 FU4 作短路保护。

五、M7130 平面磨床常见故障分析

1. 常见故障一

（1）故障现象：三台电动机均不能启动，照明工作正常。

（2）故障原因：可能存在的故障原因：

① 熔断器 FU2 对应控制回路的干线上有故障。

② 欠电压继电器 KV 不得电，或 KV 常开触头（3-4）不能闭合。

③ 转换开关 SA2 不能闭合。

④ 控制变压器 TC 二次侧 220V 供电电源不正常，如产生 220V 电源的变压器二次绕组开路。

（3）故障位置的确定：用万用表交流电压 500 挡，测量控制变压 TC 二次侧输出电压 220V 是否正常。

① 若无 220 V 电压，则控制变压器 TC 的二次侧 220 V 的供电电源有问题或绕组损坏。

② 若有 220 V 电压，则故障在控制电路，故障范围如图 6-11 虚线路径所示。

从图 6-11 可见，虚线路径 3 到 4 号接线桩时，分成两路分支，一路是处于退磁状态下的转换开关 SA2，另一路是电磁吸盘正常运行时的欠电压监控 KV，按照电路功能要求，3 到 4 号接线桩的两条支路必须有一条处于接通状态。为此可将转换开关 SA2 置于退磁位置，即 SA2（3-4）闭合，或将转换开关 SA2 置于充磁位置，即 KV（3-4）闭合，并对此支路可能存在的故障进行排除。

2. 常见故障二

（1）故障现象：在电磁吸盘充磁状态下，砂轮电动机和冷却泵电动机不能工作，但液压电动机可以工作；在电磁吸盘退磁状态下，砂轮电动机和冷却泵电动机点动运行，但液压泵电动机不能工作；以上两种情况的照明等均能正常工作。

（2）故障原因：可能存在的故障原因为控制电路接触器 KM1 自锁触点（4-5）的自锁支路上有故障。

（3）故障位置的确定：确定本故障范围要抓住故障现象中"点动"要素，并以此确定故障范围在"自锁"支路里，再利用在电磁吸盘充磁状态下的故障现象来最终确定故障位置。

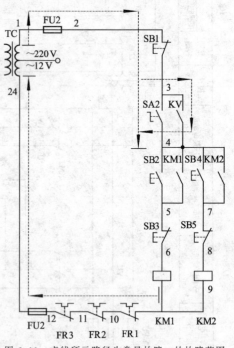

图 6-11 虚线所示路径为常见故障一的故障范围

六、操作注意事项

（1）HK-M7130 平面磨床电气技能实训考核装置没有实际的电磁吸盘，而是用两个发光

二极管代替电磁吸盘的充磁与退磁。

（2）其他参照学习情境六子学习情境一的操作注意事项。

 思考练习

1. M7130 型平面磨床的型号的含义是什么？

2. M7130 型平面磨床的主要结构是有哪些？

3. M7130 型平面磨床的运动形式是怎样的？

4. M7130 型平面磨床的电力拖动的特点与控制要求有哪些？

5. 简述 M7130 型平面磨床电磁吸盘充磁的工作原理。

6. 在 M7130 型平面磨床砂轮控制电路中，转换开关 QS2 与欠电压继电器 KI 这两个常开触点并联在一起的作用是什么？

7. 平面磨床在电磁吸盘退磁时，各电动机工作正常，但当电磁吸盘在充磁时，各电动机均不能工作？请写出分析思路，并在图 6-12 上标出最小故障范围。此图外还会有哪些可能原因？

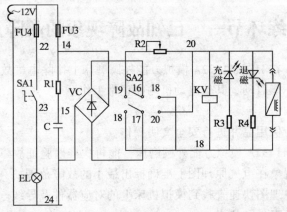

图 6-12　题 7 的图

8. 在 M7130 平面磨床中，若砂轮电动机 M1 能工作，而液压泵电动机不能工作，则可能的故障原因是什么？请在图 6-13 中用虚线标出故障的最小范围，并说出故障位置的确定方法。

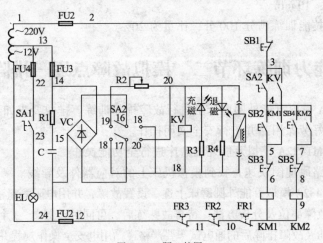

图 6-13　题 8 的图

子学习情境三　M1432A 万能外圆磨床电气控制线路及其检修

 **任务目标**

（1）掌握 M1432A 万能外圆磨床的电气调试与检修的方法。

（2）能熟练操作 M1432A 模拟万能外圆磨床，能根据机床的故障现象快速分析出故障范围，并熟练排除故障。

（3）培养观察能力，提高故障分析能力及排除能力，提高电气维修人员排除电气故障的综合检修能力。

（4）提高自我学习、信息处理、数字应用等方法能力及与人交流、与人合作、解决问题等社会能力；自查 6S 执行力。

 **任务描述**

专业能力训练环节一　已知故障现象的故障点排除训练

依据电气原理图，在 HK-M1432A 模拟万能外圆磨床上排除电气故障，故障现象如下：外圆砂轮电动机不能启动，其他电动机均能正常工作。

排故要求如下：

（1）必须穿戴好劳保用品并进行安全文明操作。

（2）能正确操作 M1432A 模拟万能外圆磨床，能再次准确验证故障现象。

（3）能根据故障现象在电气原理图上准确标出最小的故障范围。

（4）能依据电路原理图快速查找到模拟机床上的对应器件及导线。

（5）正确使用电工工具和仪表。

（6）用电阻测量法快速检测出故障点，并安全修复。

（7）充分发挥小组学习的作用，对故障现象及可能存在的原因及排除方法做全面的讨论。

（8）检修工时：10 min。

（9）配分：本技能训练满分 100 分，比重为 20%。

专业能力训练环节二　模拟故障点逐一排除训练

在 HK-M1432A 模拟万能外圆磨床上进行故障排除训练。排故要求如下：

（1）必须穿戴好劳保用品并进行安全文明操作。

（2）能对 HK-M1432A 模拟万能外圆磨床进行全功能操作。

（3）能依据电路原理图快速查找到模拟机床上的对应器件及导线。

（4）在 HK-M1432A 模拟万能外圆磨床上逐一设置故障，并用电阻测量法逐一排除故障。记录各故障的现象、故障部位及分析方法。待排故熟练后，可同时设置 2~3 个故障，逐一排除。

（5）故障检测前及故障排除后的通电试车要严格遵循用电安全操作规程并设置合格的监护人。

（6）排故工时：每个故障限时 10 min。

（7）配分：本技能训练满分 100 分，比重为 60%。

职业核心能力训练环节

参照子学习情境一核心能力训练。本核心能力训练满分 100 分，比重为 20%。

 任务实施

一、训练目的
参照本学习情境【任务目标】。

二、训练器材
HK–M1432A 模拟平面磨床，其他训练器材参照子学习情境一。

三、预习内容
（1）M1432A 万能外圆磨床的结构运动形式及电力拖动的特点。

（2）M1432A 万能外圆磨床的工作原理。

四、训练步骤

专业能力训练环节一　参考训练步骤

具体的实训步骤及要求参照学习情境六子学习情境一专业能力训练环节一的六步故障排除法。并记录以下关键问题：

（1）六步故障排除法的训练

① 记录故障现象如下：

_____

_____。

② 写出故障原因：

a. _____。

b. _____。

c. _____。

③ 列写最小的故障范围：

_____

④ 确定的故障部位为：

_____

⑤ 是否确认故障已经修复？

_____

⑥ 故障修复后的再试车：

a. 故障修复后做了哪些事？

_____

_____。

b. 是否做好了再次试车的全部检查？

_____。

c. 试车的所有功能是否正常？

_____。

（2）试车成功后，待实训指导教师对该任务的训练情况进行评价，并口试回答实训指导教师提出的问题后，方可进行设备的断电和短接线的拆除。该任务的评价表见学习情境六子学习情境一表 6-3。

（3）按照正确的断电顺序进行断电操作，并拆除排除故障用的短接线，恢复设备故障箱内指定的故障开关，清理 HK-M1432A 模拟万能外圆磨床的工作台面，自查实训工位及周边6S 执行情况。简要小结本环节的训练经验并填入表 6-8，准备进入专业能力训练环节二的技能训练。

表 6-8　专业能力训练环节一（经验小结）

| |
| |

（4）实训指导教师进行本专业能力训练环节的小结。重点对故障排除的思路进行复述，并对各小组在训练中表现出的问题与操作安全隐患进行典型分析，指出并纠正各小组存在的错误操作问题。

专业能力训练环节二　参考训练步骤

参照学习情境六子学习情境一专业能力训练环节二参考训练步骤。训练过程中将训练过程记录填入课余训练手册，训练结束时简要小结本环节的训练经验并填入表 6-9 中。

表 6-9　专业能力训练环节二（经验小结）

| |
| |

职业核心能力训练环节　参考训练步骤

参照学习情境六子学习情境一职业核心能力训练环节参考训练步骤。

 **任务评价**

（1）专业能力训练环节一评价标准参见学习情境六子学习情境一表 6-3。

（2）专业能力训练环节二评价标准参见学习情境六子学习情境一表 6-4。

（3）职业核心能力训练环节评价标准参见学习情境一表 1-6～表 1-9 进行。

（4）个人单项任务总分评价表参见学习情境六子学习情境一表 6-5。

任务描述

一、M1432A 万能外圆磨床型号意义

M1432A 万能外圆磨床型号意义如图 6-14 所示。

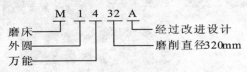

图 6-14　M1432A 万能外圆磨床型号意义

二、M1432A 万能外圆磨床主要结构及运动形式

1. 主要结构

M1432A 万能外圆磨床的外形示意图如图 6-15 所示，它主要由床身、工件头架、工作台、内圆磨具、砂轮架、尾架、控制箱等部件组成。

HK-M1432A 万能外圆磨床电气技能实训考核装置的设备外形如图 6-16 所示。

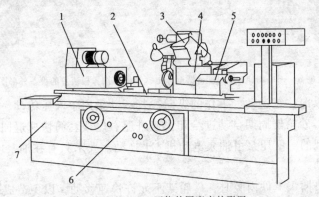

图 6-15　M1432A 万能外圆磨床外形图

1—工作台头架；2—工作台；3—内圆磨具；4—砂轮架；5—尾架；6—控制箱；7—床神

2. 运动形式

（1）主运动：砂轮的旋转运动，头架带动工件的旋转运动，工作台的纵向进给运动，砂轮架的横向进给运动。

（2）辅助运动：砂轮架的快速移动，尾架套筒的快速退回。

三、电力拖动特点及控制要求

该机床共配置 5 台电动机：M1 为油泵电动机，由接触器 KM1 控制，给液压传动系统提供压力油，万能外圆磨床砂轮架的横向进给，工作台的纵向往复进给及砂轮架快速进退等运动，都采用液压传动，液压传动时需要的压力油由油泵电动机 M1 供给。

M2 为头架电动机，且为双速电动机，由接触器 KM2、KM3 控制，带动工件旋转。

M3、M4 为内、外圆砂轮电动机，分别由接触器 KM4、KM5 控制。

M5 为冷却泵电动机，由接触器 KM6 控制。

（1）砂轮的旋转：砂轮只须单方向旋转，内圆砂轮主轴由内圆砂轮电动机 M3 经传动带直接驱动，外圆砂轮主轴由外圆砂轮电动机 M4 经三角带直接传动，两台电动机之间应有联锁。

（2）头架带动工件的旋转运动，根据工件直径的大小和粗磨或精磨要求的不同，头架的

转速是需要调整的，头架带动工件的旋转运动是通过安装在头架上的头架电动机 M2 经塔轮式传动带传动，再经两组 V 形带传动带动头架的拔盘或卡盘旋转，从而获得 6 级不同的转速。

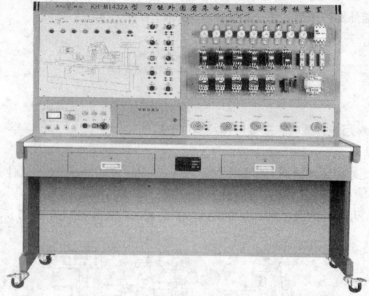

图 6-16　HK-M1432A 万能外圆磨床电气技能实训考核装置的设备外形图

（3）工作台的纵向往复运动，工作的纵向往复运动采用了液压传动，以实现运动及换向的平稳和无级调速。砂轮架周期自动进给和快速进退、尾架套筒快速退回及导轨润滑等也是采用液压传动来实现的。液压泵由油泵电动机 M1 拖动。要求只有在油泵电动机 M1 启动后，其他电动机才能启动。

（4）当内圆磨头插入工件内腔时，砂轮架不允许快速移动，以免造成事故。

（5）切削液的供给：冷却泵电动机 M5 运转供给砂轮和工件冷却液。

四、电气控制分析

M1432A 型万能外圆磨床的电气原理如图 6-17 所示。该线路分为主电路、控制电路和照明指示电路三部分。

1. 主电路分析

主电路共有五台电动机，其中，M1 是油泵电动机，由接触器 KM1 控制；M2 是头架电动机，由接触器 KM2、KM3 实现低速和高速控制；M3 是内圆砂轮电动机，由接触器 KM5 控制；M4 是外圆砂轮电动机，由接触器 KM4 控制；M5 是冷却泵电动机，由接触器 KM6 和接插器 X 控制。熔断器 FU1 作为线路总的短路保护，熔断器 FU2 作为 M1 和 M2 的短路保护，熔断器 FU3 作为 M3 和 M5 的短路保护，5 台电动机均用热继电器作为过载保护。

2. 照明、指示电路

将开关 QS 合上后，控制变压器 TC 输出电压，电源指示 HL1 亮，HL2 为油泵指示灯，指示电路由 FU6 作为它的短路保护。照明灯 EL 由开关 SA3 控制，由熔断器 FU7 作为短路保护，将开关 SA1 闭合，照明灯亮，将 SA3 断开，照明灯灭。

3. 控制电路分析

1）油泵电动机的控制

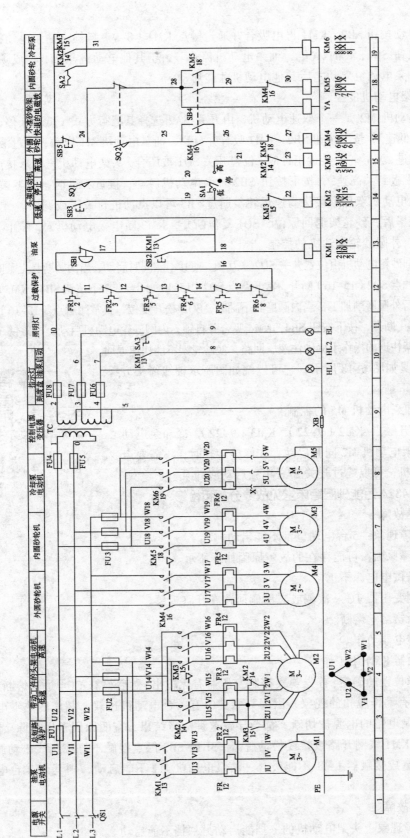

图 6-17　M1432A 型万能外圆磨床电气原理图

按下启动按钮 SB2，KM1 得电吸合并通过触点 KM1（8-9）自锁，油泵电动机 M1 启动，按下停止按钮 SB1，KM1 失电，油泵电动机停止。由于其他电动机与 M1 构成顺序控制，所以只有在油泵电动机启动之后其他电动机才能启动。

2）头架电动机的控制

头架电动机 M2 是一个双速电动机，由开关 SA2 选择其运行方式（低速、停、高速）。将 SA2 扳到"低速"，按下按钮 SB2，KM1 吸合并自锁，油泵电动机 M1 启动，通过液压传动使砂轮架快速前进，当砂轮架接近工件时，位置开关 SQ1 被压合，头架电动机三角形接法低速运转。

将 SA2 扳到"高速"，按下按钮 SB2 油泵电动机启动，接近工件时，SQ1 被压合，KM3 吸合，头架电动机双星形接法高速运转。通过 SB3 可以点动进行校正或调试。

磨削完毕后，砂轮架退回原位，SQ1 复位断开，KM3 断电，电动机 M2 停止。

3）内、外圆砂轮电动机的控制

内、外圆砂轮电动机由位置开关 SQ2 来互锁，使其不能同时启动，当内圆磨具上翻时，SQ2 被压合，其常闭触点 SQ2（15-16）断开，常开触点 SQ2（15-19）闭合，按下按钮 SB4，KM5 吸合并自锁，此时可以进行外圆磨削加工，当内圆磨具下翻时，SQ2 松开复位，其常闭触点（15-16）闭合，常开触点（15-19）断开，按下按钮 SB4，KM4 吸合并自锁，内圆砂轮电动机启动，电磁铁 YA 线圈得电吸合，砂轮架快退的操作手柄锁住液压回路，使砂轮架不能快速退回。

内圆磨具如图 6-18 所示，它可以绕如图所示轴线箭头方向上翻或向下翻。

4）冷却泵电动机 M5 的控制

通过常开触点 KM2（9-22）、KM3（9-22），冷却泵电动机 M5 随头架电动机 M2 同时启动，在修整砂轮时，不需要启动头架电动机，可以通过开关 SA3 单独启动冷却泵。

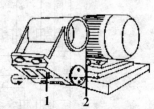

图 6-18　内圆磨具示意图
1—内圆磨具；2—位置开关

五、M1432A 万能外圆磨床常见故障分析和检修

1. 常见故障一

（1）故障现象：5 台电动机都不能启动。

（2）故障原因：可能存在的故障原因如下所示。

① 设备供电电源不正常。

② 控制变压器 TC 一次侧或二次侧回路有开路现象。

③ 熔断器熔丝熔断。

④ 热继电器动作。

⑤ 接触器 KM1 不工作。

（3）故障位置的确定：首先观察控制变压器有无输出，然后检查 FU4 是否熔断，或 FR1～FR5 中是否有动作脱扣的现象，因为只要其中有一台电动机过载，相应的热继电器动作就会使整个控制电路的电源被切断，都会导致这种故障结果，查明原因予以排除。除此之外，还有可能是 KM1 线圈开路或接线松动脱落、SB1、SB2 触点接触不好或接线松动脱落等。这些故障都会造成接触器 KM1 不能吸合，油泵电动机 M1 不能启动，则其余 4 台电动机也无法启动。

2. 常见故障二

（1）故障现象：头架电动机的一挡能启动另一挡不能启动。

（2）故障原因：可能存在的故障原因如下所示。

① 速度选择开关 SA1 接触不良或已损坏。

② 接触器 KM2 或 KM3 不工作。

（3）故障位置的确定：用万用表电阻挡测量速度继电器触点，若为速度继电器 SA1 触点接触不良或接线松动的，则修复或更换开关 SA1 即可。若接触器 KM2 或 KM3 不工作，则检查 KM2 或 KM3 线圈、触点有无接触不良等现象。

3. 常见故障三

（1）故障现象：其中两台电动机（M1 和 M2 或 M4 和 M5）不能启动。

（2）故障原因：可能存在的故障原因如下所示。

① FU2 或 FU3 熔丝熔断。

② 接触器 KM2、KM3 或 KM4、KM5 不工作。

（3）故障位置的确定：用万用表电阻挡分别测量即可。

六、操作注意事项

参照学习情境六子学习情境一的操作注意事项。

 **思考练习**

1. M1432A 外圆磨床的型号的含义是什么？

2. M1432A 外圆磨床的主要结构有哪些？

3. M1432A 外圆磨床的运动形式是怎样的？

4. M1432A 外圆磨床的电力拖动控制中为什么必须油泵电动机先工作，其他电动机才能进行工作？

5. 简述 M1432A 外圆磨床内圆加工与外圆加工之间是怎样实现联锁的？在内圆磨削加工时怎样不准砂轮架的快退的？

6. M1432A 外圆磨床中外圆砂轮电动机不能启动，其他电动机均能正常工作，则可能的故障原因有哪些？怎样确定故障位置？

7. M1432A 外圆磨床中头架电动机低速能正常工作，但高速不能启动，请分析故障原因，并指出怎样来确定故障部位？

子学习情境四　Z3040B 型摇臂钻床电气控制线路及其检修

任务目标

（1）掌握 Z3040B 摇臂钻床的电气调试与检修的方法。

（2）能熟练操作 HK-Z3040B 摇臂钻床，能根据机床的故障现象快速分析出故障范围，并熟练排除故障。

（3）培养观察能力，提高故障分析能力及排除能力，提高电气维修人员排除电气故障的综合检修能力。

（4）提高自我学习、信息处理、数字应用等方法能力及与人交流、与人合作、解决问题等社会能力；自查 6S 执行力。

 **任务描述**

专业能力训练环节一　已知故障现象的故障点排除训练

依据电气原理图，在 HK-Z3040B 模拟摇臂钻床上排除电气故障，故障现象如下：
主轴电动机 M2 不能工作，其余电动机均工作正常，且电源指示及照明工作正常。
排故要求如下：

（1）必须穿戴好劳保用品并进行安全文明操作。

（2）能正确操作 HK-Z3040B 摇臂钻床，能再次准确验证故障现象。

（3）能根据故障现象在电气原理图上准确标出最小的故障范围。

（4）能依据电路原理图快速查找到模拟机床上的对应器件及导线。

（5）正确使用电工工具和仪表。

（6）用电阻测量法快速检测出故障点，并安全修复。

（7）充分发挥小组学习的作用，对故障现象及可能存在的原因及排除方法做全面的讨论。

（8）检修工时：10 min。

（9）配分：本技能训练满分 100 分，比重为 20%。

专业能力训练环节二　模拟故障点逐一排除训练

在 HK-Z3040B 模拟摇臂钻床上进行故障排除训练。排故要求如下：

（1）必须穿戴好劳保用品并进行安全文明操作。

（2）能对 HK-Z3040B 模拟摇臂钻床进行全功能操作。

（3）能依据电路原理图快速查找到模拟机床上的对应器件及导线。

（4）在 HK-Z3040B 模拟摇臂钻床上逐一设置故障，并用电阻测量法逐一排除故障。记录
各故障的现象、故障部位及分析方法。待排故熟练后，可同时设置 2~3 个故障，逐一排除。

（5）故障检测前及故障排除后的通电试车要严格遵循用电安全操作规程并设置合格的监护人。

（6）检修工时：每个故障限时 10 min。

（7）配分：本技能训练满分 100 分，比重为 60%。

职业核心能力训练环节

参照子学习情境一核心能力训练。本核心能力训练满分 100 分，比重为 20%。

 **任务实施**

一、训练目的

参照本学习情境【任务目标】。

二、训练器材

HK-Z3040B 模拟摇臂钻床，其他训练器材参照子学习情境一。

三、预习内容

（1）Z3040B 摇臂钻床的结构、运动形式及电力拖动的特点。

（2）Z3040B 摇臂钻床的工作原理。

四、训练步骤

专业能力训练环节一　参考训练步骤

具体的实训步骤及要求参照学习情境六子学习情境一专业能力训练环节一的六步故障排除法，并记录以下关键问题：

（1）六步故障排除法的训练

① 记录故障现象如下：

_____

_____。

② 写出故障原因：

a. _____。

b. _____。

c. _____。

③ 列写最小的故障范围：

_____。

④ 确定的故障部位为：

_____。

⑤ 是否确认故障已经修复？

_____。

⑥ 故障修复后的再试车：

a. 故障修复后做了哪些事？

_____。

b. 是否做好了再次试车的全部检查？

_____。

c. 试车的所有功能是否正常？

_____。

（2）试车成功后，待实训指导教师对该任务的训练情况进行评价，并口试回答实训指导教师提出的问题后，方可进行设备的断电和短接线的拆除。该任务的评价表见学习情境六子学习情境一表 6-3。

（3）按照正确的断电顺序进行断电操作，并拆除排除故障用的短接线，恢复设备故障箱内指定的故障开关，清理 HK-Z3040B 模拟摇臂钻床的工作台面，自查实训工位及周边 6S 执行情况。简要小结本环节的训练经验并填入表 6-10，准备进入专业能力训练环节二的技能训练。

表 6-10　专业能力训练环节一（经验小结）

（4）实训指导教师进行本专业能力训练环节的小结。重点对故障排除的思路进行复述，并对各小组在训练中表现出的问题与操作安全隐患进行典型分析，指出并纠正各小组存在的错误操作问题。

专业能力训练环节二　参考训练步骤

参照学习情境六子学习情境一专业能力训练环节二的参考训练步骤。将训练过程记录填入训练手册，训练结束时简要小结本环节的训练经验并填入表6-11。

表6-11　专业能力训练环节二（经验小结）

职业核心能力训练环节　参考训练步骤

参照学习情境六子学习情境一职业核心能力训练环节参考训练步骤。

任务评价

（1）专业能力训练环节一评价标准参见学习情境六子学习情境一表6-3。

（2）专业能力训练环节二评价标准参见学习情境六子学习情境一表6-4。

（3）职业核心能力训练环节评价标准参见学习情境一表1-6～表1-9进行。

（4）个人单项任务总分评价表参见学习情境六子学习情境一表6-5。

相关知识

一、Z3040B型摇臂钻床型号意义

Z3040B型摇臂钻床型号意义如图6-19所示。

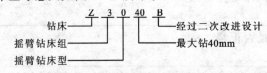

图6-19　Z3040B摇臂钻床型号意义

二、机床主要结构及运动形式

Z3040B摇臂钻床的外形如图6-20所示。它主要由底座、内立柱、外立柱、摇臂、主轴箱、工作台等组成。内立柱固定在底座上，在它外面套着空心的外立柱，外立柱可绕着内立柱回转一周，摇臂一端的套筒部分与外立柱滑动配合，借助于丝杆，摇臂可沿着外立柱上下移动，但两者不能做相对移动，所以摇臂将与外立柱一起相对内立柱回转。主轴箱是一个复合的部件，它具有主轴及主轴旋转部件和主轴进给的全部变速和操纵机构。主轴箱可沿着摇臂上的水平导轨作径向移动。当进行加工时，可利用特殊的夹紧机构将外立柱紧固在内立柱上，摇臂紧固在外立柱上，主轴箱紧固在摇臂导轨上，然后进行钻削加工。

KH-Z3040B摇臂钻床电气技能实训考核装置的设备外形如图6-21所示。

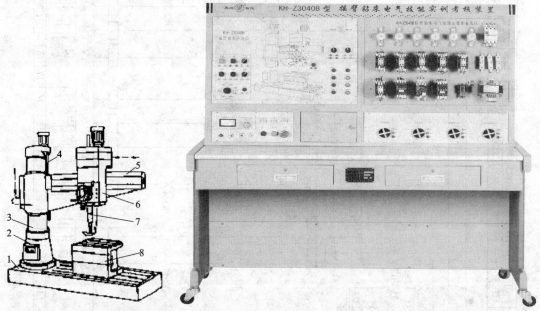

图6-20 Z3040B摇臂钻床外形图　　图6-21 KH-Z3040B摇臂钻床电气技能实训考核装置的设备外形图

主运动：主轴的旋转。进给运动：主轴的轴向进给。摇臂钻床除主运动与进给运动，还有外立柱、摇臂和主轴箱的辅助运动，它们都有夹紧装置和固定位置。摇臂的升降及夹紧放松由一台异步电动机拖动，摇臂的回转和主轴箱的径向移动采用手动，立柱的夹紧松开由一台电动机拖动一台齿轮泵来供给夹紧装置所用的压力油来实现，同时通过电气联锁来实现主轴箱的夹紧与放松。

摇臂钻床的主轴旋转和摇臂升降不允许同时进行，以保证安全生产。

三、电力拖动特点及控制要求

（1）由于摇臂钻床的运动部件较多，为简化传动装置，使用多电机拖动，主电动机承担主钻削及进给任务，摇臂升降及其夹紧放松、立柱夹紧放松和冷却泵各用一台电动机拖动。

（2）为了适应多种加工方式的要求，主轴及进给应在较大范围内调速。但这些调速都是机械调速，用手柄操作变速箱调速，对电动机无任何调速要求。从结构上看，主轴变速机构与进给变速机构应该放在一个变速箱内，而且两种运动由一台电动机拖动是合理的。

（3）加工螺纹时要求主轴能正反转。摇臂钻床的正反转一般用机械方法实现，电动机只须单方向旋转。

四、电气控制线路分析

Z3040B摇臂钻床的电气控制原理图6-22所示。

1. 主电路分析

本机床的电源开关采用接触器 KM。这是由于本机床的主轴旋转和摇臂升降不用按钮操作，而采用了不自动复位的开关操作。用按钮和接触器来代替一般的电源开关，就可以具有零压保护和一定的欠电压保护作用。

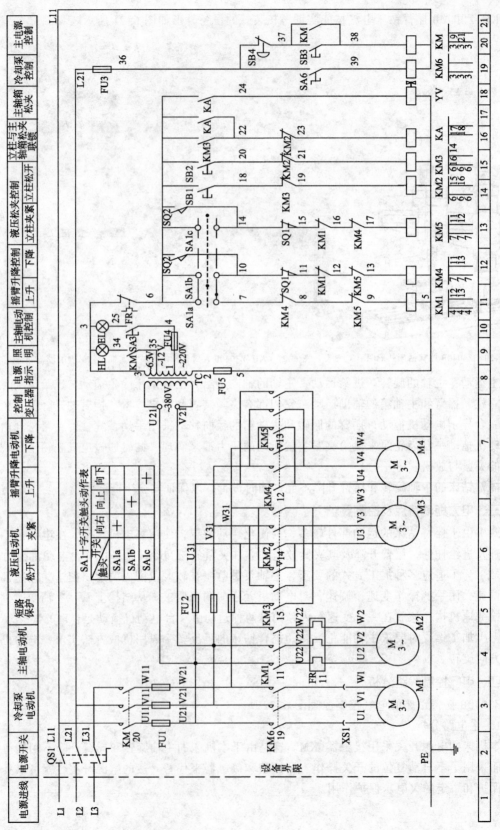

图 6-22　KH-Z3040B 摇臂钻床电气控制原理图

主电动机 M2 和冷却泵电机 M1 都只须单方向旋转,所以用接触器 KM1 和 KM6 分别控制。立柱夹紧松开电动机 M3 和摇臂升降电动机 M4 都需要正反转,所以各用两只接触器控制。KM2 和 KM3 控制立柱的夹紧和松开;KM4 和 KM5 控制摇臂的升降。Z3040B 型摇臂钻床的四台电动机只用了两套熔断器作短路保护。只有主轴电动机具有过载保护。因立柱夹紧松开电动机 M3 和摇臂升降电动机 M4 都是短时工作,故不需要用热继电器来作过载保护。冷却泵电机 M1 因容量很小,也没有应用保护器件。

在安装实际的机床电气设备时,应当注意三相交流电源的相序。如果三相电源的相序接错了,电动机的旋转方向就要与规定的方向不符,在开动机床时容易发生事故。KH－Z3040B 型摇臂钻床三相电源的相序可以用立柱的夹紧机构来检查。Z3040B 型摇臂钻床立柱的夹紧和放松动作有指示标牌指示。接通机床电源,使接触器 KM 动作,将电源引入机床。然后按压立柱夹紧或放松按钮 SB1 和 SB2。如果夹紧和松开动作与标牌的指示相符合,就表示三相电源的相序是正确的。如果夹紧与松开动作与标牌的指示相反,三相电源的相序一定是接错了。这时就应当关断总电源,把三相电源线中的任意两根电线对调位置接好,就可以保证相序正确。

2. 控制电路分析

1)电源接触器和冷却泵的控制

按下按钮 SB3,电源接触器 KM 吸合并自锁,把机床的三相电源接通。按 SB4,KM 断电释放,机床电源即被断开。KM 吸合后,转动 SA6,使其接通,KM6 则通电吸合,冷却泵电机即旋转。

2)主轴电动机和摇臂升降电动机控制

采用十字开关操作,控制线路中的 SA1a、SA1b 和 SA1c 是十字开关的三个触点。十字开头的手柄有五个位置。当手柄处在中间位置,所有的触点都不通,手柄向右,触点 SA1a 闭合,接通主轴电动机接触器 KM1;手柄向上,触点 SA1b 闭合,接通摇臂上升接触器 KM4;手柄向下,触点 SA1c 闭合,接通摇臂下降接触器 KM5。手柄向左的位置,未加利用。十字开关的使用使操作形象化,不容易误操作。十字开关操作时,一次只能占有一个位置,KM1、KM4、KM5 三个接触器就不会同时通电,这就有利于防止主轴电动机和摇臂升降电动机同时启动运行,也减少了接触器 KM4 与 KM5 的主触点同时闭合而造成短路事故的机会。但是单靠十字开关还不能完全防止 KM1、KM4 和 KM5 三个接触器的主触点同时闭合的事故。因为接触器的主触点由于通电发热和火花的影响,有时会焊住而不能释放。特别是在运作很频繁的情况下,更容易发生这种事故。这样,就可能在开关手柄改变位置的时候,一个接触器未释放,而另一个接触器又吸合,从而发生事故。所以,在控制线路上,KM1、KM4、KM5 三个接触器之间都有动断触点进行联锁,使线路的动作更为安全可靠。

3)摇臂升降和夹紧工作的自动循环

摇臂钻床正常工作时,摇臂应夹紧在立柱上。因此,在摇臂上升或下降之时,必须先松开夹紧装置。当摇臂上升或下降到指定位置时,夹紧装置又须将摇臂夹紧。本机床摇臂的松开、升(或降)、夹紧这个过程能够自动完成。将十字开关扳到上升位置(即向上),触点 SA1b 闭合,接触器 KM4 吸合,摇臂升降电动机启动正转。这时候,摇臂还不会移动,电动机通过传动机构,先使一个辅助螺母在丝杆上旋转上升,辅助螺母带动夹紧装置使之松开。当夹紧装置松开的时候,带动行程开关 SQ2,其触点 SQ2(6-14)闭合,为接通接触器 KM5 做好准备。摇臂松开后,辅助螺母继续上升,带动一个主螺母沿着丝杆上升,主螺母则推动摇臂上升。摇臂升到预定高度,将十字开关扳到中间位置,触点 SA1b 断开,接触器 KM4 断电释放。

电动机停转，摇臂停止上升。由于行程开关 SQ2（6-14）仍旧闭合着，所以在 KM4 释放后，接触器 KM5 即通电吸合，摇臂升降电动机即反转，这时电动机只是通过辅助螺母使夹紧装置将摇夹紧。摇臂并不下降。当摇臂完全夹紧时，行程开关 SQ2（6-14）即断开，接触器 KM5 就断电释放，电动机 M4 停转。

摇臂下降的过程与上述情况相同。

SQ1 是组合行程开关，它的两对动断触点分别作为摇臂升降的极限位置控制，起终端保护作用。当摇臂上升或下降到极限位置时，由撞块使 SQ1（10-11）或（14-15）断开，切断接触器 KM4 和 KM5 的通路，使电动机停转，从而起到了保护作用。

SQ1 为自动复位的组合行程开关，SQ2 为不能自动复位的组合行程开关。

摇臂升降机构除了电气限位保护以外，还有机械极限保护装置，在电气保护装置失灵时，机械极限保护装置可以起保护作用。

4）立柱和主轴箱的夹紧控制

本机床的立柱分内外两层，外立柱可以围绕内立柱做 360° 旋转。内外立柱之间有夹紧装置。立柱的夹紧和放松由液压装置进行，电动机拖动一台齿轮泵。电动机正转时，齿轮泵送出压力油使立柱夹紧，电动机反转时，齿轮泵送出压力油使立柱放松。

立柱夹紧电动机用按钮 SB1 和 SB2 及接触器 KM2 和 KM3 控制，其控制为点动控制。按下按钮 SB1 或 SB2，KM2 或 KM3 就通电吸合，使电动机正转或反转，将立柱夹紧或放松。松开按钮，KM2 或 KM3 就断电释放，电动机即停止。

立柱的夹紧松开与主轴箱的夹紧松开有电气上的联锁。立柱松开，主轴箱也松开，立柱夹紧，主轴箱也夹紧，当按 SB2 接触器 KM3 吸合，立柱松开，KM3（6-22）闭合，中间继电器 KA 通电吸合并自保。KA 的一个动合触点接通电磁阀 YV，使液压装置将主轴箱松开。在立柱放松的整个时期内，中间继电器 KA 和电磁阀 YV 始终保持工作状态。按下按钮 SB1，接触器 KM2 通电吸合，立柱被夹紧。KM2 的动断辅助触点（22-23）断开，KA 断电释放，电磁阀 YV 断电，液压装置将主轴箱夹紧。

在该控制线路里，我们不能用接触器 KM2 和 KM3 来直接控制电磁阀 YV。因为电磁阀必须保持通电状态，主轴箱才能松开。一旦 YV 断电，液压装置立即将主轴箱夹紧。KM2 和 KM3 均是点动工作方式，当按下 SB2 使立柱松开后放开按钮，KM3 断电释放，立柱不会再夹紧，这样为了使放开 SB2 后，YV 仍能始终通电就不能用 KM3 来直接控制 YV，而必须用一只中间继电器 KA，在 KM3 断电释放后，KA 仍能保持吸合，使电磁阀 YV 始终通电，从而使主轴箱始终松开。只有当按下 SB1，使 KM2 吸合，立柱夹紧，KA 才会释放，YV 才断电，主轴箱也被夹紧。

五、Z3040B 摇臂钻床常见故障分析

1. 常见故障一

（1）故障现象：立柱与主轴箱可以夹紧，不能松开，其他电动机均正常工作，且有电源指示与照明。

（2）故障原因：可能存在的故障原因如下所示。

① 液压电动机 M3 主电路 的故障，即 FU2 —— KM3 —— KM2 的主接线桩头 。

② 液压电动机 M3 控制回 路的故障，故障范围如 图6-23 虚线路径所示 。

（3）故障位置的确定：按立柱松开启动按钮 SB2，看接触器 KM3 线圈能否得电吸合，若能吸合，则故障在主电路，读者可以自行分析。

按立柱松开启动按钮 SB2，若接触器 KM3 线圈不能得电吸合，则故障范围为如图 6-24 虚线路径所示。

2. 常见故障二

（1）故障现象：摇臂升降电动机不能上升运行，其余电动机均工作正常，且有电源指示及照明。

（2）故障原因：可能存在的故障原因如下所示。

① 摇臂升降电动机 M4 主电路的故障，即 FU2——KM4——KM5 的主接线桩头。

② 摇臂升降电动机控制回路的故障，故障范围如图 6-24 虚线路径所示。

③ 接触器 KM4 线圈损坏。

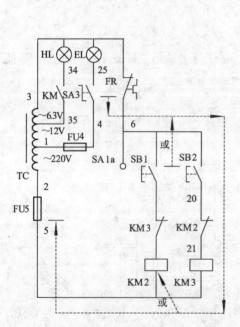

图 6-23　虚线所示为常见故障一的故障范围

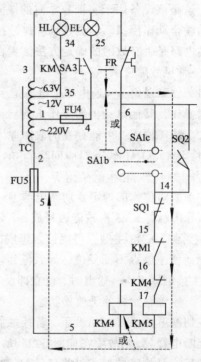

图 6-24　虚线所示为常见故障二的故障范围

（3）故障位置的确定：根据故障现象提供的条件，只要分析控制回路的 KM4 能否正常工作就可很快确定故障范围。

将十字开关 SA1 手柄拔向上（即 SA1b 闭合），若接触器 KM4 不能得电吸合，则故障在接触器 KM4 线圈的控制线路上，故障范围如图 6-24 的虚线路径所示。

注意：不可操作 12 区 SQ2（6-10）来试操作 KM4 是否能得电运转，来判断摇臂是否上升，这与摇臂上升与下降的动作原理有关。其关系叙述如下：

当十字开关 SA1 扳到向上的位置时，SA1b 接通，接触器 KM4 获电吸合，电动机 M4 启动正转。由于摇臂在上升前被夹紧在立柱上，所以 M4 刚启动时，摇臂不会上升，而是通过传动装置先把摇臂松开，这时鼓形组合开关的常开触点 SQ2（6-14）闭合，为摇臂上升后的夹紧做好准备，随后摇臂才开始上升。当上升到所需位置时，将十字开关 SA1 扳到中间位置，接触器 KM4 线圈断电释放，电动机 M4 停转。

由于摇臂松开时，鼓形组合开关的常开触点 SQ2（6-14）已经闭合，所以当接触器 KM4 线圈断电释放，其联锁触点（16-17）恢复闭合后，接触器 KM5 获电吸合，电动机 M4 启动反转，带动机械夹紧机构将摇臂夹紧，夹紧后鼓形开关 SQ2 的常开触点（6-14）断开，接触器 KM5 线圈断电释放，电动机 M4 停转，即摇臂升降是由机械、电气联合控制实现的，能够自动完成：

摇臂松开 ——————→ 摇臂上升(下降) ——————→ 摇臂夹紧

因此不能简单认为 SQ2（6-10）是与 SA1b（6-10）是并联的，就可操作 SQ2（6-10）来判断 KM4 得电与否，来以此确认摇臂是否能上升，而对于实际的摇臂钻床来说，用 SQ2（6-10）来使 KM4 得电吸合的实质是摇臂下降时的夹紧操作。夹紧后鼓形组合开关 SQ2（6-10）随即断开。这是该设备用于实训教学时的缺陷，只能进行纯电气线路的模拟，而不能进行机械与电气的联合动作模拟。学员在训练排故技能时，要注意与实际机床联系起来加以学习。

主电路是否有故障的确定方法读者自行分析。

3. 常见故障三

（1）故障现象：一通电（指电源指示灯亮时），立柱与主轴箱立即处于松开状态，不能进行夹紧操作，其他电动机均工作正常，且有照明。

（2）故障原因：可能存在的故障原因如下所示。

① 接触器 KM3 线圈对应回路的 SB2 启动按钮被短接，导致 KM3 线圈一直通电吸合。

② 接触器 KM3 主触头熔焊。

（3）故障位置的确定：切断电源 QS1 的情况下，看接触器 KM3 衔铁能否释放，若不能释放，则接触器 KM3 主触点可能被熔焊或机械原因卡死而使主触点不能复位，导致液压电动机 M3 在主接触器 KM 一通电时，就立即反转，而使立柱与主轴箱始终处于放松状态。

在切断电源 QS1 的情况下，若接触器 KM3 线圈能断电释放，则故障在如图 6-25 所示的虚线路径里，且故障的形式是将启动按钮短接，致使在主接触器 KM 一通电时，不操作启动按钮 SB2 就能使接触器 KM3 线圈直接得电，而使液压电动机长期反转，即立柱与主轴箱长期处于松开状态。

六、安全操作注意事项

参照学习情境六子学习情境一操作注意事项。

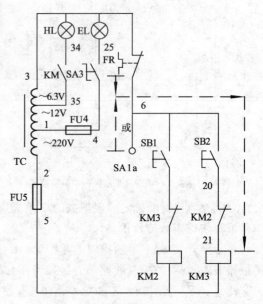

图 6-25　虚线所示为常见故障三的故障范围

 **思考练习**

1. Z3040B 摇臂钻床的型号的含义是什么？

2. Z3040B 摇臂钻床的主要结构是怎样的？

3. Z3040B 摇臂钻床的运动形式是怎样的？

4. Z3040B 摇臂钻床的电力拖动的特点与控制要求有哪些？

5. 简述 Z3040B 摇臂钻床的摇臂是通过什么机构夹紧与放松，在摇臂上升与下降操作中，机床是怎样实现自动夹紧与放松的。

6. 请写出 Z3040B 摇臂钻床立柱与主轴箱的夹紧与放松的过程。

7. Z3040B 摇臂钻床主轴电动机 M2 不工作，其余电动机均工作正常，且电源指示及照明工作正常。试分析故障原因及故障部位怎样确定，并在图 6-26 上标出故障范围。

8. 在 Z3040B 摇臂钻床中，摇臂升降电动机不能上升运行，其余电动机均工作正常，且有电源指示及照明。试分析故障原因及故障部位怎样确定，并在图 6-27 上标出故障范围。

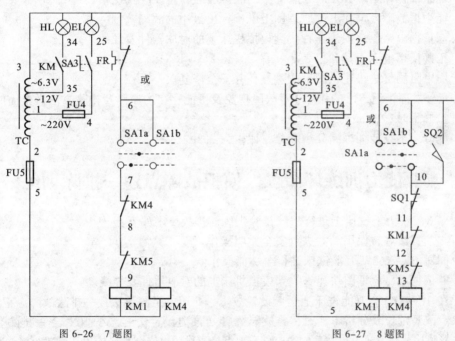

图 6-26　7题图　　　　　　　　图 6-27　8题图

子学习情境五　X62W 万能铣床电气控制线路及其检修

 任务目标

（1）掌握 X62W 万能铣床的电气调试与检修的方法。

（2）能熟练操作 HK-X62W 万能铣床，能根据机床的故障现象快速分析出故障范围，并熟练排除故障。

（3）培养观察能力，提高故障分析能力及排除能力，提高电气维修人员排除电气故障的综合检修能力。

（4）提高自我学习、信息处理、数字应用等方法能力及与人交流、与人合作、解决问题等社会能力；自查 6S 执行力。

任务描述

专业能力训练环节一　已知故障现象的故障点排除训练

依据电气原理图，在 HK-X62W 万能铣床上排除电气故障，故障现象如下：

主轴、进给均不能启动，但照明、冷却泵工作正常。

排故要求如下：

（1）必须穿戴好劳保用品并进行安全文明操作。

（2）能正确操作 HK-X62W 万能铣床，能再次准确验证故障现象。

（3）能根据故障现象在电气原理图上准确标出最小的故障范围。

（4）能依据电路原理图快速查找到模拟机床上的对应器件及导线。

（5）正确使用电工工具和仪表。

（6）用电阻测量法快速检测出故障点，并安全修复。

（7）充分发挥小组学习的作用，对故障现象及可能存在的原因及排除方法做全面的讨论。

（8）检修工时：10 min。

（9）配分：本技能训练满分 100 分，比重为 20%。

专业能力训练环节二　模拟故障点逐一排除训练

在 HK-X62W 万能铣床上进行故障排除训练。排故要求如下：

（1）必须穿戴好劳保用品并进行安全文明操作。

（2）能对 HK-X62W 万能铣床进行全功能操作。

（3）能依据电路原理图快速查找到模拟机床上的对应器件及导线。

（4）在 HK-X62W 万能铣床上逐一设置故障，并用电阻测量法逐一排除故障。记录各故障的现象、故障部位及分析方法。待排故熟练后，可同时设置 2～3 个故障，逐一排除。

（5）故障检测前及故障排除后的通电试车要严格遵循用电安全操作规程并设置合格的监护人。

（6）检修工时：每个故障限时 10 min。

（7）配分：本技能训练满分 100 分，比重为 60%。

职业核心能力训练环节

参照子学习情境一核心能力训练。本核心能力训练满分 100 分，比重为 20%。

任务实施

一、训练目的

参照本学习情境【任务目标】。

二、训练器材

HK-X62W 万能铣床，其他训练器材参照子学习情境一。

三、预习内容

（1）HK-X62W 万能铣床的结构、运动形式及电力拖动的特点。

（2）HK-X62W 万能铣床的工作原理。

四、训练步骤

专业能力训练环节一　参考训练步骤

具体的实训步骤及要求参照学习情境六子学习情境一专业能力训练环节一的六步故障排除法。并记录以下关键问题：

（1）六步故障排除法的训练。

① 记录故障现象如下：

_____

_____。

② 写出故障原因：

a. _____。

b. _____。

c. _____。

③ 列出最小的故障范围：

_____。

④ 确定的故障部位为：

_____。

⑤ 是否确认故障已经修复？

_____。

⑥ 故障修复后的再试车：

a. 故障修复后做了哪些事？

_____。

b. 是否做好了再次试车的全部检查？

_____。

c. 试车的所有功能是否正常？

_____。

（2）试车成功后，待实训指导教师对该任务的训练情况进行评价，并口试回答实训指导教师提出的问题后，方可进行设备的断电和短接线的拆除。该任务的评价表见学习情境六子学习情境一中表 6-3。

（3）按照正确的断电顺序进行断电操作，并拆除排除故障用的短接线，恢复设备故障箱内指定的故障开关，清理 HK-X62W 模拟万能铣床的工作台面，自查实训工位及周边 6S 执行情况。简要小结本环节的训练经验并填入表 6-12，准备进入专业能力训练环节二的技能训练。

表 6-12　专业能力训练环节一（经验小结）

（4）实训指导教师进行本专业能力训练环节的小结。重点对故障排除的思路进行复述，并对各小组在训练中表现出的问题与操作安全隐患进行典型分析，指出并纠正各小组存在的错误操作问题。

专业能力训练环节二　参考训练步骤

参照学习情境六子学习情境一专业能力训练环节二的参考训练步骤。将训练过程记录填入训练手册，训练结束时简要小结本环节的训练经验并填入表 6-13 中

表 6-13　专业能力训练环节二（经验小结）

核心能力训练参考训练步骤

参照学习情境六子学习情境一职业核心能力训练环节参考训练步骤。

 **任务评价**

（1）专业能力训练环节一评价标准参见学习情境六子学习情境一表 6-3。
（2）专业能力训练环节二评价标准参见学习情境六子学习情境一表 6-4。
（3）职业核心能力训练环节评价标准参见学习情境一表 1-6～表 1-9 进行。
（4）个人单项任务总分评价表参见学习情境六子学习情境一中表 6-5。

 **相关知识**

一、X62W 万能铣床型号的含义

X62W 万能铣床型号的含义如图 6-28 所示。

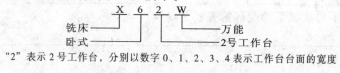

"2"表示 2 号工作台，分别以数字 0、1、2、3、4 表示工作台台面的宽度

图 6-28　X62W 铣床的型号含义

二、机床的主要结构及运动形式

1. 主要结构

主要结构由床身、主轴、刀杆、横梁、工作台、回转盘、横溜板和升降台等几部分组成，如图 6-29 所示。

KH-X62W 万能铣床电气技能实训考核装置的设备外形图 6-30 所示。

2. 运动形式

（1）主轴转动是由主轴电动机通过弹性联轴器来驱动传动机构，当机构中的一个双联滑动齿轮块啮合时，主轴即可旋转。

（2）工作台面的移动是由进给电动机驱动，它通过机械机构使工作台能进行三种形式六个方向的移动，即工作台面能直接在溜板上部可转动部分的导轨上作纵向（左、右）移动；工作台面借助横溜板作横向（前、后）移动；工作台面还能借助升降台作垂直（上、下）移动。

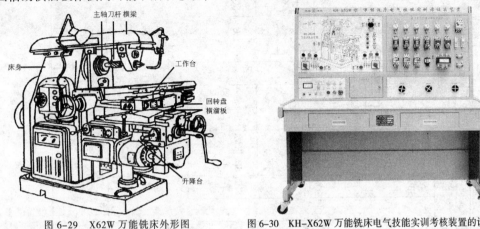

图 6-29　X62W 万能铣床外形图　　　图 6-30　KH-X62W 万能铣床电气技能实训考核装置的设备外形图

三、电力拖动的特点及控制要求

该铣床共用 3 台异步电动机拖动，它们分别是主轴电动机 M1、进给电动机 M2 和冷却泵电动机 M3。

（1）铣削加工有顺铣和逆铣两种加工方式，所以要求主轴电动机能正反转，但考虑正反转操作并不频繁（批量顺铣或逆铣），因此在铣床床身下侧电器箱上设置一个组合开关，来改变电源相实现主轴电动机的正反转。由于主轴转动系统中装有避免震动的惯性轮，使主轴停车困难，故主轴电动机采用电磁离合器制动以实现准确停车。

（2）铣床的工作台要求有前后、左右、上下 6 个方向的进给运动和快速移动，所以也要求进给电动机能正反转，并通过操纵手柄和机械离合器相配合来实现。进给的快速移动是通过电磁铁和机械挂挡来完成的。为了扩大其加工能力，在工作台上可加装圆形工作台，圆形工作台的回转运动是由进给电动机经转动机构驱动的。

（3）根据加工工艺的要求，该铣床应具有以下电气连锁措施：

① 为防止刀具和铣床的损坏，要求只有主轴旋转后允许进给和进给方向的快速移动。

② 为了减小加工件表面的粗糙度，只有进给停止后才能停止或同时停止。该铣床在电气上采用了主轴和进给同时停止的方式，但由于主轴运动的惯性很大，实际上就保证了进给运动先停止，主轴运动后停止的要求。

③ 6 个方向的进给运动中同时只能有一种运动产生，该铣床采用了机械操纵手柄和位置开关配合的方法来实现 6 个方向的联锁。

（4）主轴运动和进给运动采用变速盘来进行速度选择，为保证变速齿轮进入良好啮合状态，两种运动都要求变速后作瞬时点动。

（5）当主轴电动机或冷却泵过载时，进给运动必须立即停止，以免损坏刀具和铣床。

（6）要求有冷却系统.照明设备及各种保护措施。

四、电气控制线路分析

X62W 万能铣床电气控制线路如图 6-31。电气原理图是由主电路、控制电路和照明电路三部分组成。HK-X62W 万能铣床电气控制原理图如图 6-32 所示。

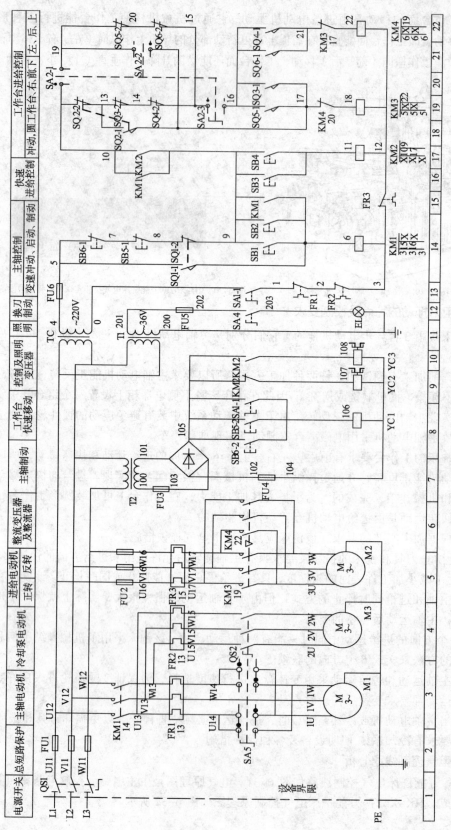

图 6-31 X62W 万能铣床电气控制原理图

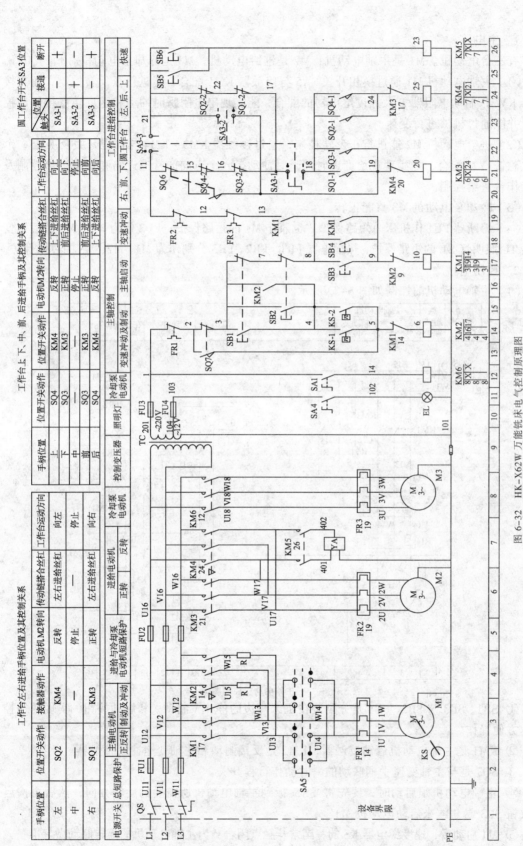

图6-32 HK-X62W 万能铣床电气控制原理图

1. 主电路

有三台电动机。M1 是主轴电动机；M2 是进给电动机；M3 是冷却泵电动机。

（1）主轴电动机 M1 通过换相开关 SA5 与接触器 KM1 配合，能进行正反转控制，而与接触器 KM2、制动电阻器 R 及速度继电器的配合，能实现串电阻瞬时冲动和正反转反接制动控制，并能通过机械进行变速。

（2）进给电动机 M2 能进行正反转控制，通过接触器 KM3、KM4 与行程开关及 KM5、牵引电磁铁 YA 配合，能实现进给变速时的瞬时冲动、六个方向的常速进给和快速进给控制及圆工作台进给控制。

（3）冷却泵电动机 M3 只能正转。

（4）熔断器 FU1 作机床总短路保护，也兼作 M1 的短路保护；FU2 作为 M2、M3 及控制变压器 TC.照明灯 EL 的短路保护；热继电器 FR1、FR2、FR3 分别作为 M1、M2、M3 的过载保护。

2. 控制电路

（1）主轴电动机的控制如图 6-33 所示。

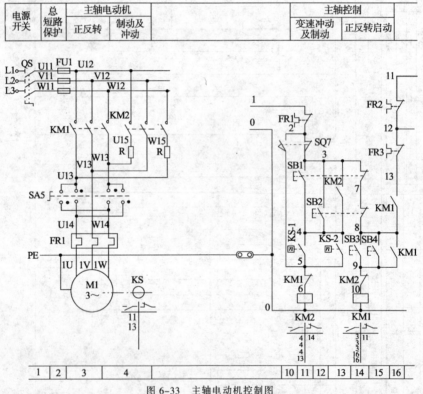

电源开关	总短路保护	主轴电动机		主轴控制	
		正反转	制动及冲动	变速冲动及制动	正反转启动

图 6-33　主轴电动机控制图

① SB1、SB3 与 SB2、SB4 是分别装在机床两边的停止（制动）和启动按钮，实现两地控制，方便操作。

② KM1 是主轴电动机启动接触器，KM2 是反接制动和主轴变速冲动接触器。

③ SQ7 是与主轴变速手柄联动的瞬时动作行程开关。

④ 主轴电动机须启动时，要先将 SA5 扳到主轴电动机所需要的旋转方向，然后再按启动按钮 SB3 或 SB4 来启动电动机 M1。

⑤ M1 启动后，速度继电器 KS 的一副常开触点闭合，为主轴电动机的停转制动做好准备。

⑥ 停车时，按停止按钮 SB1 或 SB2 切断 KM1 电路，接通 KM2 电路，改变 M1 的电源相序进行串电阻反接制动。当 M1 的转速低于 120r/min 时，速度继电器 KS 的一副常开触点恢复断开，切断 KM2 电路，M1 停转，制动结束。

据以上分析可写出主轴电机转动（即按 SB3 或 SB4）时控制线路的通路：1 – 2 – 3 – 7 – 8 – 9 – 10 – KM1 线圈 – O；主轴停止与反接制动（即按 SB1 或 SB2）时的通路：1 – 2 – 3 – 4 – 5 – 6 – KM2 线圈 – O。

⑦ 主轴电动机变速时的瞬动（冲动）控制，如图 6-34 所示。是利用变速手柄与冲动行程开关 SQ7 通过机械上联动机构进行控制的。变速时，先下压变速手柄，然后拉到前面，当快要落到第二道槽时，转动变速盘，选择需要的转速。此时凸轮压下弹簧杆，使冲动行程 SQ7 的常闭触点先断开，切断 KM1 线圈的电路，电动机 M1 断电；同时 SQ7 的

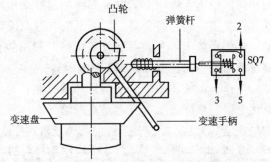

图 6-34　主轴变速冲动控制示意图

常开触点后接通，KM2 线圈得电动作，M1 被反接制动。当手柄拉到第二道槽时，SQ7 不受凸轮控制而复位，M1 停转。

接着把手柄从第二道槽推回原始位置时，凸轮又瞬时压动行程开关 SQ7，使 M1 反向瞬时冲动一下，以利于变速后的齿轮啮合。

注意，不论是开车还是停车时，都应以较快的速度把手柄推回原始位置，以免通电时间过长，引起 M1 转速过高而打坏齿轮。

（2）工作台进给电动机的控制。工作台的纵向、横向和垂直运动都由进给电动机 M2 驱动，接触器 KM3 和 KM4 使 M2 实现正反转，用以改变进给运动方向。它的控制电路采用了与纵向运动机械操作手柄联动的行程开关 SQ1、SQ2 和横向及垂直运动机械操作手柄联动的行程开关 SQ3、SQ4 组成复合联锁控制。即在选择三种运动形式的六个方向移动时，只能进行其中一个方向的移动，以确保操作安全，当这两个机械操作手柄都在中间位置时，各行程开关都处于未压的原始状态。

由原理图可知：进给电机 M2 在主轴电机 M1 启动后才能进行工作。在机床接通电源后，将控制圆工作台的组合开关 SA3 扳到断开，使触点 SA3-1（17 – 18）和 SA3-3（12 – 21）闭合，而 SA3-2（19 – 21）断开，然后启动 M1，这时接触器 KM1 吸合，使 KM1（9 – 12）闭合，就可进行工作台的进给控制。

① 工作台纵向（左右）运动的控制，工作台的纵向运动是由进给电动机 M2 驱动，由纵向操纵手柄来控制。此手柄是复式的，一个安装在工作台底座的顶面中央部位，另一个安装在工作台底座的左下方。手柄有三个：向左、向右、零位。当手柄扳到向右或向左运动方向时，手柄的联动机构压下行程 SQ1 或 SQ2，使接触器 KM3 或 KM4 动作，控制进给电动机 M2 的正反转。工作台左右运动的行程，可通过调整安装在工作台两端的撞铁位置来实现。当工作台纵向运动到极限位置时，撞铁撞动纵向操纵手柄，使它回到零位，M2 停转，工作台停止运动，从而实现了纵向终端保护。工作台向左运动：在 M1 启动后，将纵向操作手柄扳至向左位置，一方面机械接通纵向离合器，同时在电气上压下 SQ1，使 SQ1-2 断，SQ1-1 通，而其他控制进给运动的行程开关都处于原始位置，此时使 KM3 吸合，M2 正转，工作台向左进

给运动。其控制电路的通路为：11 – 15 – 16 – 17 – 18 – 19 – 20 – KM3 线圈 – 0，工作台向右运动：当纵向操纵手柄扳至向右位置时，机械上仍然接通纵向进给离合器，但却压动了行程开关 SQ2，使 SQ2-2 断，SQ2-1 通，使 KM4 吸合，M2 反转，工作台向右进给运动，其通路为：11 – 15 – 16 – 17 – 18 – 24 – 25 – KM4 线圈 – 0。

② 工作台垂直（上下）和横向（前后）运动的控制：工作台的垂直和横向运动，由垂直和横向进给十字操纵手柄操纵。手柄的联动机械一方面压下行程开关 SQ3 或 SQ4，同时能接通垂直或横向进给离合器。操纵手柄有五个位置（上、下、前、后、中间），五个位置是联锁的，工作台的上下和前后的终端保护是利用装在床身导轨旁与工作台座上的撞铁，将操纵十字手柄撞到中间位置，使 M2 断电停转。

工作台向前（或者向下）运动的控制：将十字操纵手柄扳至向前（或者向下）位置时，机械上接通横向进给（或者垂直进给）离合器，同时压下 SQ4，使 SQ4-2 断，SQ4-1 通，使 KM4 吸合，M2 反转，工作台向前（或者向下）运动。

其通路为：11 – 21 – 22 – 17 – 18 – 24 – 25 – KM4 线圈 – 0；工作台向后（或者向上）运动的控制：将十字操纵手柄扳至向后（或者向上）位置时，机械上接通横向进给（或者垂直进给）离合器，同时压下 SQ3，使 SQ3-2 断，SQ3-1 通，使 KM3 吸合，M2 正转，工作台向后（或者向上）运动。其通路为：11 – 21 – 22 – 17 – 18 – 19 – 20 – KM3 线圈 – 0。

③ 左右进给手柄与上下前后进给手柄的联锁控制：在两个手柄中，只能进行其中一个进给方向上的操作，即当一个操纵手柄被置定在某一进给方向后，另一个操纵手柄必须置于中间位置，否则机床将无法实现任何方向的进给。这是因为在控制电路中对两者实行了联锁保护。如当纵向（左右）操纵手柄不在中间位置时，位置开关 SQ1 或 SQ2 中至少有一个被压下，此时若将十字手柄也扳向其中一个方向，则位置开关 SQ3 或 SQ4 也至少有一个被压下，此时，两条通路均分断，切断了接触器 KM3T 和 KM4 的通路，电动机 M2 只能停转，保证了操作安全。

④ 进给电动机变速时的瞬动（冲动）控制：变速时，为使齿轮易于啮合，进给变速与主轴变速一样，设有变速冲动环节。当需要进行进给变速时，应将转速盘的蘑菇形手轮向外拉出并转动转速盘，把所需进给量的标尺数字对准箭头，然后再把蘑菇形手轮用力向外拉到极限位置并随即推向原位，就在一次操纵手轮的同时，其连杆机构二次瞬时压下行程开关 SQ6，使 KM3 瞬时吸合，M2 作正向瞬动。

其通路为：11 – 21 – 22 – 17 – 16 – 15 – 19 – 20 – KM3 线圈 0，由于进给变速瞬时冲动的通电回路要经过 SQ1–SQ4 四个行程开关的常闭触点，因此只有当进给运动的操作手柄都在中间（停止）位置时，才能实现进给变速冲动控制，以保证操作时的安全。同时，与主轴变速时冲动控制一样，电动机的通电时间不能太长，以防止转速过高，在变速时打坏齿轮。

⑤ 工作台的快速进给控制：为提高劳动生产率，要求铣床在不作铣切加工时，工作台能快速移动。工作台快速进给也是由进给电动机 M2 来驱动，在纵向、横向和垂直三种运动形式六个方向上都可以实现快速进给控制。

主轴电动机启动后，将进给操纵手柄扳到所需位置，工作台按照选定的速度和方向作常速进给移动时，再按下快速进给按钮 SB5（或 SB6），使接触器 KM5 通电吸合，接通牵引电磁铁 YA，电磁铁通过杠杆使摩擦离合器合上，减少中间传动装置，使工作台按运动方向作快速进给运动。当松开快速进给按钮时，电磁铁 YA 断电，摩擦离合器断开，快速进给运动停止，工作台仍按原常速进给时的速度继续运动。

（3）圆工作台运动的控制。铣床如须铣切螺旋槽、弧形槽等曲线时，可在工作台上安装圆形工作台及其传动机械，圆形工作台的回转运动也是由进给电动机 M2 传动机构驱动的。

圆工作台工作时，应先将进给操作手柄都扳到中间（停止）位置，然后将圆工作台组合开关 SA3 扳到圆工作台接通位置。此时 SA3-1 断，SA3-3 断，SA3-2 通。准备就绪后，按下主轴启动按钮 SB3 或 SB4，则接触器 KM1 与 KM3 相继吸合。主轴电机 M1 与进给电机 M2 相继启动并运转，而进给电动机仅以正转方向带动圆工作台作定向回转运动。其通路为：11 - 15 - 16 - 17 - 22 - 21 - 19 - 20 - KM3 线圈 - 0，由上可知，圆工作台与工作台进给有互锁，即当圆工作台工作时，不允许工作台在纵向、横、垂直方向上有任何运动。若误操作而扳动进给运动操纵手柄（即压下 SQ1 - SQ4、SQ6 中任一个），M2 即停转。

五、电气线路的常见故障与维修

铣床电气控制线路与机械系统的配合十分密切，其电气线路的正常工作往往与机械系统的正常工作是分不开的，这就是铣床电气控制线路的特点。正确判断是电气还是机械故障和熟悉机电部分配合情况，是迅速排除电气故障的关键。这就要求维修电工不仅要熟悉电气控制线路的工作原理，而且还要熟悉有关机械系统的工作原理及机床操作方法。下面通过几个实例来叙述 X62W 铣床的常见故障及其排除方法。

1. 常见故障一

（1）故障现象：主轴、进给均不能启动，但照明、冷却泵工作正常。

（2）故障原因。可能存在的故障原因：因照明与冷却泵电动机工作正常，可以排除主轴与工作台进给电动机的控制回路中的控制变压器供电电源有故障的可能性；进给电动机与主轴电动机是顺序启动关系，只要主轴电动机可以启动就具备了工作台启动的条件；检查主轴变速冲动功能时，发现主轴没有变速冲动功能，则故障范围如图 6-35 虚线路径所示。

（3）故障位置的确定：用电阻测量法依次对如图 6-35 所示的路径进行故障排查。

2. 常见故障二

（1）故障现象：主轴和冷却泵电机能正常工作，且有照明，但进给电动机不能作任何进给和变速冲动。

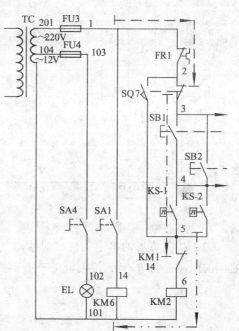

图 6-35 虚线所示为常见故障一的故障范围

（2）故障原因：可能存在的故障原因如下所示。

① 进给电动机主电路的故障，即 FU2→KM3 或 KM4→FR2→进给电动机 M2。

② 进给电动机控制线路总线上的故障，如图 6-36 虚线路径所示。

（3）故障位置的确定：操作工作台各进给手柄、圆工作台开关、变速冲动开关，未发现接触器 KM3 或 KM4 工作，则故障在控制回路里，其故障范围如图 6-36 的虚线路径所示。

3. 常见故障三

（1）故障现象：圆工作台和工作台的左、右两个方向不能进给，其他工作均正常。

（2）故障原因。可能存在的故障原因：由 X62W 铣床工作原理可知，工作台左右进给电气通路为图 6-37 的①号点画线路径所示。而已知工作台电动机的变速冲动开关工作正常，其电气通路为图 6-37 的②号双点画线路径所示，又知工作台的前后进给也正常，所以六个方位进给的公共电气通路的必经之地 SA3-1 处的电气连接一定正常，所以故障范围可以缩小为图 6-37 的③号虚线路径所示。

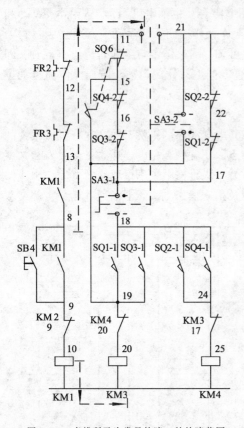

图 6-36　虚线所示为常见故障二的故障范围　　　图 6-37　虚线所示为常见故障三的故障范围

（3）故障位置的确定：依次对故障范围所经电气及线路用电阻测量法逐一测量，某两点之间的电阻值为 $R=\infty$，说明此处有开路或模拟接触不良的故障。

注　意

在用电阻法进行故障检测判断时，必须将圆工作台选择开关 SA3 转到圆工作台位置，或将位置开关 SQ1、SQ2、SQ3、SQ4、SQ6 中的任意一个压合，以防构成其他电气通路，造成判断错误。

　4. 常见故障四

（1）故障现象：工作台变速冲动及圆工作台不能工作，其他工作均正常。

（2）故障原因。可能存在的故障原因：根据故障现象显而易见，故障在圆工作台与进给变速冲动控制线路的公共电路部分。

（3）故障位置的确定。可用万用表电阻挡测量下列各处的通断接触情况：

工作台变速冲动开关SQ6的常开触头或圆工作台开关SA3-2上的19号接线桩 ──→ 经19号线 ──┐

┌── 接触器KM4常闭触头的19线接线桩

六、操作注意事项

参见学习情境六子学习情境一操作的注意事项。

思考练习

1. X62W 万能铣床的型号的含义是什么？

2. X62W 万能铣床的主要结构是怎样的？

3. X62W 万能铣床的运动形式是怎样的？

4. X62W 万能铣床与 KH–X62W 万能铣床的主轴制动分别是采用什么方法？

5. 请写出 X62W 万能铣床圆工作台的控制回路。

6. X62W 万能铣床电气控制中为什么进给电机 M2 只有在主轴电机 M1 启动后才能工作？在控制电路上是怎样来实现控制要求？

7. X62W 万能铣床进给变速时，进给操作手柄应在什么位置？请写出进给变速控制回路。

8. X62W 万能铣床左右进给手柄与上下前后进给手柄是怎样实现联锁控制的？

9. X62W 万能铣床电气原理图中，热继电器 FR2 常闭触点为什么不与 FR1 常闭触点串联，而要单独接到接触器 KM1 常开触点后面？

10. 请说明 X62W 万能铣床电磁铁 YA 线圈在什么况态下才能得电？

11. X62W 万能铣床中，主轴、进给均不能启动，但照明、冷却泵工作正常。试分析故障原因及故障部位怎样确定，并在图 6-38 上标出故障范围。

12. X62W 万能铣床中，主轴和冷却泵电动机能正常工作，且有照明，但进给电动机不能作任何进给和变速运动。试分析故障故障原因，确定故障位置。并在图 6-39 上标出故障范围。

13. 在 X62W 万能铣床上，主轴电动机在一地能实现正、反转反接制动，但另一地不能实现正、反转反接制动，试分析可能的故障原因。并确定故障位置。

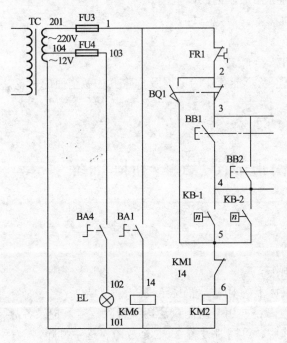

图 6-38　11 题图

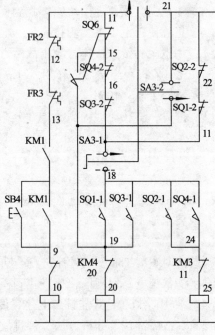

图 6-39　12 题图

子学习情境六 T68 卧式镗床电气控制线路及其检修

 **任务目标**

（1）掌握 T68 卧式镗床的电气调试与检修的方法。

（2）能熟练操作 HK-T68 卧式镗床，能根据机床的故障现象快速分析出故障范围，并熟练排除故障。

（3）培养观察能力，提高故障分析能力及排除能力，提高电气维修人员排除电气故障的综合检修能力。

（4）提高自我学习、信息处理、数字应用等方法能力及与人交流、与人合作、解决问题等社会能力；自查 6S 执行力。

任务描述

专业能力训练环节一 已知故障现象的故障点排除训练

依据电气原理图，在 HK-T68 卧式镗床上排除电气故障，故障现象如下：

主轴电动机停车操作时（按 SB1），正反向运行均无反接制动，其他功能均正常。

排故要求如下：

（1）必须穿戴好劳保用品并进行安全文明操作。

（2）能正确操作 HK-T68 卧式镗床，能再次准确验证故障现象。

（3）能根据故障现象在电气原理图上准确标出最小的故障范围。

（4）能依据电路原理图快速查找到模拟机床上的对应器件及导线。

（5）正确使用电工工具和仪表。

（6）用电阻测量法快速检测出故障点，并安全修复。

（7）充分发挥小组学习的作用，对故障现象及可能存在的原因及排除方法做全面的讨论。

（8）检修工时：10min。

（9）配分：本技能训练满分 100 分，比重为 20%。

专业能力训练环节二 模拟故障点逐一排除训练

在 HK-T68 卧式镗床上进行故障排除训练。

排故要求如下：

（1）必须穿戴好劳保用品并进行安全文明操作。

（2）能对 HK-T68 卧式镗床进行全功能操作。

（3）能依据电路原理图快速查找到模拟机床上的对应器件及导线。

（4）在 HK-X62W 万能铣床上逐一设置故障，并用电阻测量法逐一排除故障。记录各故障的现象、故障部位及分析方法。待排故熟练后，可同时设置 2~3 个故障，逐一排除。

（5）故障检测前及故障排除后的通电试车要严格遵循用电安全操作规程并设置合格的监护人。

（6）排故工时：每个故障限时 10 min。

（7）配分：本技能训练满分 100 分，比重为 60%。

职业核心能力训练环节

参照子学习情境一核心能力训练。本核心能力训练满分 100 分，比重为 20%。

任务实施

一、训练目的
参照本学习情境【任务目标】。

二、训练器材
HK-T68 卧式镗床，其他训练器材参照学习情境六子学习情境一。

三、预习内容
（1）T68 卧式镗床的结构、运动形式及电力拖动的特点。

（2）T68 卧式镗床的工作原理。

四、训练步骤

专业能力训练环节一　参考训练步骤

具体的实训步骤及要求参照学习情境六子学习情境一专业能力训练环节一的六步故障排除法。并记录以下关键问题：

（1）六步故障排除法的训练：

① 记录故障现象如下：

_____ 。

② 写出故障原因：

a. _____ 。

b. _____ 。

c. _____ 。

③ 列写最小的故障范围：

_____ 。

④ 确定的故障部位为：

_____ 。

⑤ 是否确认故障已经修复？

_____ 。

⑥ 故障修复后的再试车：

a. 故障修复后做了哪些事？

_____ 。

b. 是否做好了再次试车的全部检查？

_____。

c. 试车的所有功能是否正常？

_____。

（2）试车成功后，待实训指导教师对该任务的训练情况进行评价，并口试回答实训指导教师提出的问题后，方可进行设备的断电和短接线的拆除。该任务的评价表见学习情境六子学习情境一中的表 6-3。

（3）按照正确的断电顺序进行断电操作，并拆除排除故障用的短接线，恢复设备故障箱内指定的故障开关，清理 HK-T68 卧式镗床的工作台面，自查实训工位及周边 6S 执行情况。简要小结本环节的训练经验并填入表 6-14，准备进入专业能力训练环节二的技能训练。

表 6-14　专业能力训练环节一（经验总结）

（4）实训指导教师进行本专业能力训练环节的小结。重点对故障排除的思路进行复述，并对各小组在训练中表现出的问题与操作安全隐患进行典型分析，指出并纠正各小组存在的错误操作问题。

专业能力训练环节二　参考训练步骤

参照学习情境六子学习情境一专业能力训练环节二参考训练步骤。将训练过程记录填入课余训练手册，训练结束时简要小结本环节的训练经验并填入表 6-15。

表 6-15　专业能力训练环节二（经验总结）

核心能力训练环节　参考训练步骤

参照学习情境六子学习情境一职业核心能力训练环节参考训练步骤。

任务评价

（1）专业能力训练环节一评价标准参见学习情境六子学习情境一表 6-3。

（2）专业能力训练环节二评价标准参见学习情境六子学习情境一表 6-4。

（3）职业核心能力训练环节评价标准参见学习情境一表 1-6～表 1-9 进行。

（4）个人单项任务总分评价表参见学习情境六子学习情境一表 6-6。

相关知识

一、T68 卧式镗床型号的含义

T68 卧式镗床型号的含义如图 6-40 所示。

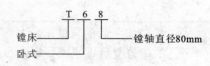

图 6-40　T68 卧式镗床型号的含义

二、机床结构及运动形式

1. 机床主要结构

主要由床身、前立柱、主轴箱（镗头架）、工作台、后立柱组成，T68 卧室镗床示意图如图 6-41 所示。

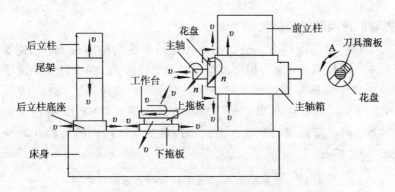

图 6-41　T68 卧室镗床结构示意图

HK-T68 卧式镗床电气技能实训考核装置的设备外形图 6-42 所示。

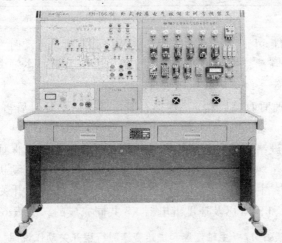

图 6-42　KH-T68 卧式镗床电气技能实训考核装置的设备外形图

床身是一个整体的铸件，在它的一端固定有前立柱，在前立柱的垂直导轨上装有镗头架，镗头架可沿导轨上下移动。主轴箱（镗头架）内集中装有主轴部分、变速箱、进给箱与操纵机构等部件。切削刀具固定在镗轴前端的锥形孔里，或装在花盘上的刀具溜板上。在工作过程中，镗轴一面旋转，一面沿轴向作进给运动。而花盘只能旋转，装在其上的刀具溜板则可作垂直于主轴轴线方向的径向进给运动。镗轴和花盘主轴是通过单独的传动链传动，因此它们可以独立转动。后立柱的尾架用来支持装夹在镗轴上的镗杆末端，它与镗头架同时升降，保证两者的轴心始终在同一直线上，后立柱可沿着床身导轨在镗轴的轴线方向调整位置。

安装工件用的工作台安置在床身中的导轨上，它由下溜板、上溜板和可转动的工作台组成。工作台可在平行于（纵向）与垂直于（横向）镗轴轴线方向移动。

2. 运动形式

（1）主运动：镗杆（主轴）旋转或平旋盘（花盘）旋转。

（2）进给运动：主轴轴向（进、出）移动、主轴箱（镗头架）的垂直(上、下）移动、花盘刀具溜板的径向移动、工作台的纵向（前、后）和横向（左、右）移动。

（3）辅助运动：有工作台的旋转运动、后立柱的水平移动和尾架垂直移动。

主运动和各种常速进给由主轴电机 M1 驱动，但各部分的快速进给运动是由快速进给电机 M2 驱动。

三、电力拖动的特点及控制要求

（1）因机床主轴调速范围较大，且恒功率，主轴与进给电动机 M1 采用 Δ/YY 双速电机。低速时，1U1、1V1、1W1 接三相交流电源，1U2、1V2、1W2 悬空，定子绕组接成三角形，每相绕组中两个线圈串联，形成的磁极对数 $p=2$；高速时，1U1、1V1、1W1 短接，1U2、1V2、1W2 端接电源，电动机定子绕组联结成双星形（YY），每相绕组中的两个线圈并联，磁极对数 $p=1$。高低速的变换，由主轴孔盘变速机构内的行程开关 SQ7 控制，其动作说明见表 6-16。

表 6-16　主电动机高.低速变换行程开关动作说明

位置 触点	主电动机低速	主电动机高速
SQ7（11-12）	关	开

（2）主轴电动机 M1 可正反转连续运行，也可点动控制，点动时为低速。主轴要求快速准确制动，故采用反接制动，控制电器采用速度继电器。为限制主轴电动机的启动和制动电流，在点动和制动时，定子绕组串入电阻 R。

（3）主轴电动机低速时直接启动。高速运行时由低速启动延时后再自动转成高速运行的，以减小启动电流。

（4）在主轴变速或进给变速时，主轴电动机需要缓慢转动，以保证变速齿轮进入良好啮合状态。主轴和进给变速均可在运行中进行，变速操作时，主轴电动机便作低速断续冲动，变速完成后又恢复运行。主轴变速时，电动机的缓慢转动是由行程开关 SQ3 和 SQ5，进给变速时是由行程开关 SQ4 和 SQ6 以及速度继电器 KS 共同完成的，见表 6-17。

表 6-17　主轴变速和进给变速时行程开关动作说明

位置 触点	变速孔盘拉出 （变速时）	变速后变速孔盘推回	位置 触点	变速孔盘拉出 （变速时）	变速后变速孔盘推回
SQ3（4-9）	-	+	SQ4（9-10）	-	+
SQ3（3-13）	+	-	SQ4（3-13）	+	-
SQ5（15-14）	+	-	SQ6（15-14）	+	-

注：表中"+"表示接通；"-"表示断开。

四、电气控制线路的原理分析

T68 卧式镗床电气原理图如图 6-43 所示。

1. 主轴电动机的启动控制

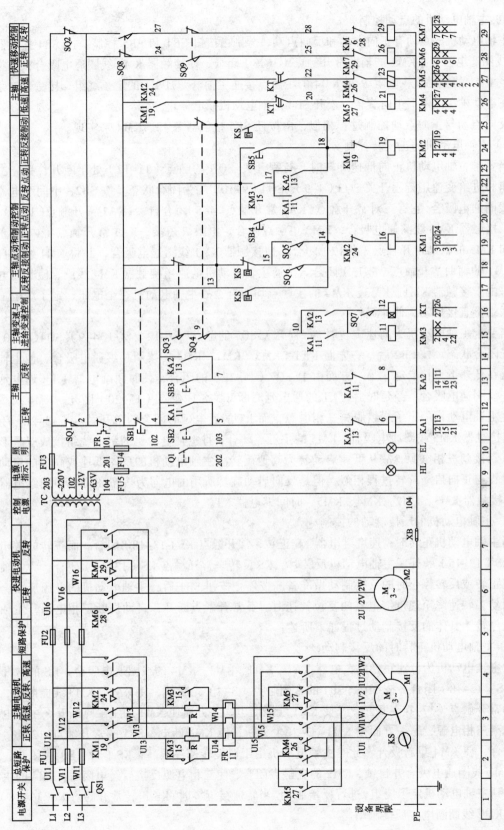

图 6-43 T68 卧式镗床电气原理

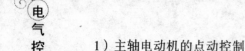

1）主轴电动机的点动控制

主轴电动机的点动有正向点动和反向点动，分别由按钮 SB4 和 SB5 控制。按 SB4 接触器 KM1 线圈通电吸合，KM1 的辅助常开触点（3–13）闭合，使接触器 KM4 线圈通电吸合，三相电源经 KM1 的主触点，电阻 R 和 KM4 的主触点接通主轴电动机 M1 的定子绕组，接法为三角形，使电动机在低速下正向旋转。松开 SB4 主轴电动机断电停止。

反向点动与正向点动控制过程相似，由按钮 SB5 接触器 KM2、KM4 来实现。

2）主轴电动机的正反转控制

当要求主轴电动机正向低速旋转时，行程开关 SQ7 的触点（11–12）处于断开位置，主轴变速和进给变速用行程开关 SQ3（4–9）、SQ4（9–10）均为闭合状态。按 SB2，中间继电器 KA1 线圈通电吸合，它有三对常开触点，KA1 常开触点（4–5）闭合自锁；KA1 常开触点（10–11）闭合，接触器 KM3 线圈通电吸合，KM3 主触点闭合，电阻 R 短接；KA1 常开触点（17–14）闭合和 KM3 的辅助常开触点（4–17）闭合，使接触器 KM1 线圈通电吸合，并将 KM1 线圈自锁。KM1 的辅助常开触点（3–13）闭合，接通主轴电动机低速用接触器 KM4 线圈，使其通电吸合。由于接触器 KM1、KM3、KM4 的主触点均闭合，故主轴电动机在全电压、定子绕组三角形联结下直接启动，低速运行。

当要求主轴电动机为高速旋转时，行程开关 SQ7 的触点（11–12）、SQ3（4–9）、SQ4（9–10）均处于闭合状态。按 SB2 后，一方面 KA1、KM3、KM1、KM4 的线圈相继通电吸合，使主轴电动机在低速下直接启动，另一方面由于 SQ7（11–12）的闭合，使时间继电器 KT（通电延时式）线圈通电吸合，经延时后，KT 的通电延时断开的常闭触点（13–20）断开，KM4 线圈断电，主轴电动机的定子绕组脱离三相电源，而 KT 的通电延时闭合的常开触点（13–22）闭合，使接触器 KM5 线圈通电吸合，KM5 的主触点闭合，将主轴电动机的定子绕组接成双星形后，重新接到三相电源，故从低速启动转为高速旋转。主轴电动机的反向低速或高速的启动旋转过程与正向启动旋转过程相似，但是反向启动旋转所用的电器为按钮 SB3、中间继电器 KA2，接触器 KM3、KM2、KM4、KM5、时间继电器 KT。

2. 主轴电动机的反接制动的控制

当主轴电动机正转时，速度继电器 KS 正转，常开触点 KS（13–18）闭合，而正转的常闭触点 KS（13–15）断开。主轴电动机反转时，KS 反转，常开触点 KS（13–14）闭合，为主轴电动机正转或反转停止时的反接制动做准备。按停止按钮 SB1 后，主轴电动机的电源反接，迅速制动，转速降至速度继电器的复位转速时，其常开触点断开，自动切断三相电源，主轴电动机停转。具体的反接制动过程如下所述：

1）主轴电动机正转时的反接制动

设主轴电动机为低速正转时，电器 KA1、KM1、KM3、KM4 的线圈通电吸合，KS 的常开触点 KS（13–18）闭合。按 SB1，SB1 的常闭触点（3–4）先断开，使 KA1、KM3 线圈断电，KA1 的常开触点（17–14）断开，又使 KM1 线圈断电，一方面使 KM1 的主触点断开，主轴电动机脱离三相电源，另一方面使 KM1（3–13）分断，使 KM4 断电，SB1 的常开触点（3–13）随后闭合，使 KM4 重新吸合，此时主轴电动机由于惯性转速还很高，KS（13–18）仍闭合，故使 KM2 线圈通电吸合并自锁，KM2 的主触点闭合，使三相电源反接后经电阻 R、KM4 的主触点接到主轴电动机定子绕组，进行反接制动。当转速接近零时，KS 正转常开触点 KS（13–18）断开，KM2 线圈断电，反接制动完毕。

2）主轴电动机反转时的反接制动

反转时的制动过程与正转制动过程相似，但是所用的是 KM1、KM4、KS 的反转常开触点 KS（13-14）。

主轴电动机工作在高速正转及高速反转时的反接制动过程可仿上自行分析。所不同的是：高速正转时反接制动所用的电器是 KM2、KM4、KS（13-18）触点；高速反转时反接制动所用的是 KM1、KM4、KS（13-14）触点。

3. 主轴或进给变速时主轴电动机的缓慢转动控制（变速冲动）

主轴或进给变速既可以在停车时进行，又可以在镗床运行中变速。为使变速齿轮更好地啮合，可接通主轴电动机的缓慢转动（冲动）控制电路。

当主轴变速时，将变速孔盘拉出，行程开关 SQ3 常开触点 SQ3（4-9）断开，接触器 KM3 线圈断电，主电路中接入电阻 R，KM3 的辅助常开触点（4-17）断开，使 KM1 或 KM2 线圈断电，且通过速度继电器 KS 触点（13-18）或（13-14），接通接触器 KM2 或 KM1 线圈，使主轴电动机接通反相电源而转速迅速下降，当转速低于 100 r/min 时，速度继电器 KS 触点复位，接触器 KM2 或 KM1 失电，使主轴电动机失电停转，实现反接制动。所以，该机床可以在运行中变速，主轴电动机能自动停止。旋转变速孔盘，选好所需的转速后，将孔盘推入。在此过程中，若滑移齿轮的齿和固定齿轮的齿发生顶撞时，则孔盘不能推回原位，行程开关 SQ3、SQ5 的常闭触点 SQ3（3-13）、SQ5（15-14）闭合，接触器 KM1、KM4 线圈通电吸合，主轴电动机经电阻 R 在低速下正向启动，接通瞬时点动电路。主轴电动机转动转速达某一转时，速度继电器 KS 正转常闭触点 KS（13-15）断开，接触器 KM1 线圈断电，而 KS 正转常开触点 KS（13-18）闭合，使 KM2 线圈通电吸合，主轴电动机反接制动。当转速降到 KS 的复位转速后，则 KS 常闭触点 KS（13-15）闭合，常开触点 KS（13-18）又断开，重复上述过程。这种间歇的启动、制动，使主轴电动机缓慢旋转，即冲动，以利于齿轮的啮合。若孔盘退回原位，则 SQ3、SQ5 的常闭触点 SQ3（3-13）、SQ5（15-14）断开，切断缓慢转动电路。SQ3 的常开触点 SQ3（4-9）闭合，使 KM3 线圈通电吸合，其常开触点（4-17）闭合，又使 KM1 线圈通电吸合，主轴电动机在新的转速下重新启动。

进给变速时的缓慢转动控制过程与主轴变速相同，不同的是使用的电器是行程开关 SQ4、SQ6。

4. 主轴箱、工作台或主轴的快速移动

该机床各部件的快速移动，由快速手柄操纵快速移动电动机 M2 拖动完成的。当快速手柄扳向正向快速位置时，行程开关 SQ9 被压动，接触器 KM6 线圈通电吸合，快速移动电动机 M2 正转。同理，当快速手柄扳向反向快速位置时，行程开关 SQ8 被压动，KM7 线圈通电吸合，M2 反转。

5. 主轴进刀与工作台联锁

为防止镗床或刀具的损坏，主轴箱和工作台的自动进给，在控制电路中必须相互联锁，不能同时接通，它是由行程开关 SQ1、SQ2 实现。若同时有两种进给时，SQ1、SQ2 均被压动，切断控制电路的电源，避免机床或刀具的损坏。

五、T68 卧式镗床电气线路的故障与维修

这里仅选一些有代表性的故障作分析。

1. 常见故障一

（1）故障现象：主轴的转速与转速指示牌不符。

（2）故障原因：可能存在的故障原因：

这种故障一般有两种现象：一种是主轴的实际转速比标牌指示数增加一倍或减少至 50%；另一种是电动机的转速没有高速挡或者没有低速挡。这两种故障现象，前者大多由于安装调整不当引起，因为 T68 镗床有 18 种转速，是采用双速电动机和机械滑移齿轮来实现的。变速后，1、2、4、6、8……挡是电动机以低速运转驱动，而 3、5、7、9……挡是电动机以高速运转驱动。主轴电动机的高低速转换是靠微动开关 SQ7 的通断来实现的，微动开关 SQ7 安装在主轴调速手柄的旁边，主轴调速机构转动时推动一个撞钉，撞钉推动簧片使微动开关 SQ7 通或断，如果安装调整不当，使 SQ7 动作恰恰相反，则会发生主轴的实际转速比标牌指示数增加一倍减少至 50%。

后者的故障原因较多，常见的是时间继电器 KT 不动作，或微动开关 SQ7 安装的位置移动，造成 SQ7 始终处于接通或断开的状态等。如 KT 不动作或 SQ7 始终处于断开状态，则主轴电动机 M1 只有低速；若 SQ7 始终处于接通状态，则 M1 只有高速。但要注意，如果 KT 虽然吸合，但由于机械卡住或触点损坏，使常开触点不能闭合，则 M1 也不能转换到高速挡运转，而只能在低速挡运转。

2. 常见故障二

（1）故障现象：主轴变速手柄拉出后，主轴电动机不能冲动。

（2）故障原因：产生这一故障现象一般有两种原因。

一种是变速手柄拉出后，主轴电动机 M1 仍以原来转向和转速旋转；另一种是变速手柄拉出后，M1 能反接制动，但制动到转速为零时，不能进行低速冲动。产生这两种故障现象的原因，前者多数是由于行程开关 SQ3 的常开触点 SQ3（4-9）由于质量等原因绝缘被击穿造成。而后者则由于行程开关 SQ3 和 SQ5 的位置移动或触点接触不良等，使触点 SQ3（3-13）、SQ5（14-15）不能闭合或速度继电器的常闭触点 KS（13-15）不能闭合所致。

3. 常见故障三

（1）故障现象：主轴电动机不能正转启动（按下 SB2 无任何反映），其他功能正常。

（2）故障原因：可能存在的故障原因如下所示。

中间继电器 KA1 线圈所在支路不能正常工作。因为电源指示、照明、主轴电动机等反转均正常，排除控制回路没有电源的可能性，判断故障范围最有效的信息是主轴电动机可以正常转，由此可以确定最小的故障范围为图 6-44 虚线路径所示。

4. 常见故障四

（1）故障现象：快进电动机能正常工作，中间继电器 KA1、KA2 能得电吸合，但主轴电动机正反转均不能启动，且接触器 KM3 不能得电吸合。

（2）故障原因：因为中间继电器 KA1、KA2 能得电吸合，说明 220 V 电压能够正常通到图 7-6-6 的 A 与 B 节点间。主轴电动机要实现正、反转，必须要接触器 KM1 或 KM2 得电，而接触器 KM1 或 KM2 得电又必须要接触器 KM3 得电吸合后才能实现，而接触器 KM3 不能得电，因此首先要排除 KM3 不能得电吸合的故障。即图 6-45 的虚线路径部位即为故障范围。

5. 常见故障五

（1）故障现象：进行主轴电动机反转操作时，只有 KA2 得电吸合，主轴电动机只能点动运转，不能连续运转；主轴电动机正转启动功能正常，其他功能均正常。

（2）故障原因：因为主轴电动机能够正常低速正转启动（按 SB2）并连续运转，而且依次按照：KA1 得电工作──→ KM3 得电工作──→ KM1 得电工作──→ KM4 得电工作的顺序启动双速电动机，而进行反转操作时（按 SB3），只有 KA2 得电吸合，没有后续的 KM3、KM2、KM4 的工作状态，只有反转点动操作时（按 SB5），才有 KM2 与 KM4 的相续工作并串电阻 R

低速点动运转，说明问题的关键是 KM3 不能得电，而依照 KM3 电路的特点，不难发现故障范围出在 16 区的中间继电器常开触点 KA2 的并联支路里。

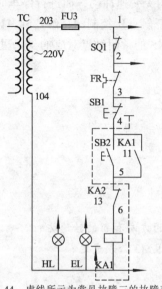

图 6-44　虚线所示为常见故障三的故障范围

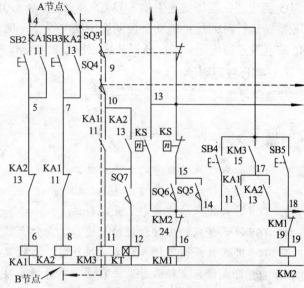

图 6-45　虚线所示为常见故障五的故障范围

6. 常见故障六

（1）故障现象：主轴电动机不能高速运行，时间继电器 KT 线圈不能得电吸合，完成双速电动机双星联结的接触器 KM5 不能得电吸合，其他工作均正常。

（2）故障原因：因为主轴电动机低速可以正常工作，而高速运行必须通过时间继电器 KT 线圈得电并经延时后驱动 KM5 工作才能实现，因此问题的关键是如何使时间继电器 KT 得电。因此故障范围应为 16 区与 KM3 线圈并联的时间继电器线圈 KT 支路里。

7. 常见故障七

（1）故障现象：主轴电动机、快进电动机不能启动，正转启动操作时，KA1 与 KM3 吸合，反转启动操作时，KA2 与 KM3 吸合，其他均无动作。

（2）故障原因：由故障现象可知，220 V 电源已经到 SQ3 的 4 号接线桩与 KM3 线圈的 104 号接线桩，主轴电动机工作还缺 KM1、KM4 或与 KM2、KM4 线圈得电两个条件，快进电动机运转的条件是 KM6 或 KM7 得电，而这些线圈要得电共同受 104 号公共电源线制约，因此，故障范围应该为从 KM3 的 104 号接线桩至右到其中任何一个接触器或时间继电器的 104 号接线桩上。故障范围如图 6-46 虚线路径所示。

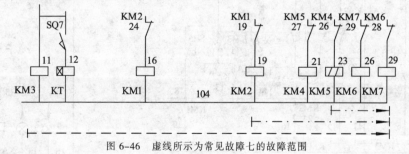

图 6-46　虚线所示为常见故障七的故障范围

8. 常见故障八

（1）故障现象：主轴电动机在变速控制时无变速冲动，其他工作均正常。

（2）故障原因：主轴电动机在工作过程中，欲要变速，可不必按停止按钮，而可以直接进行变速。其中主轴镗轴的旋转变速冲动由 SQ3 与 SQ6 实现，镗轴的轴向进给变速冲动由 SQ4 与 SQ5 实现。在操作变速手柄 SQ3、SQ6 或 SQ4、SQ5 时，均无变速冲动，而进行停车时又有正.反转运行时的反接制动，说明速度继电器 KS 的两副常开触点所控制的接触器 KM1 与 KM2 的电气通路均无故障，所以故障范围应该在速度继电器 KS 的常闭触点对应的支路里。

六、操作注意事项

参见学习情境六子学习情境一操作注意事项。

思考练习

1. T68 卧式镗床的型号的含义是什么？

2. T68 卧式镗床的主要结构是怎样的？

3. T68 卧式镗床的运动形式是怎样的？

4. T68 卧式镗床的主轴和进给变速后，为什么能以原来的方向和新的转速运行？

5. T68 卧式镗床主轴停车和变速操作时，为什么接触器 KM3 必须失电？

6. T68 卧式镗床主轴为什么能在运行中进行直接变速？

7. T68 卧式镗床进给变速冲动是怎样实现的？

8. T68 卧式镗床主轴电动机高速运行在控制电路上是怎么实现的？

9. T68 卧式镗床中，主轴电动机停车操作时（按 SB1），正反向运行均无反接制动，其他功能均正常。试分析故障原因及故障部位怎样确定。

10. T68 卧式镗床中，快进电动机能正常工作，中间继电器 KA1、KA2 能得电吸合，但主轴电动机正、反转均不能启动，且接触器 KM3 不能得电吸合。试分析故障故障原因，确定故障位置。并在图 6-47 上标出故障范围。

11. T68 卧式镗床中，主轴电动机不能正转启动（按下 SB2 无任何反映），其他功能正常。试分析可能的故障原因。并确定故障位置。在图 6-48 上标出故障范围。

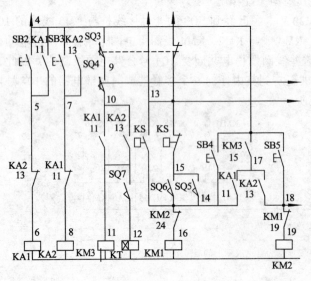

图 6-47　10 题图

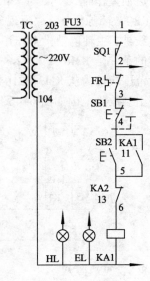

图 6-48　11 题图

子学习情境七 20/5T 桥式起重机电气控制线路及其检修

**任务目标**

（1）掌握 20/5T 桥式起重机的电气调试与检修的方法。

（2）能熟练操作 HK-20/5T 交流桥式起重机，能根据机床的故障现象快速分析出故障范围，并熟练排除故障。

（3）培养观察能力，提高故障分析能力及排除能力，提高电气维修人员排除电气故障的综合检修能力。

（4）提高自我学习、信息处理、数字应用等方法能力及与人交流、与人合作、解决问题等社会能力；自查 6S 执行力。

任务描述

专业能力训练环节一 已知故障现象的故障点排除训练

依据电气原理图，在 HK-20/5T 交流桥式起重机上排除电气故障，故障现象如下：

主钩强力下降不能工作，其他功能均正常。

排故要求如下：

（1）必须穿戴好劳保用品并进行安全文明操作。

（2）能正确操作 HK-20/5T 交流桥式起重机，能再次准确验证故障现象。

（3）能根据故障现象在电气原理图上准确标出最小的故障范围。

（4）能依据电路原理图快速查找到模拟机床上的对应器件及导线。

（5）正确使用电工工具和仪表。

（6）用电阻测量法快速检测出故障点，并安全修复。

（7）充分发挥小组学习的作用，对故障现象及可能存在的原因及排除方法做全面的讨论。

（8）检修工时：10 min。

（9）配分：本技能训练满分 100 分，比重 20%。

专业能力训练环节二 模拟故障点逐一排除训练

在 HK-20/5T 交流桥式起重机上进行故障排除训练。排故要求如下：

（1）必须穿戴好劳保用品并进行安全文明操作。

（2）能对 HK-20/5T 交流桥式起重机进行全功能操作。

（3）能依据电路原理图快速查找到模拟机床上的对应器件及导线。

（4）在 HK-20/5T 交流桥式起重机上逐一设置故障，并用电阻测量法逐一排除故障。记录各故障的现象、故障部位及分析方法。待排故熟练后，可同时设置 2~3 个故障，逐一排除。

（5）故障检测前及故障排除后的通电试车要严格遵循用电安全操作规程并设置合格的监护人。

（6）排故工时：每个故障限时 10min。

（7）配分：本技能训练满分 100 分，比重 60%。

职业核心能力训练环节

参照子学习情境一核心能力训练。本核心能力训练满分 100 分，比重 20%。

一、训练目的

参照本学习情境【任务目标】。

二、训练器材

HK–20/5T 交流桥式起重机，其他训练器材参照学习情境六子学习情境一。

三、预习内容

（1）20/5T 交流桥式起重机的结构、运动形式及电力拖动的特点。

（2）20/5T 交流桥式起重机的工作原理。

四、训练步骤

专业能力训练环节一　　参考训练步骤

具体的实训步骤及要求参照学习情境六子学习情境一专业能力训练环节一的六步故障排除法。并记录以下关键问题：

（1）六步故障排除法的训练：

① 记录故障现象如下：

_____

_____ 。

② 写出故障原因：

a. _____ 。

b. _____ 。

c. _____ 。

③ 列写最小的故障范围：

_____ 。

④ 确定的故障部位为：

_____ 。

⑤ 是否确认故障已经修复？

_____ 。

⑥ 故障修复后的再试车：

a. 故障修复后做了哪些事？

_____ 。

b. 是否做好了再次试车的全部检查？

_____。

c. 试车的所有功能是否正常？

_____。

（2）试车成功后，待实训指导教师对该任务的训练情况进行评价，并口试回答实训指导教师提出的问题后，方可进行设备的断电和短接线的拆除。该任务的评价表见学习情境六子学习情境一中表 6-3。

（3）按照正确的断电顺序进行断电操作，并拆除排除故障用的短接线，恢复设备故障箱内指定的故障开关，清理 HK-20/5T 交流桥式起重机的工作台面，自查实训工位及周边 6S 执行情况。简要小结本环节的训练经验并填入表 6-18，准备进入专业能力训练环节二的技能训练。

表 6-18　专业能力训练环节一（经验小结）

（4）实训指导教师进行本专业能力训练环节的小结。重点对故障排除的思路进行复述，并对各小组在训练中表现出的问题与操作安全隐患进行典型分析，指出并纠正各小组存在的错误操作问题。

专业能力训练环节二　参考训练步骤

参照学习情境六子学习情境一专业能力训练环节二参考训练步骤。将训练过程记录填入课余训练手册，训练结束时简要小结本环节的训练经验并填入表 6-19 中。

表 6-19　专业能力训练环节二（经验小结）

核心能力训练参考训练步骤

参照学习情境六子学习情境一职业核心能力训练环节参考训练步骤。

 **任务评价**

（1）专业能力训练环节一评价标准参见学习情境六子学习情境一表 6-3。
（2）专业能力训练环节二评价标准参见学习情境六子学习情境一表 6-4。
（3）职业核心能力训练环节评价标准参见学习情境六子学习情境一表 6-5。
（4）个人单项任务总分评价表参见学习情境六子学习情境一表 6-5。

 **相关知识**

一、20/5T 交流桥式起重机型号的意义

桥式起重机一般通称为行车或天车，常见的桥式起重机有 5T、10T 单钩及 15/3T、20/5T

237

双钩等几种。如 20/5T 即为主钩可起重 20 t 重物，副钩可起重 5 t 重物。

二、主要结构及其运动形式

桥式起重机的结构示意图如图 6-49 所示，主要由桥架，大车、小车、主钩和副钩组成。HK-20/5T 桥式起重机电气技能实训考核装置的设备外形如图 6-50 所示。

大车的轨道敷设在车间两侧的立柱上，主梁横跨架在车间上空，大车可沿轨道移动，在大车的驱动下，整个起重机可在车间内作纵向移动，主梁上有小车的移行导轨，小车可沿导轨作横向移动，主钩、副钩都装在小车上，主钩用来提升重物，副钩用来提升较轻的货物，也可用来协同主钩完成吊运任务。

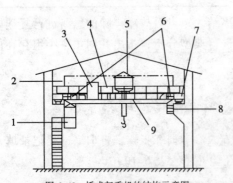

图 6-49 桥式起重机的结构示意图

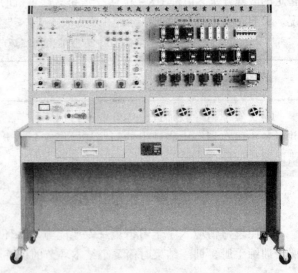

图 6-50 HK-20/5T 桥式起重机电气技能实训考核装置的设备外形图

1—驾驶舱；2—辅助滑触线架；
3—交流磁力控制屏；4—电阻箱；5—起重小车；
6—大车特出动电动机；7—端梁；8—主滑触线；9—主梁

三、电力拖动特点及控制要求

（1）由于桥式起重机经常在重载下进行频繁启动、制动、反转、变速等操作，要求电动机是有较高的机械强度和较大的过载能力，同时还要求电动机的启动转矩大，启动电流小，因此使用绕线转子异步电动机。

（2）要有合理的升降速度，轻载或空载时速度要快，以提高效率，重载时速度要慢。

（3）要有适当的低速区，在 30% 额定转速内应分几挡，以便提升或下降到预定位置附近时灵活操作。

（4）提升第一级为预备级，用以消除传动间隙和预紧钢丝绳，以避免过大的机械冲击。

（5）当下放货物时，可根据负载大小情况选择电机的运行状态。

（6）有完备的保护环节，零位短路保护，过载保护，限位保护和可靠的制动方式。

四、电气控制线路分析

（1）20/5T 桥式起重机电气原理图如图 6-51 所示。KH-20/5T 桥式起重机电气技能实训考核装置的电气原理图如图 6-52 所示。

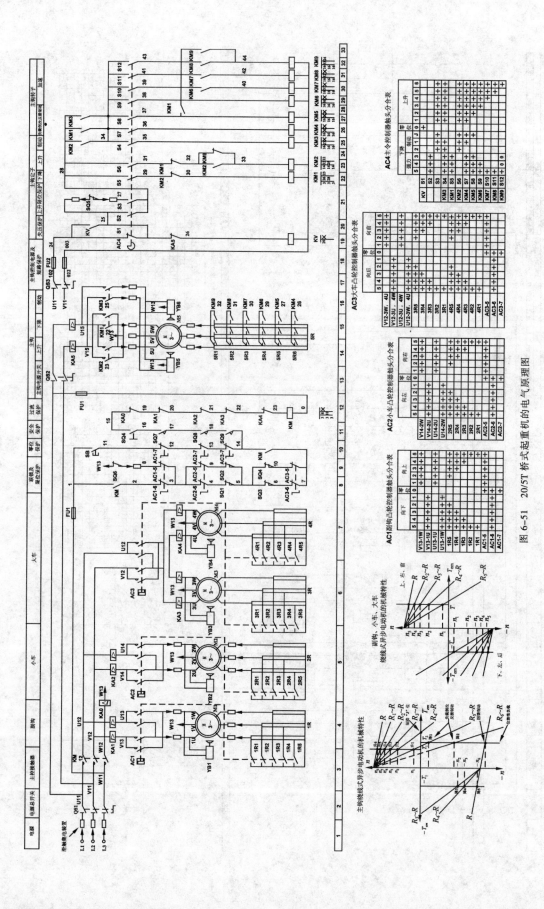

图 6-51 20/5T 桥式起重机的电气原理图

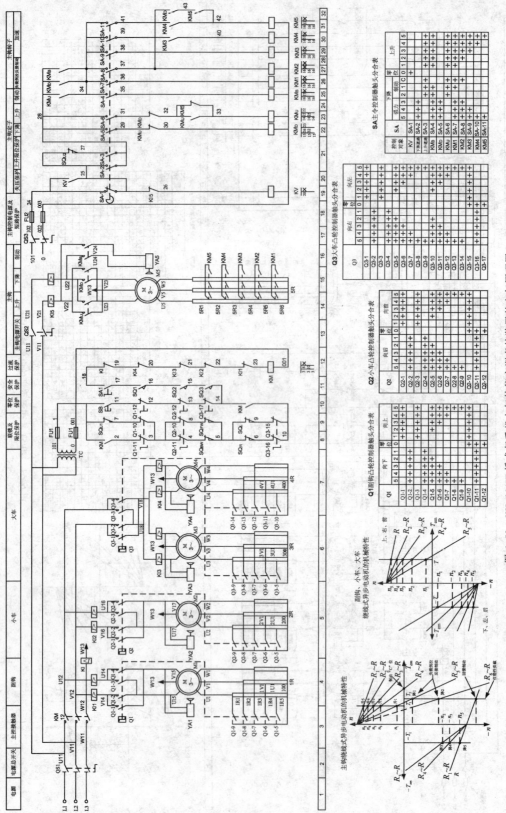

图 6-52　KH-20/5T 桥式起重机电气技能实训考核装置的电气原理图

（2）安全保护。桥式起重机除了使用熔断器作为短路保护，使用过电流继电器作过载、过流保护之外，还有各种用来保障维修人员安全的安全保护，如驾驶室门上的舱门安全开关 SQ1，横梁两侧栏杆门上的安全开关 SQ2、SQ3，并设有一个紧急情况开关 SA1。如图 6-53 所示，SQ1、SQ2、SQ3 和 SA1 常开触点串在接触器 KM 线圈电路中，只要有一个门没关好，对应的开关触点不会闭合，KM 就无法吸合；或紧急开关 SA1 没合上，KM 也无法吸合，起到安全保护的作用。

（3）主控接触器 KM 的控制。在起重机启动之前，应将所有凸轮控制器手柄置于"0"位，其各自串在接触器 KM 线圈通路中的触点闭合（如图 6-51 或图 6-52 所示各开关的状态表），将舱门、横梁栏杆门关好，使安全开关 SQ1、SQ2、SQ3 触点闭合，同时紧急开关 SA1 也要合上，为启动做好准备。

合上电源开关 QS1，按下启动按钮 SB，接触器 KM 吸合通过开关图可以看出此时触点 Q1-1、Q1-11、Q2-10、Q2-11、Q3-15、Q3-16 均是闭合的，接触器 KM 可以通过其两副触点 KM（1-2）、KM（10-14）进行自锁。

（4）凸轮控制器的控制。起重机的大车、小车和副钩电机容量都比较小，一般采用凸轮控制器控制。

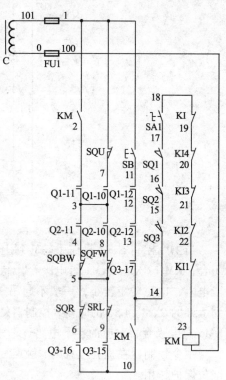

图 6-53　安全保护

由于大车两头分别由两台电动机 M3、M4 拖动，所以 Q3 比 Q1、Q2 多 5 对常开触点，以供切除电动机 M4 转子电阻用，大车、小车和副钩控制原理基本相同，下面以副钩为例说明。

凸轮控制器 Q1 共有 12 对触点 11 个位置，中间零位，左、右两边各 5 位，4 对触点用在主电路中，用来控制电动机反转，以实现控制副钩的上升和下降；5 对触点用在转子电路中，以及用来逐级切除转子电阻，改变电动机转速，以实现副钩上升，下降的调速；3 对触点用在控制回路中作联锁触点。

在 KM 吸合后，总电源接通，转动凸轮控制器 Q1 的手轮到提升的"1"位置，Q1 的触点 Q1-1、Q1-3 闭合，电磁制动器 YA1 得电吸合，闸门松闸，电动相正转，由于此时 Q1 的五对常触点（Q1-5、Q1-6、Q1-7、Q1-8、Q1-9）均是断开，M1 转子串入全部的外接电阻启动，电动机 M1 以最低的转速带副钩上升，转动 Q1 的手轮，依次到提升的 2、3、4、5 挡，Q1-5、Q1-6、Q1-7、Q1-8、Q1-9 依次闭合，依次短接电阻，电动机 M1 的转速逐级升高。断电或将 Q1 手轮转动"0"位时，电机 M1 断电，同时 YA1 也断电抱闸。

（5）主钩控制。由于主钩电机容量比较大，一般采用主令控制器配合磁力控制屏进行控制，即主令控制器控制接触器（见图 6-54），再由接触器控制电动机。

主钩上升与凸轮控制器的工作过程基本相似，区别只在于它是通过接触器来控制。

合上 QS1、QS2、QS3 接通主电路和控制电路电源，将主令控制器 SA 手轮转到"0"位，其触点 SA-1 闭合，继电器 KV 吸合并通过其触点 KV（24-25）自锁，为主钩电动机 M5 的启动做好准备。

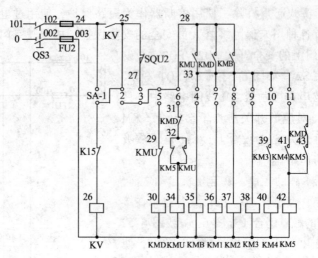

图 6-54　主钩控制

当主令控制器 SA 操作手轮转到上升位置的第一挡时，其触点 SA-3、SA-4、SA-6、SA-7 闭合，KMU、KM、KM1 得电吸合，制动电磁铁松闸，电动机正转。由于 KM1 触点只短接一段电阻，电磁转矩较小，一般不起吊重物，只作预紧钢丝绳和消除齿轮间隙，当手轮依次转到上升的 2、3、4、5 的时候，控制器触点 SA-8～SA-11 相继闭合，依次使 KM2、KM3、KM4、KM5 通电吸合，对应的转子电路逐渐短接各段电阻，提升速度逐渐增加。

主令控制器在提升位置时，触点 SA-3 始终闭合，限位开关 SQU2 串入控制回路起到上升限位保护作用。

将主令控制器 SA 的手轮转到下降位置的 "C" 挡，其触点 SA-3、SA-6、SA-7、SA-8 闭合，位置开关 SQU2 串入电路上限位保护，KM1、KMU、KM1、KM2 得电吸合，电动机定子正向通电，产生一个提升力矩，但此时 KMB 未接通，制动器在抱闸，电动起不能转动，用以消除齿轮的间隙，防止下降时过大的机械冲击。

下降第 1、2 位用于重物低速下降，当操作手轮在下降第 1、2 位时，SA-4 闭合，KMB、YA5 通电，制动器松闸，SA-8、SA-7 相继断开，KM1、KM2 相继释放，电动机转子电阻逐渐加入，使电动机产生的制动力矩减小，使电动机工作在两种不同转速的倒拉反接制动状态。

下降第 3、4、5 位为强力下降，当操作手轮在下降第 3、4、5 位置时，KMD 和 KMB 吸合，电动机定子反向通电，同时制动器松闸，电动机产生的电磁转矩与吊钩负载力矩方向一致，强迫推动吊钩下降，适用于空钩或轻物下降，从第 3 到第 5 位，转子电阻相继切除，可获得三种强力下降速度。

五、故障分析

桥式起重机的结构复杂，工作环境比较恶劣，某些主要电气设备和元件密封条件较差，同时工作频繁，故障率较高。为保证人身与设备的安全，必须坚持经常性的维护保养和检修。今将常见故障现象及原因分述如下：

1. 常见故障一

（1）故障现象：合上电源总开关 QS1 并按下启动按钮 SB 后，主接触器 KM 不吸合。

（2）故障原因：产生这种故障的原因可能是：线路无电压；熔断器 FU1 熔断；紧急开关

QS4 或安全开关 SQ7、SQ8、SQ9 未合上；主接触器 KM 线圈断路；各凸轮控制器手柄没有在零位，AC1-7、AC2-7、AC3-7 触点分断；过电流继电器 KA0～KA4 动作后未恢复，如图 6-55 虚线所示。

2. 常见故障二

（1）故障现象：主接触器 KM 吸合后，过电流继电器 KA0～KA4 立即动作。

（2）故障原因：凸轮控制器 AC1～AC3 电路接地；电动机 M1～M4 绕组接地；电磁抱闸 YB1～YB4 线圈接地。

3. 常见故障三

（1）故障现象：当电源接通转动凸轮控制器手轮后，电动机不启动。

（2）故障原因：凸轮控制器主触点接触不良；滑触线与集电环接触不良；电动机定子绕组或转子绕组断路；电磁抱闸线圈断路或制动器未放松。

4. 常见故障四

（1）故障现象：主钩上升的五个挡位与下降"C"、"1"、"2"三个挡位不能工作，其他功能均正常。

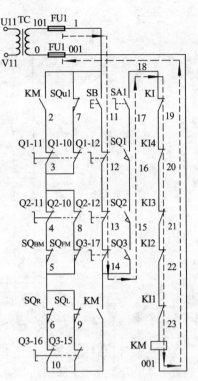

图 6-55　虚线所示为常见故障一的故障范围

（2）故障原因：由主钩主令控制器的触点分合表可见，故障现象中所指的八个挡位对应的电源相序均为正序，即主钩电动机 M5 在这八个挡位上得到的都是正转的电源相序，都是让图 6-56 中接触器 KMU 得电，与 K18 的故障分析相似，这八个挡位提升速度的电气通路都必须通过主令控制器的 SA-3（27-28）触点，SA-3 所在的支路一旦有一处开路，主钩就不能实现本故障现象所提到的八个挡位的正常运行；此外，若上升接触器 KMU 不能得电也无法实现主钩这八个挡位的正常运行，因此故障范围如图 6-57 的虚线路径所示。

值得注意的是，学员在理解主令控制器下降位置的制动"C"、"1"、"2"时，不要从"下降"字面去理解此时主钩电动机 M5 得电的实质情况，而应该从电动机的机械特性与负载的状况去理解，由于主令控制器手柄置于下降"C"、"1"、"2"位置时，绕线式异步电动机转子回路串入的电阻较大，电动机机械特性较软，电动机提供的正向电磁转矩不足以正向启动重物，因此在较重的位能性负载作用下，负载会反拖着电动机进入另一个平衡状态，即负载倒拉反接制动状态，此时电动机的转向已经反向，故为"下降"。实质上，这三个位置的电磁转矩是提升的电磁转矩，以与重物垂直向下的重力相平衡。主令控制器手柄置于"C"的实质是空中停重物（$n=0$，$T>0$）。

如果将主令控制器手柄置于下降"1"、"2"位置时，若此时是空载或轻载，不但不能实现主钩的下放，反而会使主钩上升，因此在主令控制器 SA-3 的支路里为这八种情况共同设置了防止主钩过度上升的限位保护，并由限位开关 SQU2 实现上升限位保护。

5. 常见故障五

（1）故障现象：主令控制器手柄置于"上升"的"1"挡位与"下降制动"的"1"挡位，切除电阻的接触器 KM1 不能得电吸合，在"上升"的"1"挡位置提升重物比较困难，在"下降制动"的"1"挡下放重物的情况与置于"下降制动"的"2"挡下放重物速度不能调节。其他均正常。

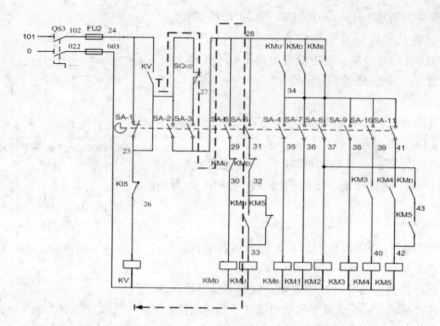

图 6-56　虚线所示为常见故障四的故障范围

（2）故障原因：因转子回路里切除 5R6 电阻的接触器 KM1 不能得电，因此，主令控制器手柄置于"上升"或"下降制动"的"1"挡时，转子回路仍然接入最大电阻（R～$5R_6$），此时的机械特性如图 6-54 的主钩绕线式异步电动机的机械特性的曲线 R_6～R 所示，在设备设计上，该挡位置因串入电阻较大，启动转矩较小，并不用于提升重物，而是用于收紧钢丝绳。因此出现现象中提到的"提升重物比较困难"；对于"下降制动"的"1"挡，若 KM1 不能吸合，则其功能与"下降制动"的"2"挡一样，因此不能在"下降制动"的"1"与"2"挡间进行重物下放的调速。排除该故障问题的关键是让 KM1 得电，因此故障范围为如图 6-57 虚线路径所示。

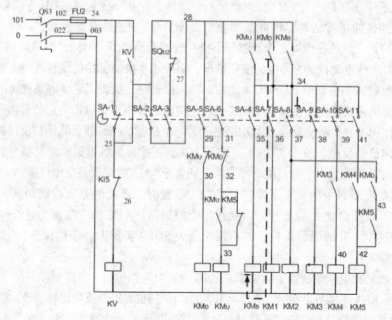

图 6-57　虚线所示为常见故障五的故障范围

六、操作注意事项

参照学习情境六子学习情境一操作注意事项。

 思考练习

1. 20/5T 交流桥式起重机的主钩控制电路中，为什么要用欠电压继电器 KV？

2. 20/5T 交流桥式起重机的主钩下降控制 C 挡的作用是什么？

3. 20/5T 交流桥式起重机的运动形式是怎样的？

4. 请写出 20/5T 交流桥式起重机的主接触器启动的控制回路，并说明各凸轮控制器手柄为什么在主接触器启动时必须在零位？

5. 为什么桥式起重机上的电动机要选择绕线式异步电动机？

6. 20/5T 交流桥式起重机过流保护采用过电流继电器的目的是什么？为什么没有采用热继电器？

7. 叙述零位保护的目的及其实施方法？

8. 叙述强力下降 5 挡向制动下降档回转时，在 KMU 接触器线圈回路设置 KM5 的常闭触点的目的及其重要性。

9. 20/5T 交流桥式起重机主钩强力下降不能工作，其他功能均正常。试分析故障原因及故障部位怎样确定。并在图 6-58 上标出故障范围。

10. 20/5T 交流桥式起重机合上电源总开关 QS1 并按下启动按钮 SB 后，主接触器 KM 不吸合。试分析故障故障原因，确定故障位置。并在图 6-59 上标出故障范围。

11. 20/5T 交流桥式起重机上，小车向前工作正常，但向后工作时，主接触器就失电，请分析故障原因，并确定故障位置。在用电阻法测量时，应注意些什么？并在图 6-59 上标出故障范围。

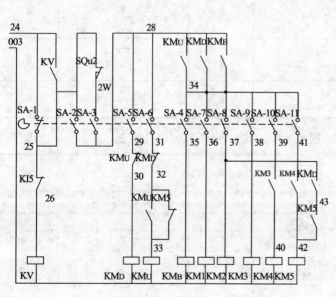

图 6-58　9 题图

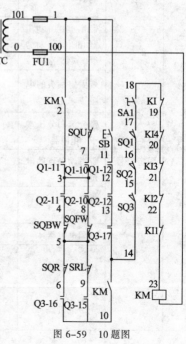

图 6-59　10 题图

学习情境（六）　安装、调试与维修常用生产机械的电气控制线路

245

附录 A

电气线路图常用的图形与文字符号的新旧标准对照表

编号	名称		新 国 标		旧 国 标	
			图形符号	文字符号	图形符号	文字符号
1	直流		===		—	
	交流		∿		∿	
	正极性		+		+	
	负极性		−		−	
2	导线的连接		⊤或⊤			
	导线的多线连接		或		或	
	导线的不连接					
3	接地的一般符号			E		
4	电阻器的一般符号			R		R
	电阻器的限定符号	热敏电阻器	θ	R	$t°$	R
		带滑动触点的电阻器（旧国标中称为滑线式变阻器）		R		W
		带固定抽头的电阻器		R		R
		带分流和分压端子的电阻器		R		R
		带滑动触点的电位器		R		W
		带滑动触点和预调的电位器		R		W
		可调电阻器		R		W
		压敏电阻器	U	R	U	R
		光敏电阻器		R		R

编号	名 称		新 国 标		旧 国 标	
			图形符号	文字符号	图形符号	文字符号
	电容器的一般符号			C		C
5	电容器的限定符号	极性电容器		C		C
		预调电容器		C		C
		可调电容器		C		C
	半导体二极管的一般符号			V		D
6	半导体二极管的限定符号	发光二极管		V		
		变容二极管		V		D
		隧道二极管		V		D
		单相击穿二极管（稳压二极管）		V		D
						DW
		双向击穿二极管（双向稳压管）		V		D
		交流开关二极管（双向二极管）		V		D
		光电二极管		V		D
		光电耦合器		V		—
7	普通晶体管	PNP 型半导体		V		BG
		NPN 型半导体		V		BG
		集电极接管壳的NPN 型半导体		V		

编号	名 称		新 国 标		旧 国 标	
			图形符号	文字符号	图形符号	文字符号
8	其他类型晶体三极管	三极闸流晶体管，未规定类型		V	（普通晶体闸流管）	—
		反相阻断三极闸流晶体管（阴极侧受控）		V	（普通晶体闸流管）	—
		可关断三极闸流晶体管(阴极侧受控)		V		—
		具有N型双基极的单结型半导体管		V		—
		具有P型双基极的单结型半导体管		V		—
9	场效应晶体管	耗尽型单栅P沟道和衬底无引出线的绝缘栅场效应半导体管		V		—
		耗尽型单栅N沟道和衬底无引出线的绝缘栅场效应半导体管		V		—
		P型沟道结型场效应半导体管		V		—
		N型沟道结型场效应半导体管		V		—
		增强型单栅P沟道和衬底有引出线的绝缘栅场效应半导体管		V	—	—
		增强型单栅P沟道和衬底有引出线的绝缘栅场效应半导体管		V		—
10	电感器的限定符号	电感器的一般符号（电感器、线圈、绕组）		L		DQ
		带磁心（铁心）的电感器		L		DQ
		磁心（铁心）有间隙的电感器		L		DQ

编号	名称		新 国 标		旧 国 标	
			图形符号	文字符号	图形符号	文字符号
10	电感器的限定符号	带磁心（铁心）连续可变的电感器		L	—	—
		带固定抽头的电感器	或	L		DQ
		可变电感器		L	—	—
		扼流圈、电抗器		L		DK
11	控制开关的限定符号	控制开关的一般符号（单极控制开关）		SA	或	K
		中间断开的双向转换开关		SA		K
		多线表示的三极控制开关		SA		K
		单线表示的三极控制开关		SA		K
		单极高压隔离开关		QS		GLK
		三极隔离开关		QS		GLK
		单线表示的三极高压隔离开关		QS		GLK
		三极负荷开关（负荷隔离开关）		QS		FK
		电动机保护断路器		QF		ZK
		具有自动释放的负荷开关		QS		ZK
					（自动开关的动合常开触点）	
12	接触器	线圈（操作器件的一般符号）		KM		C

编号	名称		新 国 标		旧 国 标	
			图形符号	文字符号	图形符号	文字符号
12	接触器	动合主触点（常开主触点）	或	KM	或（带灭弧装置的接触器动合常开触点）	C
		动断主触点（常闭主触点）		KM	或（带灭弧装置的接触器动合常闭触点）	C
		动合辅助触点（常开辅助触点）		KM		C
		动断辅助触点（常闭辅助触点）		KM		C
13	位置开关、限制开关、行程开关	动合（常开）触点		SQ		XWK
		动断（常闭）触点		SQ		XWK
		对两个独立电路作双向机械操作的位置或限制开关		SQ		XWK
14	按钮	动合（常开）按钮		SB		QA
		动闭（常闭）按钮		SB		TA
		复合按钮		SB		AN
15	热继电器	热继电器驱动器件		FR		RJ
		动断常闭触点		FR		RJ
16	时间继电器	缓慢吸合继电器的线圈		KT		SJ
		缓慢释放继电器的线圈		KT		SJ
		动合（常开）触点		KT		SJ

编号	名 称		新 国 标		旧 国 标	
			图形符号	文字符号	图形符号	文字符号
16	时间继电器	动断（常闭）触点		KT		SJ
		延时闭合动合（常开）触点		KT		SJ
		延时断开动合（常开）触点		KT		SJ
		延时闭合动断（常闭）触点		KT		SJ
		延时断开动断（常闭）触点		KT		SJ
17	中间继电器	线圈		KA		ZJ
		动合（常开）触点		KA		ZJ
		动断（常闭）触点		KA		ZJ
18	过电流继电器	线圈	$I>$	KA	$I>$	GLJ
		动合（常开）触点		KA		GLJ
		动断（常闭）触点		KA		GLJ
19	欠电压继电器	线圈	$U<$	KA	$U<$	QYJ
		动合（常开）触点		KA		QYJ
		动断（常闭）触点		KA		QYJ
20	非电量控制的继电器	速度继电器	n	KS	$n>$	SDJ
		压力继电器	p	KP		YLJ
		液位继电器		KL		SYK

附录 B

常用单字母符号

字母符号	种 类	举 例
A	组件 部件	分立件放大器、磁放大器、激光器、微波发射器、印制电路板 本表其他地方未提及的组件、部件
B	变换器 （从非电量到电量或相反）	热电传感器、热电池、光电池、测功计、晶体换能器、送话器、拾音器、扬声器、耳机、白整角机、旋转变压器
C	电容器	
D	二进制单元 延迟器件存储器件	数字集成电路和器件、延迟线、双稳态元件、单稳态元件、磁心存储器、寄存器、磁带记录机、盘式记录机
E	杂项	光器件、热器件 本表其他地方未提及的元件
F	保护器件	熔断器、过电压放电器件、避雷器
G	发电机电源	旋转发电机、旋转变频机、电池、振荡器、石英晶体振荡器
H	信号器件	光指示器、声指示器
K	继电器、接触器	
L	电感器、电抗器	感应线圈 电抗器（并联和串联）
M	电动机	
N	模拟集成电路	运算放大器、模拟/数字混合器件
P	测量设备 试验设备	指示、记录、积分、测量设备 信号发生器、时钟
Q	电力电路开关	断路器、隔离开关
R	电阻器	可调电阻器、电位器、变阻器、分流器、热敏电阻
S	控制电路的开关选择器	控制开关、按钮、限制开关、选择开关、选择器、拨号接触器
T	变压器	电压互感器、电流互感器
U	调制器、变换器	鉴频器、解调器、变频器、编码器、逆变器、变流器、电报译码器
V	电真空器 半导体器件	电子管、气体放电管、晶体管、晶闸管、二极管
W	传输通道 波导、天线	导线、电缆、母线、波导、波导定向耦合器、偶极天线、抛物面天线
X	端子、插头、插座	插头和插座、测试塞孔、端子板、焊接端子片、连接片、电缆封端和接头
Y	电气操作的机械装置	制动器、离合器、气阀
Z	终端设备、混合变压器、滤波器、均衡器、限幅器	电缆平衡网络、压缩扩展器、晶体滤波器、网络

附录C

常用双字母符号

类　　别	名　　　称	符　　号
A	电桥	AB
	晶体管放大器	AD
	集成电路放大器	AJ
	磁放大器	AM
	电子管放大器	AV
	印制电路板	AP
	抽屉柜	AT
	支架盘	AR
B	压力变换器	BP
	位置变换器	BQ
	旋转变换器（测速发电机）	BR
	温度变换器	BT
	速度变换器	BV
C	—	—
D	—	—
E	发热器件	EH
	照明灯	EL
	空气调节器	EV
F	具有瞬时动作的限流保护器件	FA
	具有延时动作的限流保护器件	FR
	具有延时和瞬时动作的限流保护器件	FS
	熔断器	FU
	限压保护器件	FV
G	同步发电机、发生器	GS
	异步发电机	GA
	蓄电池	GB
	变频机	GF
H	声响指示器	HA
	光指示器	HL
	指示灯	HL
K	瞬时接触继电器	KA
	交流继电器	KA

类　　别	名　　　　称	符　　号
K	闭锁接触继电器	KL
	双稳态继电器	KL
	接触器	KM
	极化继电器	KP
	簧片继电器	KR
	延时继电器	KT
	逆流继电器	KR
L	电抗器、电感器	—
M	同步电动机	MS
	可作为发电机或电动机用的电机	MG
	力矩电动机	MT
N	—	—
P	电流表	PA
	脉冲计数器	PC
	电能表	PJ
	记录仪器	PS
	时钟、操作时间表	PT
	电压表	PV
Q	断路器	QF
	电动机保护开关	QM
	隔离开关	QS
R	电位器	RP
	测量分路表	RS
	热敏电阻器	RT
	压敏电阻器	RV
S	控制开关	SA
	选择开关	SA
	按钮开关	SB
	液体标高传感器	SL
	压力传感器	SP
	位置传感器	SQ
	转数传感器	SR
	温度传感器	ST
T	电流互感器	TA
	控制电路电源用变压器	TC
	电力变压器	TM
	磁稳压器	TS
	电压互感器	TV
U	—	—

类　别	名　　称	符　号
V	电子管	VE
	控制电路用电源的整流器	VC
W	—	—
X	连接片	XB
	测试插孔	XJ
	插头	XP
	插座	XS
	端子板	XT
Y	电磁铁	YA
	电磁制动器	YB
	电磁离合器	YC
	电磁吸盘	YH
	电动阀	YM
	电磁阀	YV
Z	—	—

维修电工操作技能鉴定预备知识

一、维修电工的职业特点

维修电工是指从事对机械设备的电气系统线路和设备等进行安装、调试、维护和修理工作的人员。维修电工是分布于各行各业的通用性技术工种，整个职业具有覆盖面广、技术性强、智能化程度高、安全要求高、工作责任大等特点，各行各业都离不开维修电工，维修电工的工作质量及其操作的安全技术水平，直接关系到企业生产和工程运行的质量以及国家财产、人民生命的安全。职业工作性质要求维修电工从业人员应具备响应等级和相关工作范围的理论知识和纯熟的操作技能，熟悉安全技术规程和安全工作规程，能出色地完成有关的技能操作。

维修电工具有扎实的理论基础知识、丰富的实践经验，工作中要时刻注意安全用电，排除故障时要求速度快、质量高。一旦发生电气故障，要求维修电工以最快的速度、最好的质量排除故障，把损失降到最小。安装、调试、维护、修理电气设备和线路等方面的很多生产实际问题，都必须在理论的指导下才能进行，这一特点非常明显。很多电气故障的最后处理虽然都比较简单，但故障排除的分析过程是否得当，将直接影响到排除故障的快慢及故障排除是否彻底，这在很大程度上可以反映出维修电工技术水平的高低，而且考试级别越高，这种情况越明显。由于维修电工从事的职业面宽，加上电能在形态上不具有直观性，电气事故的发生往往来得很突然，令人猝不及防，所以要把安全用电始终放在第一位。

近年来随着国民经济的迅猛防在，新设备、新工艺的进一步增多，特别是新工艺、新技术的应用，使得社会对维修电工从业人员的要求也越来越高。

二、维修电工职业技能鉴定的意义

维修电工在我国是一个比较大的职业（工种），每个企事业单位都离不开维修电工。劳动和社会保障部把维修电工列入首批实行劳动就业准入制度的工种之一，同时规定在全国范围内，从初级维修电工到高级技师都必须通过职业技能坚定考核，领取国家职业资格证书，持证上岗就业。

三、维修电工技能鉴定考核项目的特点及使用方法

维修电工技能考核项目的结构包括试题内容（试卷）、准备要求（备料单）、考核要求（评分标准）3 部分组成。确定考核项目的依据是《维修电工操作技能考核内容层次结构表》和《维修电工操作技能要素细目表》，而《维修电工操作技能要素细目表》中的鉴定点，是确定考核项目的直接依据。

（一）维修电工技能鉴定考核项目的特点

（1）强调实际操作技能与生产实际的内在联系，注重所考内容在实际工作中的基础性和

关键性作用。

（2）尽可能地和企业生产相结合，做到职业技能鉴定考核的高效和低成本。

（3）坚持可操作性和可测性原则，对于《中华人民共和国工人技术等级标准》和《中华人民共和国职业技能鉴定规范》中提到的设备，应尽量加以满足。考虑到部分鉴定站不具备相当数量设备供鉴定考核使用，可考虑用模拟电路来代替。在企业中考核时，可根据企业的实际情况，在实际生产现场进行考核。

（4）坚持通用性、一致性原则，对有几种标准而不能统一的内容，尽可能不出题。

（5）注重对基本知识和基本技能的理解与掌握，不出偏题、怪题、难题。

（6）根据职业特点和目前整体技术的发展水平和现状，对考核内容可进行适当调整。

（二）维修电工技能鉴定考核项目的使用方法

近年来国家已经建立了维修电工职业技能鉴定国家题库运行网络，建立了职业技能鉴定国家题库劳动保障部总库和地方分库，各地区、各部门组织的维修电工操作技能鉴定考核，一律从国家题库中提取试卷。按照劳动和社会保障部〔1999〕154 号文件的有关精神，取得地方分库管理资格的各省、自治区、直辖市职业技能鉴定指导中心在进行维修电工技能鉴定考核项目组卷时，首先要确定其考核目的和等级水平。考核项目在用于组卷时，在使用方法上有 3 种类别：

1. 组成用于职业技能鉴定的标准试卷

用于职业技能鉴定标准试卷组卷方式可以分为：

（1）计算机自动组卷；

（2）人工组卷。

2. 组成结合企业生产的实际情况进行职业技能鉴定的标准试卷

结合企业生产的实际情况进行进技能鉴定，一般采取人工组卷的方式进行组卷。

3. 组成以竞赛为目的的操作技能试卷

在以操作技能竞赛为目的的考试中，一般采取人工组卷的方式进行组卷。

四、维修电工技能鉴定考核项目的组卷原则

根据职业技能鉴定操作技能考核的具体要求，按照《维修电工操作技能考核内容结构层次明细表》所确定的考核内容，从《维修电工操作技能鉴定要素细目表》中确定本次技能考核的鉴定点，从而确定相应的测量模块和典型的考核试题，套用相应的技能试卷格式即为一套完整的操作技能考核试卷。

五、维修电工技能鉴定试卷结构

按照国家职业技能鉴定命题技术标准，一套完整的技能试卷包括以下 3 个部分：

技能试卷结构包含

（1）准备通知单；

（2）试题正文；

（3）评分记录表。

根据职业技能鉴定操作技能考核的特点，考核时应提供包括准备通知单、试卷头、试题、考核要求与评分记录表等具体内容。在操作技能试卷的开发中，国家题库采用了模块组卷方案，每套试卷由不同的几个模块组成。每个模块由许多独立的试题组成，每个试题又由试题内容、

准备要求、考核要求、评分标准等部分组成。这样，按一定要求所确定的本次技能考核的鉴定点、其相应测量模块组合起来就是一套操作技能试卷的评分表，从每个模块中分别抽取一份试题组合起来就是一套操作技能试卷，各试题的准备要求组合起来就是本次考核的准备通知单。

六、初级维修电工操作技能试卷的配分结构

初级维修电工操作技能试卷满分 100 分，其配分结构如下：

（1）基本操作技能占总分成绩的 10%；

（2）设计、安装和调试部分占总成绩的 30%；

（3）故障检修部分占总成绩的 40%；

（4）仪表、仪器的使用与维护部分占总成绩的 10%；

（5）安全文明生产部分占总成绩的 10%。

七、中级维修电工操作技能试卷的配分结构

中级维修电工操作技能试卷满分 100 分，其配分结构如下：

（1）设计、安装和调试部分占总成绩的 40%；

（2）故障检修部分占总成绩的 40%；

（3）仪器、仪表的使用与维护占总成绩的 10%；

（4）安全文明生产占总成绩的 10%。

八、高级维修电工操作技能试卷的配分结构

高级维修电工操作技能试卷满分为 100 分，其配分结构如下：

（1）设计、安装和调试部分占总成绩的 40%；

（2）故障检修部分占总成绩的 40%；

（3）仪表、仪器的使用与维护部分占总成绩的 10%；

（4）培训指导部分占总成绩的 10%。

九、维修电工操作技能考核内容层次结构表（见表 D1）

《维修电工操作技能考核内容层次结构表》（以下简称"结构表"）的制定依据是：劳动和社会保障部与各行业部委联合颁发的《维修电工国家职业技能标准》《维修电工技术等级标准》和《维修电工职业技能鉴定规范》。在制定过程中强调结合生产实际，并充分注意了当前社会生产的发展水平和维修电工的综合要求。

表 D1　维修电工操作技能考核内容层次结构表

级别 \ 项目 \ 内容	操作技能					综合工作能力		
	基本技能	设计、安装与调试	故障检修	仪表、仪器的使用与维护	安全文明生产	培训指导	工艺计划答辩	论文答辩
初级	（10分）10～60 min	（30分）100～240 min	（40分）45～240 min	（10分）10～30 min	（10分）			
中级		（40分）100～240 min	（40分）45～240 min	（10分）10～30 min	（10分）			
高级		（40分）100～240 min	（40分）60～240 min	（10分）20～30 min		（10分）10～45 min		

级别 内容 项目	操作技能					综合工作能力		
	基本技能	设计、安装与调试	故障检修	仪表、仪器的使用与维护	安全文明生产	培训指导	工艺计划答辩	论文答辩
技师		（30分） 60～48 min				（20分） 10～45 min	（10分） 10 min	（40分） 30 min
高级技师		（30分） 60～48 min				（20分） 10～45 min	（10分） 10 min	（40分） 30 min
否定项	无	无	初、中、高级为否定项		有否定项的内容		无	否定项
考核项目组合及方式	选一项	选一项	选一项	选一项	必考项	选一项	选一项	必考项

　　表 D1 所示为维修电工操作技能考核内容层次结构表，该表直接反映了维修电工操作技能试题库中各试题类型模块的内容，是编制《维修电工操作技能鉴定要素细目表》和操作技能试卷组卷的重要依据，也是命题思路的重要体现，具有很强的直观性和可操作性。它明确了技能鉴定考核的范围及选定考核内容、考核项目，选择鉴定的思路，从整体上确定了维修电工技能鉴定考核的宏观内容，为维修电工操作技能考核提供了方向性指导，是维修电工操作技能考核试题库的纲领性文件。

十、初级维修电工操作技能鉴定要素细目表

　　初级维修电工操作技能鉴定要素细目表见表 D2。

表 D2　初级维修电工操作技能鉴定要素细目表

行为领域	鉴定范围			鉴定点		
	代码	名称	鉴定比重	代码	鉴定内容名称	重要程度
操作技能	A	基本技能	10%	01	导线的连接及绝缘的恢复	X 掌握
				02	塑料互套线线路的简单设计和安装	掌握
				03	PVC 管管线路的简单设计和安装	掌握
				04	塑料槽板线路的简单设计和安装	掌握
				05	常用照明灯具的安装	Y 熟知
				06	瓷瓶线路导线的绑扎	掌握
				07	量配电装置的简单设计和安装	掌握
				08	常用低压电器的识别	掌握
				09	常用低压电器的拆卸、组装	熟知
				10	各种线圈的绕制	熟知
				11	钳工基本操作	熟知
				12	电焊基本操作	掌握
				13	常用测量工具的使用、维护及保养	掌握

附录 D　维修电工操作技能鉴定预备知识

行为领域	鉴定范围			鉴定点		
	代码	名称	鉴定比重	代码	鉴定内容名称	重要程度
操作技能	A	基本技能	10%	14	电工材料的识别	掌握
				15	简单的触电急救	掌握
	B	设计、安装与调试	30%	01	用硬线进行继电-接触式基本控制线路的安装与调试	掌握
				02	用软线进行继电-接触式基本控制线路的安装与调试	掌握
				03	继电-接触式基本控制线路的安装与调试	熟知
				04	简单电子线路的安装与调试	掌握
				05	按工艺规程，进行 55 kW 以下中、小型三相异步电动机定子绕组的绕线、接线、包扎及调试	熟知
				06	按工艺规程，进行 10 kW 以下单相异步电动机定子绕组的绕线、接线、包扎及调试	熟知
				07	按工艺规程，进行 55 kW 以下中、小型三相异步电动机的拆装与调试	熟知
				08	按工艺规程，进行单相异步电动机的拆装与调试	熟知
				09	按工艺规程，进行 55 kW 以下中、小型三相异步电动机的安装、接线及调试	熟知
	C	故障检修	10%	01	简单继电——接触式基本控制线路的检测	掌握
				02	在模拟板上检修机床设备的电气线路	掌握
				03	机床设备电气线路的检修	掌握
				04	简单电子线路的检修	掌握
				05	小型变压器的故障检修	熟知
				06	单相异步电动机的故障检修	熟知
				07	55 kW 以下三相异步电动机的故障检修	熟知
				08	车间动力线路、照明线路及信号装置的检修	掌握
	D	仪表、仪器的使用与维护	10%	01	万用表的选择、使用及维护	掌握
				02	兆欧表的选择、使用及维护	掌握
				03	电流表的选择、使用及维护	掌握
				04	电压表的选择、使用及维护	掌握
				05	钳形电流表的选择、使用及维护	掌握
				06	离心转速表的选择、使用及维护	熟知
	E	安全文明生产	10%	01	严格遵守各种安全操作规程	掌握

注：《国家职业技能鉴定题库——维修电工操作技能考试手册》中将表中"重要程度"用"X"、"Y"、"Z"来分别表述，其含义如下所示

X——核心要素（或理解为"掌握"）；

Y——一般要素（或理解为"熟知"）；

Z——辅助要素（或理解为"了解"）。

十一、中级维修电工操作技能鉴定要素细目表

中级维修电工操作技能鉴定要素细目表见表 D3。

行为领域	鉴定范围			鉴定点		
	代码	名称	鉴定比重	代码	鉴定内容名称	重要程度
操作技能	A	设计、安装与调试	40%	01	用软线进行较复杂继电-接触式基本控制线路的安装与调试	掌握
				02	用硬线进行较复杂继电-接触式基本控制线路的安装与调试	掌握
				03	用软线进行较复杂机床部分主要控制线路的安装并进行调试	掌握
				04	较复杂继电-接触式控制线路的设计、安装与调试	掌握
				05	较复杂分立元件模拟电子线路的安装与调试	掌握
				06	较复杂带集成块模拟电子线路的安装与调试	掌握
				07	带晶闸管的电子线路的安装与调试	熟知
				08	按工艺规程，进行 55 kW 以上交流异步电动机的拆装、接线和一般调试	熟知
				09	按工艺规程，进行中、小型多速异步电动机的拆装、接线和一般调试	熟知
				10	按工艺规程，进行 60 kW 以下直流电动机的拆装、接线和一般调试	熟知
				11	按工艺规程，进行 55 kW 以上异步电动机的安装、接线和试验	熟知
				12	按工艺规程，进行中、小型多速电动机的安装、接线和试验	熟知
				13	按工艺规程，进行 60KW 以下直流电动机的安装、接线及试验	熟知
	B	故障栓修	40%	01	检修较复杂机床的电气控制线路	掌握
				02	检修较复杂机床的模拟电气控制线路	掌握
				03	检修较复杂继电-接触式基本控制线路	掌握
				04	检修较复杂电子线路	掌握
				05	检修 55 kW 以上异步电动机	熟知
				06	检修中、小型多速异步电动机	熟知
				07	检修 60 kW 以下直流电动机	熟知
				08	检修电焊机	熟知
				09	主持检修 10/0.4 kV、1 000 kV·A 以下电力变压器	了解
				10	检修 10 kV 及以下高压互感器	了解
				11	检修电缆故障	了解
	C	仪表、仪器的使用与维护	10%	01	功率表的选择、使用及维护	掌握
				02	直流单臂电桥的使用及维护	掌握
				03	直流双臂电桥的使用及维护	掌握
				04	接地电阻测试仪的使用与维护	熟知
				05	普通示波器的使用及维护	掌握
	D	文明生产	10%	01	严格遵守各种安全操作规程	掌握

　　注：《国家职业技能鉴定题库——维修电工操作技能考试手册》中将表中"重要程度"用"X"、"Y"、"Z"来分别表述，其含义如下所示

　　X——核心要素（或理解为"掌握"）；

　　Y——一般要素（或理解为"熟知"）；

　　Z——辅助要素（或理解为"了解"）。

附录 D　维修电工操作技能鉴定预备知识

十二、高级维修电工操作技能鉴定要素细目表

高级维修电工操作技能鉴定要素细目表见表 D4。

表 D4　高级维修电工操作技能鉴定要素细目表

行为领域	鉴定范围			鉴定点		
	代码	名称	鉴定比重	代码	鉴定内容名称	重要程度
操作技能	A	基本技能	10%	01	继电-接触式控制线路的设计、安装与调试	X
				02	用 PLC 改造继电-接触式控制线路，并进行设计、安装与调试	X
				03	用 PLC 进行控制线路的设计，并进行安装与调试	X
				04	用 PLC 进行控制线路的设计，并进行模拟安装与调试	Y
				05	用变频器改造继电-接触式控制线路，并进行模拟安装与调试	X
				06	模拟电子线路的安装与调试	X
				07	数字电子线路的安装与调试	X
				08	变流系统局部电子线路的安装与调试	X
				09	变流系统的安装与调式	Y
				10	继电-接触式控制设备的电气线路测绘	X
				11	电子线路测绘	X
				12	各种特种电动机绕组展开图和接线图测绘	Y
				13	各种特种电动机的拆卸、接线与调试	X
				14	各种特种电动机的安装、接线与调试	Y
	B	故障检修	40%	01	检修继电-接触式控制的大型设备局部电气线路	X
				02	检修小容量晶闸管直流调试系统	X
				03	检修 PLC 控制的设备电气线路	X
				04	检修变频器控制的设备电气线路	X
				05	电子线路的检修	Y
				06	检修各种特种电机	Y
	C	仪器仪表的使用与维护	10%	01	双踪示波器的使用与维护	X
				02	同步示波器的使用与维护	Y
				03	晶体管特性图示仪的使用与维护	X
综合工作能力	D	培训指导	10%	01	理论培训指导	Y
				02	技能培训指导	X

十三、考生参加维修电工操作技能鉴定的自备工具及仪表

考生参加维修电工技能鉴定通常要自备表 D5 所示的工具及仪表。

表 D5　参加维修电工操作技能鉴定的自备工具及仪表

序号	名　称	型号与规格	单位	数量	备注
01	电笔	数显式或氖管式低压测电笔	把	1	
02	钢丝钳	塑料绝缘柄、200 mm	把	1	
03	尖嘴钳	16 0mm	把	1	
04	斜口钳	80 mm	把	1	
05	剥线钳		把	1	
06	螺钉旋具	一字槽、6 mm×200 mm 及 5 mm×75 mm	把	2	
07	螺钉旋具	十字槽旋杆、6 mm×200 mm 及 5 mm×75 mm	把	2	
08	电工刀		把	1	
09	活扳手	24 mm×200 mm	把	1	
10	电烙铁	35 W、220 V	把	1	
11	万用表	自定	块	1	
12	绘图工具	自定	套	1	
13	圆珠笔或水笔	自定	支	1	
14	劳保用品	绝缘鞋、工作服等	套	1	